U0692682

全本全注全译丛书

中华经典名著

檀作文◎译注

曾国藩家训

中华书局

图书在版编目（CIP）数据

曾国藩家训/檀作文译注. —北京：中华书局，2020.3
（2025.2 重印）
（中华经典名著全本全注全译丛书）
ISBN 978-7-101-14381-2

Ⅰ.曾… Ⅱ.檀… Ⅲ.家庭道德-中国-清代 Ⅳ.B823.1

中国版本图书馆 CIP 数据核字（2020）第 028808 号

书　　名	曾国藩家训	
译 注 者	檀作文	
丛 书 名	中华经典名著全本全注全译丛书	
责任编辑	刘胜利	
装帧设计	毛　淳	
责任印制	韩馨雨	
出版发行	中华书局	
	（北京市丰台区太平桥西里 38 号　100073）	
	http://www.zhbc.com.cn	
	E-mail：zhbc@zhbc.com.cn	
印　　刷	北京盛通印刷股份有限公司	
版　　次	2020 年 3 月第 1 版	
	2025 年 2 月第 8 次印刷	
规　　格	开本/880×1230 毫米　1/32	
	印张 15⅞　字数 300 千字	
印　　数	105001-115000 册	
国际书号	ISBN 978-7-101-14381-2	
定　　价	38.00 元	

目　录

卷上

卷下

前言

　　曾国藩(1811—1872)，初名子城，字伯涵，号涤生，是晚清著名的政治家、军事家、思想家、文学家。嘉庆十六年(1811)，曾国藩出生于湖南长沙府湘乡荷叶塘白杨坪(今属湖南娄底双峰县荷叶镇)一户普通耕读人家。曾国藩自幼随父曾麟书在家塾利见斋读书，后又至衡阳唐氏宗祠、湘乡涟滨书院、长沙岳麓书院就读；道光十八年(1838)中进士，道光二十年(1840)授翰林院检讨，道光二十七年(1847)升任内阁学士兼礼部侍郎衔，道光二十九年(1849)擢礼部右侍郎，后历署兵、工、刑、吏各部侍郎。曾国藩为京官期间，受当时理学名臣唐鉴、倭仁等影响，致力于程朱理学，进德修业，笃于修身，颇有清誉。咸丰元年(1851)，太平天国起事；咸丰二年(1852)，曾国藩丁母忧回乡，太平军进犯湖南，围长沙不克，转而攻陷武昌，连下沿江府县，十一月清廷命曾国藩会同湖南巡抚办理本省团练；咸丰三年(1853)，曾国藩在衡阳创建湘军水师；咸丰四年(1854)，曾国藩始率湘勇与太平军交战；咸丰十年(1860)四月，赏兵部尚书衔，署两江总督，六月，补两江总督，以钦差大臣督办江南军务；咸丰十一年(1861)，湘军曾国荃部攻克安庆，曾国藩奉旨督办苏、皖、浙、赣四省军务；同治元年(1862)，曾国藩以两江总督协办大学士坐镇安庆，指挥湘军围攻太平天国首都天京(今江苏南京)；同治三年(1864)，湘军曾国荃部攻克天京，曾国藩因功加太子太保衔，封一等毅勇侯。同治六年(1867)补授体仁阁大学士；同治七年(1868)补武英殿大学士，调直隶总督；同治九年(1870)再任两江总督，同治十一年

（1872）死于两江总督任上，清廷为之辍朝三日，追赠太傅，谥文正，祀京师昭忠、贤良祠。

曾国藩因创建湘军剿灭太平天国，号称同治中兴第一名臣；又因首倡洋务运动，为中国现代化建设之先驱，在中国近代史上具有深远的影响力。梁启超盛赞曾国藩，说："岂惟近代，盖有史以来不一二睹之大人也已！岂惟中国，抑全世界不一二睹之大人也已！然而文正固非有超群绝伦之天才，在并时诸贤杰中，称最钝拙；其所遭值事会，亦终生在指逆之中。然乃立德、立功、立言三不朽，所成就震古烁今而莫与京者，其一生得力在立志自拔于流俗，而困而知，而勉而行，历百千艰阻而不挫屈，不求近效，铢积寸累，受之以虚，将之以勤，植之以刚，贞之以恒，帅之以诚，勇猛精进，坚苦卓绝。吾以为曾文正公今而犹壮年，中国必由其手获救。"

曾国藩以坚苦卓绝之精神，成立"三不朽"之事业，被誉为传统中国最后一个完人。其著作，亦为世人宝爱。在曾国藩的所有著作中，影响最大、传播最深广的，则莫过于《曾文正公家书》暨《曾文正公家训》。

《曾文正公家书》十卷附《曾文正公家训》二卷，由长沙传忠书局刊于光绪五年（己卯，1879），晚于光绪二年（丙子，1876）该书局刊刻的《曾文正公全集》三年。《曾文正公家训》与《曾文正公家书》的区别在于：《曾文正公家训》主要收录的是曾国藩写给两个儿子曾纪泽和曾纪鸿的书信（《曾文正公家训》所收，只有四封书信不是写给两个儿子的：一封是写给堂叔曾丹阁的，一封是写给侄子曾纪瑞的，另有两封是写给妻子欧阳夫人的）；《曾文正公家书》主要收录的是曾国藩写给家里长辈和同胞兄弟的书信（《曾文正公家书》所收寄给儿子的书信仅有四封，其中三封写于咸丰二年八九月间，当时曾国藩闻母讣，由江西奔丧，写信给留在京寓的曾纪泽交代善后事宜）。"家训"特指父祖对子孙立身处世、持家治业的教诲，故"曾国藩家书"之名可包"曾国藩家训"，而"曾国藩家训"之名不可以包"曾国藩家书"。我们这次的做法，是遵循惯例，将

《曾文正公家书》和《曾文正公家训》当作两部书来处理。

　　传忠书局版《曾文正公家训》共收文章 121 篇,最后一篇《日课四则》并不属于书信性质,剩下的 120 篇书信,只有一篇写于咸丰六年(1856)、一篇写于同治九年(1870),其馀 118 篇皆写于咸丰八年(1858)至同治六年(1867)之间。曾国藩生于嘉庆十六年(1811),曾纪泽生于道光十九年(1839),曾纪鸿生于道光二十八年(1848);咸丰八年(1858),曾国藩 48 岁,曾纪泽 20 岁,曾纪鸿 11 岁;同治六年(1867),曾国藩 57 岁,曾纪泽 29 岁,曾纪鸿 20 岁。从年龄段来说,《曾文正公家训》基本上是一个五六十岁的父亲在十年间写给一个二十岁到三十岁、一个十岁到二十岁的儿子的书信汇编。

　　《曾文正公家训》的史料价值,或不及《曾文正公家书》。曾国藩、曾国荃兄弟是清廷镇压太平军和捻军的最高统帅,《曾文正公家书》所收兄弟二人的通信,是研究湘军镇压太平军和捻军历史的第一手资料。咸丰十年(1860)之前写给两个儿子的信中,曾国藩较少谈论军务和时事。咸丰十年(1860)之后,才涉及较多,但内容远不及写给曾国荃的信详细。唯有同治三年(1864)六、七月间,曾国藩在写给两个儿子的信里谈及讯问太平天国忠王李秀成及李秀成供状相关事宜,明确提到"伪忠王自写亲供,多至五万馀字""供词亦钞送军机处""李秀成供明日付回",这些内容仅见于《曾文正公家训》,是研究李秀成供状相关问题的重要史料。

　　曾国藩、曾国荃兄弟二人的湘军统帅身份,决定了《曾文正公家书》的内容偏重于军务和时事,《曾文正公家训》的内容核心则是学业教育和家风建设。

　　曾国藩的治家思想,尤其是在教育子弟和门风建设上,颇受后人重视。《清史稿》说曾国藩"事功本于学问,善以礼运",又说他"时举先世耕读之训,教诫其家",可谓得其环中。蒋介石盛赞曾国藩,说:"吾姑不问其当时应变之手段、思想之新旧、成败之过程如何,而其苦心毅力,自立立人、自达达人之道,盖已足为吾人之师资矣。"曾国藩自立立人、自达达人,为国家长育人才,固不止于教育子弟之一端,但最能体现曾国藩"事功本于学问""举先世耕读之训,教诫其家"的,无疑是曾国藩家书家训了。

曾国藩贵为两江总督,位高权重,却时时教育两个儿子要"勤俭自持,习劳习苦"。曾国藩将其祖父星冈公遗训概括为"书、蔬、鱼、猪、早、扫、考、宝"八个字,教育两个儿子谨守先世耕读之训。曾国藩在同治元年(1862)五月二十七日写给曾纪鸿的信里说:"凡世家子弟,衣食起居无一不与寒士相同,庶可以成大器。若沾染富贵气习,则难望有成。吾忝为将相,而所有衣服不值三百金。愿尔等常守此俭朴之风,亦惜福之道也。"曾国藩的几个女儿出嫁,奁资都是二百金(二百两银子)。自身"所有衣服不值三百金",女儿出嫁奁资仅二百两银子,皆可见曾国藩生活作风俭朴。曾国藩非常重视内政、内教,写给儿子的信里,时常叮嘱家中妇女要勤于酒食和纺绩二事,要求儿媳妇和女儿像寻常人家女子一样勤于纺绩和做小菜。

曾国藩一生学问根基在程朱理学,于"敬"字功夫体会尤深。《曾文正公家训》开篇《咸丰六年丙辰九月念(廿)九夜谕纪鸿儿》信里说:"吾有志学为圣贤,少时欠居敬工夫,至今犹不免偶有戏言戏动。尔宜举止端庄,言不妄发,则入德之基也。"整部《曾文正公家训》,曾国藩在至少十封信中嘱咐儿子(尤其是曾纪泽)"走路宜重,说话宜迟",可见曾国藩于此何等重视。《曾文正公家训》最末一篇《日课四则》,令二子每夜以"慎独则心安""主敬则身强""求仁则人悦""习劳则神钦"四条自课;倒数第二篇《同治九年六月初四日将赴天津示二子》,以"不忮不求""克勤克俭"及"孝友"之道教诲两个儿子;皆可以看出,儒家思想尤其程朱理学,是曾国藩一以贯之的精神支柱。

《曾文正公家训》所收书信中,随处可见曾国藩对两个儿子在学业上的指点。曾国藩在咸丰九年(1859)四月二十一日写给曾纪泽的信里说:"凡有所见所闻,随时禀知,余随时谕答,较之当面问答,更易长进也。"曾国藩要求曾纪泽随时向自己汇报读书心得,并允诺会随时谕答。父子之间通过书信探讨学问,是因为曾国藩长年身在军营,两个儿子不能随侍身旁。但曾国藩认为父子之间以书信探讨学问,甚至比当面问答更有益,大概是因为书面探讨,更系统化、更条理化。

曾国藩在咸丰八年(1858)七月二十一日写给曾纪泽的信里说:"读书之法,看、读、写、作四者,每日不可缺一。"看,相当于我们今天所说的泛读;读,相当于我们今天所说的精读(曾国藩要求熟读成诵);写,就是写字;作,就是作诗文。这对于我们今天的语文教学,仍具备指导意义。

曾国藩在咸丰九年(1859)四月二十一日写给曾纪泽的信里说:"学问之途,自汉至唐,风气略同;自宋至明,风气略同;国朝又自成一种风气。其尤著者,不过顾、阎百诗、戴东原、江慎修、钱辛楣、秦味经、段懋堂、王怀祖数人,而风会所扇,群彦云兴。尔有志读书,不必别标汉学之名目,而不可不一窥数君子之门径。"这封信,可以见出曾国藩治学不局限于汉学、宋学、清学之门户。曾国藩虽宗程朱,为理学正宗,但亦重清代考据学。曾国藩多次自述好高邮王氏之学,建议儿子认真研读王氏父子(王念孙、王引之)著作。

曾国藩对儿子学业的指导可谓无微不至,连如何作札记、如何分类手抄词藻、如何编制分类目录,曾国藩对曾纪泽都有具体指导。曾国藩不但在给儿子的书信中指陈"十三经"注疏各家得失,还为儿子指出古人解经有内传、外传之分。对于清代学术的标志性成就,曾国藩更是对曾纪泽详细介绍。咸丰九年(1859)六月十四日和同治元年(1862)十月十四日写给曾纪泽的信,几乎可被看作具体而微的《尚书》学案和清代学术小史。

曾国藩是桐城派古文晚期第一大家,诗亦是当时名家,书法造诣亦深。曾国藩一生,醉心于古文、诗、书法,于此三者用功颇深,多有心得。曾国藩在写给儿子的信中,随时指点儿子在这三方面用功。

　　曾国藩在写给儿子的信中自述于训诂、词章之学颇尝用心,希望儿子在这两方面有所成就。曾国藩是古文大家,曾纪泽亦有文名,曾国藩告诫曾纪泽要兼顾词章与训诂之学。曾国藩在给曾纪泽的信中明确指出汉魏文人"有二端最不可及,一曰训诂精确,二曰声调铿锵";并明言自己有"欲以戴、钱、段、王之训诂,发为班、张、左、郭之文章"之志,期望曾纪泽能"以精确之训诂,作古茂之文章"。曾国藩还在书信中与曾纪泽讨论历代文家造语之圆及文章雄奇之道。

　　"四象"说为曾国藩晚年文论之最大发明。曾国藩在同治四年(1865)六月十九日写给两个儿子的信里说:"气势、识度、情韵、趣味四者,偶思邵子'四象'之说可以分配。兹录于别纸,尔试究之。"这是明确以邵子"四象"之说分别搭配气势、识度、情韵、趣味四种文学风格,标志着曾国藩古文四象论的明确成立。曾国藩此后写给儿子的信里,每以"四象"论诗文风格。

　　曾国藩在写字方面,对两个儿子的指导也很细致,具体到如何用笔、如何用墨、如何选帖、如何临摹;还对中国书法的派别源流做了详细论述。

　　曾国藩还每每教导两个儿子养生之道。多次建议儿子读《聪训斋语》,以培养生活情趣。

　　曾国藩对儿子在学业上的指导,颇可见出他的为学旨趣和学问修养。《曾文正公家训》是研究曾国藩学术思想的重要材料,亦为后人了解清代学术提供了方便之门。

　　曾国藩家书家训,亦具备极高文学价值。曾国藩为文章大家,李瀚章说:"公之文章虽闳博奇玮,峥嵘磅礴,无所不赅;而出之有本,言必由衷,如揭肺腑以相告语。是故言直而不伤于激,缜密周详而不流于琐碎。"梁启超说:"彼其所言,字字皆得之阅历而切于实际,故其亲切有味,资吾侪当前之受用者,非唐宋以后儒先之言所能逮也。"《曾文正公家训》,大约最能体现曾国藩文章"字字皆得之阅历而切于实际""出之有本,言必由衷,如揭肺腑以相告语"这一特点。曾国藩很会给儿子讲道理,并不是枯燥地说教,而往往是结合自身的阅历对儿子启发诱导,并对儿子遇到的具体问题给以针对性回答,娓娓道来,亲切有味。

我们这个《曾国藩家训》,文字一以中华书局影印本《曾国藩家训》(底本即传忠书局光绪五年《曾文正公家训》初刻本)为依据;个别地方,参考手迹(据《湘乡曾氏文献》,台北学生书局1964年版)加以改正。对于异体字,则按出版惯例做了统一处理。对于原刻本中保留的一些个人书写习惯,如"廿""二十"歧出,或作"廿",或作"二十",则一仍其旧。每篇的标题,也和中华书局影印本《曾国藩家训》保持一致。

本书的注释工作,集中在笺注僻字、语典、人名、地名、官制等典章制度以及简述历史背景方面。

《曾国藩家训》虽以浅近文言写成,但曾国藩饱读诗书,习惯化用经书典故,这是其行文一大显著特点,是以凡有语典,本书皆一一注明出处。《曾国藩家训》涉及人名众多,是笺注的难点所在。本书对《曾国藩家训》中出现的绝大多数人名加以注释,尽可能包含姓名、字号、谥号、籍贯、科名、生卒年、仕宦经历、著述情况及重大事功等信息;但仍有个别人名无从查证,只能阙疑。《曾国藩家训》中的人名,相当一部分是重复出现的。本书的体例是凡第一次出现,详注;再次出现,视具体情况,简注或不注。有一些人名,可以确定其身份是长夫、亲兵,因无事迹可考,原则上不出注。至于书中所涉及的地名,凡县级以下建置,尽可能出注。县级以上建置,若古今名称一致的,则不出注。若名称不一致,或行政区划归属发生改变的,则出注。人名注中所涉及的籍贯地名,同此标准。若古今名称不一致,或行政区划归属发生改变,则用括号的方式注明今为某地或今属某地。

另因《曾国藩家训》中部分篇章有学案或学术小史意义,本书对其所涉及的相关学术人物及代表作,注释尤详。如《同治元年十月十四日谕纪泽儿》一篇论小学三大宗,详列清代古音学代表人物,本书注释则详细列举诸贤代表作及在古音学方面重要主张及创见。

　　本书的写作,得数位好友帮助。刘洁女史帮助录入了全部原文,曾国藩研究会主任刘建海先生,给了我许多具体指点。谨在此深表感谢。

　　因限于学力,加之时间仓促,自知疏漏难免,诚望大雅君子有以教我。

檀作文

己亥仲夏于京西雏诵堂

卷上

【题解】

　　本卷共收书信五十五封。起于咸丰六年(1856)九月二十九日,讫于同治元年(1862)十二月十四日。这五十五封信中,有四十七封是曾国藩写给大儿子曾纪泽的,有两封是写给小儿子曾纪鸿的,有六封是写给曾纪泽、曾纪鸿两个人的。

　　这五十五封信,除了咸丰六年(1856)九月二十九日写给曾纪鸿的一篇早于咸丰八年(1858),其馀的五十四封,皆写于咸丰八年(1858)至同治元年(1862)五年之间。咸丰八年(1858),曾国藩48岁,曾纪泽20岁,曾纪鸿11岁。同治元年(1862),曾国藩52岁,曾纪泽24岁,曾纪鸿15岁。

　　曾国藩咸丰七年(1857)春丁祖父忧赋闲在家,咸丰八年(1858)夏秋之际复出,此后五年在平定太平军上总的来说是比较顺利的。咸丰八年(1858)中秋,曾国荃克复吉安,江西全省肃清。安徽旋即成为主战场。虽然咸丰八年(1858)十月,湘军李续宾部被太平军全歼于三河,曾国藩胞弟曾国华死于是役。咸丰十年(1860)八月,湘军李元度部为太平所败,徽州失陷,皖南局势异常凶险。此后半年,太平军以数十倍兵力围困曾国藩行营所在地祁门,曾国藩几乎遇险。但除了三河大败和徽州失陷之外,曾国藩的湘军在安徽战场上对太平军保持压倒性优势。湘军曾国荃部咸丰十一年(1861)八月克复安庆,取得了安徽战场标志性胜利。此后半年,湘军便肃清安徽战场。同治元年(1862)五月,曾国荃率湘军主力驻营雨花台，掀开天京围城战序幕。湘军的光辉战绩，使得曾国藩权位日重。咸丰十年（1860）四月，曾国藩奉命署理两江总督；六月，实授两江总督兼钦差大臣，督办江南军务。咸丰十一年（1861）十月，曾国藩奉上谕统辖江苏、安徽、江西三省并浙江军务，四省巡抚提镇以下各官悉归节制。同治元年（1862）正月，清廷又授曾国藩协办大学士一职。曾国藩的事业如日中天。

可能是因为两个儿子年纪尚轻的缘故，曾国藩这段时间写给儿子的信中，谈国事和军务的相对较少，谈家事和教育的居多。

《曾文正公家训》开篇《咸丰六年丙辰九月念（廿）九夜谕纪鸿儿》，颇能见出曾国藩的教育思想。这封信里说：

> 凡人多望子孙为大官，余不愿为大官，但愿为读书明理之君子。勤俭自持，习劳习苦，可以处乐，可以处约，此君子也。余服官二十年，不敢稍染官宦气习，饮食起居，尚守寒素家风，极俭也可，略丰也可，太丰则吾不敢也。

> 凡仕宦之家，由俭入奢易，由奢返俭难。尔年尚幼，切不可贪爱奢华，不可惯习懒惰。无论大家小家、士农工商，勤苦俭约，未有不兴，骄奢倦怠，未有不败。尔读书写字不可间断，早晨要早起，莫坠高曾祖考以来相传之家风。吾父吾叔，皆黎明即起，尔之所知也。

> 凡富贵功名，皆有命定，半由人力，半由天事；惟学作圣贤，全由自己作主，不与天命相干涉。吾有志学为圣贤，少时欠居敬工夫，至今犹不免偶有戏言戏动。尔宜举止端庄，言不妄发，则入德之基也。

曾国藩咸丰六年（1856）九月给曾纪鸿写这封信时，曾纪鸿年方九岁。希望儿孙成为"读书明理之君子"，是曾国藩的教育目标。"勤俭自持，习劳习苦""举止端庄，言不妄发""早起""读书写字不可间断"，则是曾国藩教育两个儿子的重要内容。

咸丰十一年(1861)初,曾国藩在祁门几乎遇险。三月十三日给曾纪泽、曾纪鸿写了一封近似遗训性质的信,信里说:

　　尔等长大之后,切不可涉历兵间。此事难于见功,易于造孽,尤易于贻万世口实。余久处行间,日日如坐针毡。所差不负吾心、不负所学者,未尝须臾忘爱民之意耳。近来阅历愈多,深谙督师之苦。尔曹惟当一意读书,不可从军,亦不必作官。

　　吾教子弟不离"八本""三致祥"。八者曰:读古书以训诂为本,作诗文以声调为本,养亲以得欢心为本,养生以少恼怒为本,立身以不妄语为本,治家以不晏起为本,居官以不要钱为本,行军以不扰民为本。

　　三者曰:孝致祥,勤致祥,恕致祥。吾父竹亭公之教人,则专重"孝"字。其少壮敬亲,暮年爱亲,出于至诚。故吾纂墓志,仅叙一事。

　　吾祖星冈公之教人,则有八字、三不信。八者曰:考、宝、早、扫、书、蔬、鱼、猪。三者:曰僧巫,曰地仙,曰医药,皆不信也。

　　处兹乱世,银钱愈少,则愈可免祸;用度愈省,则愈可养福。尔兄弟奉母,除"劳"字"俭"字之外,别无安身之法。吾当军事极危,辄将此二字叮嘱一遍,此外亦别无遗训之语,尔可禀告诸叔及尔母。无忘。

这封信里,曾国藩自己提出的"八本""三致祥",以及其祖父星冈公的"八字训"及"三不信",后来都成为湘乡曾氏家族家风家训的重要内容,是指导曾氏治家的方针。"尔曹惟当一意读书,不可从军,亦不必作官",与希望儿孙成为"读书明理之君子"的教育目标相一致。"尔兄弟奉母,除'劳'字'俭'字之外,别无安身之法",即是"勤俭自持,习劳习苦"。

　　将两封信对照,不难发现曾国藩教育子女的基本目标和具体内容。

　　曾国藩在咸丰十年(1860)十月十六日写给两个儿子的信里说:"银

钱、田产,最易长骄气逸气。我家中断不可积钱,断不可买田。尔兄弟努力读书,决不怕没饭吃。至嘱!"在同治元年(1862)五月二十七日写给曾纪鸿的信里说:"凡世家子弟,衣食起居无一不与寒士相同,庶可以成大器。若沾染富贵气习,则难望有成。吾忝为将相,而所有衣服不值三百金。愿尔等常守此俭朴之风,亦惜福之道也。"位极人臣,贵为两江总督、钦差大臣的曾国藩,"所有衣服不值三百金",可见其生活作风何等俭朴。

曾国藩崇尚节俭的作风,还可以从女儿出嫁的奁资中反映出来。

曾国藩在咸丰十一年(1861)八月二十四日写给曾纪泽的信里说:"大女儿择于十二月初三日发嫁,袁家已送期来否?余向定妆奁之资二百金,兹先寄百金回家制备衣物,馀百金俟下次再寄。其自家至袁家途费暨六十侄女出嫁奁仪,均俟下次再寄也。居家之道,惟崇俭可以长久。处乱世尤以戒奢侈为要义。衣服不宜多制,尤不宜大镶大缘,过于绚烂。尔教导诸妹,敬听父训,自有可久之理。"在咸丰十一年(1861)九月二十四日写给曾纪泽的信里说:"寄银百五十两,合前寄之百金,均为大女儿于归之用。以二百金办奁具,以五十金为程仪,家中切不可另筹银钱,过于奢侈。遭此乱世,虽大富大贵,亦靠不住,惟'勤''俭'二字可以持久。"在咸丰十一年(1861)十二月十四日写给曾纪泽的信里说:"兹寄回银二百两,为二女奁资。外五十金,为酒席之资。"在同治元年(1862)三月十四日写给曾纪泽的信里说:"第三女于四月廿二日于归罗家,兹寄去银二百五十两,查收。"

从这几封信中,可以看出曾国藩的大女儿、二女儿、三女儿出嫁,都是奁资二百金(二百两银子)、程仪(路上花费)五十金。两江总督的女儿出嫁,奁资才二百两银子,又可见其作风俭朴。

在教诲子女"勤俭自持,习劳习苦"的同时,曾国藩尤其强调"举止端庄,言不妄发"。曾国藩在咸丰九年(1859)十月十四日写给曾纪泽的信里说:"余尝细观星冈公仪表绝人,全在一'重'字。余行路容止亦颇重厚，盖取法于星冈公。尔之容止甚轻，是一大弊病，以后宜时时留心。无论行坐，均须重厚。"在《曾文正公家训》卷上五十五封书信中，有九封提及这一问题，可见曾国藩于此何等重视。这是因为曾国藩信奉程朱理学，"举止端庄，言不妄发"是居敬功夫的基本要求。

曾国藩十分重视两个儿子的学业。曾国藩在咸丰八年（1858）七月二十一日写给曾纪泽的信里说：

> 读书之法，看、读、写、作四者，每日不可缺一。
>
> 看者，如尔去年看《史记》《汉书》、韩文、《近思录》，今年看《周易折中》之类是也。读者，如"四书"《诗》《书》《易经》《左传》诸经，《昭明文选》，李、杜、韩、苏之诗，韩、欧、曾、王之文，非高声朗诵则不能得其雄伟之概，非密咏恬吟则不能探其深远之韵。譬之富家居积，看书则在外贸易，获利三倍者也；读书则在家慎守，不轻花费者也。譬之兵家战争，看书则攻城略地，开拓土宇者也；读书则深沟坚垒，得地能守者也。看书与子夏之"日知所亡"相近，读书与"无忘所能"相近，二者不可偏废。至于写字，真行篆隶，尔颇好之，切不可间断一日，既要求好，又要求快。余生平因作字迟钝，吃亏不少。尔须力求敏捷，每日能作楷书一万，则几矣。至于作诸文，亦宜在二三十岁立定规模；过三十后，则长进极难。作四书文，作试帖诗，作律赋，作古今体诗，作古文，作骈体文，数者不可不一一讲求，一一试为之。少年不可怕丑，须有狂者进取之趣。过时不试为之，则后此弥不肯为矣。

曾国藩教子读书，看、读、写、作四门功夫，缺一不可。

曾国藩咸丰九年（1859）五月初四日写给曾纪泽的信里说：

> 尔作时文，宜先讲词藻。欲求词藻富丽，不可不分类钞撮体面话头。近世文人，如袁简斋、赵瓯北、吴穀人，皆有手钞词藻小本。此众人所共知者。阮文达公为学政时，搜出生童夹带，必自加细阅。如系亲手所钞，略有条理者，即予进学；如系请人所钞，概录陈

文者,照例罪斥。阮公一代闳儒,则知文人不可无手钞夹带小本矣。昌黎之记事提要、纂言钩玄,亦系分类手钞小册也。尔去年乡试之文,太无词藻,几不能敷衍成篇。此时下手工夫,以分类手钞词藻为第一义。

尔此次复信,即将所分之类开列目录,附禀寄来。分大纲子目,如伦纪类为大纲,则君臣、父子、兄弟为子目;王道类为大纲,则井田、学校为子目。此外各门,可以类推。尔曾看过《说文》《经义述闻》,二书中可钞者多。此外,如江慎修之《类腋》及《子史精华》《渊鉴类函》,则可钞者尤多矣。尔试为之。此科名之要道,亦即学问之捷径也。

曾国藩在书信中对儿子学业的指导可谓无微不至。连如何分类手抄词藻、如何编制分类目录,曾国藩对曾纪泽都有具体指导。

考据学是清代标志性学问,小学成就尤为显著。曾国藩于此极为重视,多次自述好高邮王氏之学,建议儿子认真研读王氏父子(王念孙、王引之)著作。指导曾纪泽研读"十三经"历代注疏,是这一时段曾氏父子通信的一项重要内容。曾国藩在给曾纪泽的信中讨论《诗经》历代注疏得失,指出汉唐注疏及朱子《集注》各有利弊;还以《诗经》为例,对经书异体字及版本异同多有讨论。曾国藩不但在给儿子的书信中指陈"十三经"注疏各家得失,还为儿子指出古人解经有内传、外传之分。对于清代学术的标志性成就,曾国藩更是对曾纪泽详细介绍。曾国藩在咸丰九年(1859)六月十四日写给曾纪泽的信中,详述《尚书》伪古文的由来及阎若璩等人的辨伪成就;在同治元年(1862)十月十四日写给曾纪泽的信中,详述清代小学三大宗(字形、训诂、音韵)的代表性学者及著作。这两封书信,几乎可被看做具体而微的《尚书》学案和清代学术小史。

曾国藩在咸丰十一年(1861)三月十三日写给两个儿子的信里说:"惟古文与诗二者用力颇深,探索颇苦,而未能介然用之,独辟康庄。古文尤确有依据,若遽先朝露,则寸心所得,遂成《广陵之散》。作字用功最浅,而近年亦略有入处。三者一无所成,不无耿耿。"曾国藩是桐城派古文晚期第一大家,诗亦是当时名家,书法造诣亦深。曾国藩一生,醉心于古文、诗、书法,于此三者用功颇深,多有心得。曾国藩在写给儿子的信中,随时指点儿子在这三方面用功。

曾国藩在写给儿子的信中自述于训诂、词章之学颇尝用心,希望儿子在这两方面有所成就。曾国藩在咸丰十年(1860)闰三月初四日写给曾纪泽的信中说:"尔所论看《文选》之法,不为无见。吾观汉魏文人,有二端最不可及,一曰训诂精确,二曰声调铿锵。"曾国藩在同治元年(1862)八月初四日写给曾纪泽的信中说:"尔所作《拟庄》三首,能识名理,兼通训诂,慰甚慰甚。余近年颇识古人文章门径,而在军鲜暇,未尝偶作,一吐胸中之奇。尔若能解《汉书》之训诂,参以《庄子》之诙诡,则余愿偿矣。至行气为文章第一义,卿、云之跌宕,昌黎之倔强,尤为行气不易之法,尔宜先于韩公倔强处揣摩一番。"曾国藩告诫曾纪泽要兼顾词章与训诂之学,且写文章要学习行气之法。曾国藩在咸丰九年(1859)八月十二日写给曾纪泽的信中,就自己的作品《五箴》末句"敢告马走",详细解答儿子的疑问,历述"箴"之文体源流;在咸丰十年(1860)四月二十四日写给曾纪泽的信里,详述历代文家造语之圆;在咸丰十一年(1861)正月初四日写给曾纪泽的信中,详论文章雄奇之道。

曾纪泽喜诗,曾国藩每每在书信中多次指导曾纪泽学诗门径。曾国藩在咸丰八年(1858)八月二十日写给曾纪泽的信中说:

尔七古诗,气清而词亦稳,余阅之忻慰。凡作诗最宜讲究声调。余所选钞五古九家,七古六家,声调皆极铿锵,耐人百读不厌。余所未钞者,如左太冲、江文通、陈子昂、柳子厚之五古,鲍明远、高达夫、王摩诘、陆放翁之七古,声调亦清越异常。尔欲作五古、七古,须熟读五古、七古各数十篇,先之以高声朗诵以昌其气,继之以密咏恬吟以玩其味,二者并进,使古人之声调拂拂然若与我之喉舌相习，则下笔为诗时，必有句调凑赴腕下，诗成自读之，亦自觉琅琅可诵，引出一种兴会来。古人云"新诗改罢自长吟"，又云"煅诗未就且长吟"，可见古人惨淡经营之时，亦纯在声调上下工夫。盖有字句之诗，人籁也；无字句之诗，天籁也。解此者，能使天籁人籁凑泊而成，则于诗之道思过半矣。

曾国藩在同治元年(1862)正月十四日写给曾纪泽的信里说：

> 尔诗笔远胜于文笔，以后宜常常为之。余久不作诗而好读诗，每夜分辄取古人名篇高声朗诵，用以自娱。今年亦当间作二三首，与尔曹相和答，仿苏氏父子之例。

> 尔之才思，能古雅而不能雄骏，大约宜作五言，而不宜作七言。余所选十八家诗，凡十厚册，在家中，此次可交来丁带至营中。尔要读古诗，汉魏六朝取余所选曹、阮、陶、谢、鲍、谢六家，专心读之，必与尔性质相近。

> 至于开拓心胸，扩充气魄，穷极变态，则非唐之李、杜、韩、白，宋金之苏、黄、陆、元八家，不足以尽天下古今之奇观。尔之质性，虽与八家者不相近，而要不可不将此八人之集悉心研究一番，实"六经"外之巨制，文字中之尤物也。

曾国藩建议曾纪泽读《十八家诗钞》中的大家作品，并针对曾纪泽的个人才性特点，指导他"宜作五言，而不宜作七言"。

曾国藩在写字方面，对两个儿子的指导也很细致，具体到如何用笔、如何用墨、如何选帖、如何临摹。曾国藩在咸丰九年(1859)三月初三日写给曾纪泽的信里说：

> 内有贺丹麓先生墓志，字势流美，天骨开张，览之忻慰。惟间架间有太松之处，尚当加功。

> 大抵写字只有用笔、结体两端。学用笔，须多看古人墨迹；学结体，须用油纸摹古帖。此二者，皆决不可易之理。小儿写影本，肯用心者，不过数月，必与其摹本字相肖。吾自三十时，已解古人

用笔之意，只为欠缺间架工夫，便尔作字不成体段。生平欲将柳诚悬、赵子昂两家合为一炉，亦为间架欠工夫，有志莫遂。尔以后当从间架用一番苦功，每日用油纸摹帖，或百字，或二百字，不过数月，间架与古人逼肖而不自觉。能合柳、赵为一，此吾之素愿也。不能，则随尔自择一家，但不可见异思迁耳。

曾国藩教育曾纪泽写字要在用笔、结体两方面用心，并建议儿子用油纸摹帖。

曾国藩在咸丰九年(1859)三月二十三日写给曾纪泽的信里说：

赵文敏集古今之大成，于初唐四家内师虞永兴，而参以钟绍京，因此以上窥二王，下法山谷，此一径也；于中唐师李北海，而参以颜鲁公、徐季海之沉着，此一径也；于晚唐师苏灵芝，此又一径也。由虞永兴以溯二王及晋六朝诸贤，世所称南派者也；由李北海以溯欧、褚及魏、北齐诸贤，世所谓北派者也。

尔欲学书，须窥寻此两派之所以分：南派以神韵胜，北派以魄力胜。宋四家，苏、黄近于南派，米、蔡近于北派。赵子昂欲合二派而汇为一。尔从赵法入门，将来或趋南派，或趋北派，皆可不迷于所往。我先大夫竹亭公，少学赵书，秀骨天成。我兄弟五人，于字皆下苦功，沅叔天分尤高。尔若能光大先业，甚望甚望！

曾国藩不但为曾纪泽指示中国书法的派别源流，还在咸丰九年(1859)八月十二日给曾纪泽的信里，传授"作字换笔"之法。

曾国藩这一时段的书信，还曾指导儿子学习天文历数之学。曾国藩在咸丰八年(1858)十月二十九日写给曾纪泽的信中说：

尔看天文，认得恒星数十座，甚慰甚慰。前信言《五礼通考》中《观象授时》二十卷内恒星图最为明晰，曾翻阅否？国朝大儒于天文历数之学，讲求精熟，度越前古。自梅定九、王寅旭以至江、戴诸老，皆称绝学，然皆不讲究占验，但讲推步。占验者，观星象云气以卜吉凶，《史记·天官书》《汉书·天文志》是也。推步者，测七政行度，以定授时，《史记·律书》《汉书·律历志》是也。秦味经先生之《观象授时》，简而得要。心壶既肯究心此事，可借此书与之阅看。《五礼通考》内有之，《皇清经解》内亦有之。若尔与心壶二人能略窥二者之端绪，则足以补余之阙憾矣。

咸丰六年丙辰九月念九夜谕纪鸿儿①　时在江西抚州门外

字谕纪鸿儿：

　　家中人来营者，多称尔举止大方，余为少慰。

【注释】

①念九：同"廿九"。

【译文】

写给纪鸿儿：

　　从家中来大营的人，多称赞你举止大方，我为此稍稍觉得安慰。

　　凡人多望子孙为大官，余不愿为大官，但愿为读书明理之君子。勤俭自持，习劳习苦，可以处乐，可以处约①，此君子也。余服官二十年②，不敢稍染官宦气习，饮食起居，尚守寒素家风，极俭也可，略丰也可，太丰则吾不敢也。

【注释】

①处约：语本《论语·里仁》："子曰：'不仁者，不可以久处约。'"朱子《集注》："约，穷困也。"意谓生活在穷困之中。

②服官：语本《礼记·内则》："五十命为大夫，服官政，七十致事。"意谓为官、做官。

【译文】

一般人，大多指望子孙做大官，我不希望你做大官，但希望你做一个读书明理的君子。勤恳而俭朴，能自我约束，习惯劳作和辛苦，可以适应顺境，可以适应逆境，这就是君子作风。我做官二十年，不敢稍稍沾染官官习气，日常饮食和起居，还能坚守我家寒素传统，极其俭朴也可以，略为丰足也可以，太过丰足奢侈则是我所不敢的。

凡仕宦之家，由俭入奢易，由奢返俭难。尔年尚幼，切不可贪爱奢华，不可惯习懒惰。无论大家小家、士农工商，勤苦俭约，未有不兴，骄奢倦怠，未有不败。尔读书写字不可间断，早晨要早起，莫坠高曾祖考以来相传之家风。吾父吾叔，皆黎明即起，尔之所知也。

【译文】

凡是做官的人家，很容易从俭朴变得奢侈，但由奢侈再回到俭朴就很困难。你年纪还小，万万不可贪图偏爱奢侈豪华，不可养成懒惰的习惯。不管是大家族还是小家庭，不管是士农工商哪一阶层，只要肯吃苦、能勤俭节约，没有不兴旺发达的；只要是骄纵奢侈、懒惰怠慢，没有不家道破败的。你读书写字不可间断，早晨要早起，不要遗失高祖、曾祖、祖父、父亲历代相传的家风。我父亲和叔父，都是黎明时分就起床，这是你知道的。

凡富贵功名，皆有命定，半由人力，半由天事；惟学作圣贤，全由自己作主，不与天命相干涉。吾有志学为圣贤，少时欠居敬工夫[①]，至今犹不免偶有戏言戏动。尔宜举止端庄，言不妄发，则入德之基也。

【注释】

①居敬:语出《论语·雍也》:"居敬而行简,以临其民,不亦可乎?"
三国魏何晏《集解》引汉孔安国曰:"居身敬肃。"

【译文】

凡富贵功名,都是命中注定的,一半由于个人努力,一半取决于天意;只有学习做圣贤这桩事,全由我们自己做主,与天命没有半点儿关系。我有学做圣贤的志向,小时候居敬功夫有所欠缺,直到如今还不免偶尔有轻举妄动的毛病。你应举止端庄,言语不轻易说出口,那就是进德修业的根基了。

咸丰八年七月二十一日 舟次樵舍下,去江西省城八十里

字谕纪泽儿:

余此次出门略载日记,即将日记封每次家信中。闻林文忠家书即系如此办法①。

【注释】

①林文忠:林则徐(1785—1850),字少穆,一字元抚,号竢村老人,清福建侯官(今福建福州)人。嘉庆十六年(1811)辛未科进士。授编修。道光间历江苏按察使、东河总督、江苏巡抚、湖广总督。道光十八年(1838),在湖广厉行禁鸦片烟,并上折议禁烟事。次年,以钦差大臣赴广东,限期命外商缴烟,并在虎门公开销毁。授两广总督。旋因清廷与英夷议和,被革职,谪戍伊犁。二十五年(1845)冬内调,历署陕甘总督、陕西巡抚、云贵总督。二十九年(1849),因病辞官还乡。咸丰皇帝即位后,起为钦差大臣,赴

广西镇压太平军，行至广东潮州病卒。谥文忠。有《林文忠公政
书》《荷戈纪程》《信及录》《云左山房诗文钞》等。

【译文】

写给纪泽儿：

我这次出门凡事都记录在日记里，就将日记封在每次的家信中一
并寄回。听说林文忠公家书就是这样做的。

尔在省仅至丁、左两家①，馀不轻出，足慰远怀。

【注释】

①丁、左两家：不详。

【译文】

你在省城仅到丁、左两家，其馀绝不轻易出门，足以安慰远离家乡
的老父亲。

读书之法，看、读、写、作四者，每日不可缺一。

看者，如尔去年看《史记》《汉书》、韩文、《近思录》①，今
年看《周易折中》之类是也②。读者，如"四书"《诗》《书》《易
经》《左传》诸经③，《昭明文选》④，李、杜、韩、苏之诗⑤，韩、
欧、曾、王之文⑥，非高声朗诵则不能得其雄伟之概，非密咏
恬吟则不能探其深远之韵⑦。譬之富家居积，看书则在外贸
易，获利三倍者也；读书则在家慎守，不轻花费者也。譬之
兵家战争，看书则攻城略地，开拓土宇者也；读书则深沟坚
垒，得地能守者也。看书与子夏之"日知所亡"相近⑧，读书
与"无忘所能"相近，二者不可偏废。至于写字，真行篆隶，

尔颇好之,切不可间断一日,既要求好,又要求快。余生平因作字迟钝,吃亏不少。尔须力求敏捷,每日能作楷书一万,则几矣。至于作诸文⑨,亦宜在二三十岁立定规模;过三十后,则长进极难。作四书文⑩,作试帖诗⑪,作律赋⑫,作古今体诗⑬,作古文⑭,作骈体文⑮,数者不可不一一讲求,一一试为之。少年不可怕丑,须有狂者进取之趣⑯。过时不试为之,则后此弥不肯为矣。

【注释】

①《史记》:又名《太史公书》。"二十四史"之首,西汉司马迁所著,是我国第一部纪传体通史。记载了自黄帝至汉武帝时期共三千多年的历史。共一百三十篇,分为十二本纪、三十世家、七十列传、十表、八书。《汉书》:东汉班固所作。是纪传体断代史,记载西汉历史大事。韩文:指唐韩愈文。《近思录》:南宋朱熹与吕祖谦合编,辑录北宋周敦颐、程颢、程颐、张载等理学大师的言论,共十四卷,六百二十二条,是研究宋代理学的入门书。

②《周易折中》:又名《御纂周易折中》,清代康熙朝大学士李光地奉皇帝之命修撰而成。该书共二十二卷,博采历代大儒之说,考订翔实,持论平正。

③四书:《大学》《中庸》《论语》《孟子》,合称"四书"。南宋朱熹注《论语》,又从《礼记》中摘出《中庸》《大学》,分章断句,加以注释,配以《孟子》,题称《四书章句集注》,"四书"之名始立。元、明、清三代,中国科举考试,必须在"四书"内出题,发挥题意规定以朱子《四书章句集注》为根据。《诗》:《诗经》,"五经"之一,是我国第一部诗歌总集。《书》:《尚书》,又称《书经》,"五经"之一,是我国最早的历史文献汇编。《易经》:"五经"之一,本

为占卜之书,后经儒家学者整理,注入儒家义理。《左传》:全称《春秋左氏传》,相传为春秋战国之际左丘明所著,详于记事。

④《昭明文选》:简称《文选》,由南朝梁武帝的长子萧统组织文人共同编选。萧统死后谥"昭明",所以他主编的这部文选称作《昭明文选》。共六十卷,分为赋、诗、骚、诏、令、教、文、表、上书、弹事、笺、奏记、书、檄、对问、设论、辞、序、颂、赞、史论、史述赞、论、连珠、箴、铭、诔、哀、碑文、墓志、行状、吊文、祭文等类别。《文选》所选作家上起先秦,下至梁初,选录作品则以"事出于沉思,义归乎翰藻"为原则,未收入经、史、子书。

⑤李、杜、韩、苏:分指李白、杜甫、韩愈、苏轼。他们是唐宋诗的代表人物。

⑥韩、欧、曾、王:分指韩愈、欧阳修、曾巩、王安石。他们是唐宋古文的代表人物。

⑦密咏恬吟:指吟咏古诗文时,内心恬静,体察细密。乃清人习用语。

⑧"看书"句:此句"与"字,刻本(传忠书局本)作"如",手迹作"与"。"与"字义胜。子夏(前507—?),卜商,字子夏,春秋末卫国人(一说晋国温人)。孔子弟子。以文学见称。曾为鲁国莒父宰。孔子死后,讲学于西河,李克、吴起、田子方、段干木皆从受业,魏文侯曾师事之。相传作《诗序》。日知所亡(wú),与下文"无忘所能",皆出自《论语·子张》:"子夏曰:'日知其所亡,月无忘其所能,可谓好学也已矣。'"所亡,就是所没有、所不会的意思。亡,无,没有。

⑨诸文:指各种文章。即后文之四书文、试帖诗、律赋、古今体诗、古文、骈体文。

⑩四书文:明清科举考试所用的一种文体,也称"制艺""制义""时

艺""时文""八比文""八股文"。其体源于宋元的经义,而成于明成化以后,至清光绪末年始废。文章就"四书"取题。开始先揭示题旨,为"破题"。接着承上文而加以阐发,叫"承题"。然后开始议论,称"起讲"。再后为"入手",为起讲后的入手之处。以下再分"起股""中股""后股"和"束股"四个段落,而每个段落中,都有两股排比对偶的文字,合共八股,故称"八股文"。其所论内容,都要根据朱子《四书章句集注》等书"代圣人立说",不许作者自由发挥。

⑪试帖诗:一种诗体,常用于科举考试。也叫"赋得体",以题前常冠以"赋得"二字得名。起源于唐代,多为五言六韵或八韵排律,由帖经、试帖影响而产生。题目范围与用韵,原均较宽,唐玄宗开元时始规定韵脚。

⑫律赋:一种文体,指有格律的赋。讲究音韵谐和,对偶工整,在平仄格律、押韵方面都有严格规定。流行于唐代,后为唐宋以来科举考试所采用。宋陈鹄《耆旧续闻》卷四:"四声分韵,始于沈约。至唐以来,乃以声律取士,则今之律赋是也。"姚华《论文后编·目录中》:"今赋试于所司,亦曰律赋。时必定限,作有程式,句常隔对,篇率八段,韵分于官,依韵为次,使肆者不得逞,而谨者亦可及。自唐迄清,几一千年。"

⑬古今体诗:指古体诗和今体诗。唐人称律诗为今体诗(亦称"近体诗")。律诗一般为四句或八句(亦有超过八句的,称"排律"),四句称"绝句",八句称"律诗";或五言,或七言,句式整齐,押韵和平仄节奏有严格要求(一般要求偶数句押韵,平仄须符合相间、相对、相粘原则)。与今体诗相对,在押韵和平仄格律上不做严格要求的,称"古体诗"。

⑭古文:原指先秦两汉以来用文言写的散体文,相对六朝骈体而言。后则相对科举应用文体而言。唐韩愈、宋欧阳修等皆曾大

力提倡古文，反对骈俪的文体与文风。清代桐城派继承这一文风，标举义理、考据、词章。

⑮骈体文：文体名。与"古文"相对，指用骈体（别于散体）写成的文章。起源于汉魏。以偶句为主，讲究对仗和声律，易于讽诵。唐代以来，有以四字、六字相间定句者，又称"四六文"。骈，本义为两马并拉一车，用在文体和修辞学上，则指骈偶，即对偶。

⑯狂者进取：语本《论语·子路》："子曰：'不得中行而与之，必也狂狷乎！狂者进取，狷者有所不为也。'"意谓志向远大的人具备进取精神。《孟子·尽心下》："孟子曰：'孔子"不得中道而与之，必也狂狷乎。狂者进取，狷者有所不为也"。孔子岂不欲中道哉？不可必得，故思其次也。''敢问何如斯可谓狂矣？'曰：'如琴张、曾皙、牧皮者，孔子之所谓狂矣。''何以谓之狂也？'曰：'其志嘐嘐然，曰："古之人，古之人。"夷考其行，而不掩焉者也。狂者又不可得，欲得不屑不絜之士而与之，是狷也，是又其次也。'"

【译文】

说到读书的方法，看、读、写、作四样，每天缺一不可。

所谓看，就像你去年看《史记》《汉书》、韩文、《近思录》，今年看《周易折中》之类，便是。所谓读，比如"四书"《诗经》《尚书》《易经》《左传》这些经书，《昭明文选》、李白、杜甫、韩愈、苏轼的诗，韩愈、欧阳修、曾巩、王安石的古文，不高声朗诵的话，就无法体会它的气概雄伟；不细细而恬静地吟咏，就无法领会它的气韵深远。这就像富贵人家攒钱，看书好比在外做贸易，能赚三倍利润；读书好比在家守财，不轻易花费。这又像兵家打战，看书好比攻城略地，开拓土宇；读书好比深沟坚垒，得到一块地方，能够守住。看书与子夏说的"每天知道自己所不知道的"相近，读书与"不忘记自己会的"相近，二者不可偏废。至于写字，楷书、行书、篆书、隶书，你都很喜欢，万万不能有一天中断，既要追求写得好，又要追求写得快。我这辈子因为写字慢，吃了不少亏。你要努力追求敏捷，每日能写楷书一万字，就差不多了。至于写各种文章，也应在二三十岁时打好基础；过了三十以后，就很难长进了。作四书文，作试帖诗，作律赋，作古今体诗，作古文，作骈体文，这几样，不能不一样一样地研究学习，一样一样地试着去写。年轻时候不能怕出丑，要有"狂者进取"的精神才好。过了时候，而不尝试去写，则今后更不愿写了。

　　至于作人之道，圣贤千言万语，大抵不外"敬""恕"二字。"仲弓问仁"一章①，言"敬""恕"最为亲切。自此以外，如"立则见其参于前也，在舆则见其倚于衡也"②；"君子无众寡，无小大，无敢慢"，斯为"泰而不骄"；"正其衣冠，俨然人望而畏"，斯为"威而不猛"③：是皆言"敬"之最好下手者。孔言"欲立立人，欲达达人"④；孟言"行有不得，反求诸己"⑤，"以仁存心，以礼存心"⑥，"有终身之忧，无一朝之患"：是皆言"恕"之最好下手者。尔心境明白，于"恕"字或易著功，"敬"字则宜勉强行之。此立德之基，不可不谨。

【注释】

①"仲弓问仁"一章：指《论语·颜渊》"仲弓问仁"章："子曰：'出门如见大宾，使民如承大祭。己所不欲，勿施于人。在邦无怨，在家无怨。'"

②立则见其参于前也，在舆则见其倚于衡也：出自《论语·卫灵公》："子张问行。子曰：'言忠信，行笃敬，虽蛮貊之邦行矣。言不忠信，行不笃敬，虽州里行乎哉？立，则见其参于前也；在舆，则见其倚于衡也，夫然后行。'子张书诸绅。"

③"君子无众寡"几句：引文出自《论语·尧曰》："子曰：'因民之所利而利之，斯不亦惠而不费乎？择可劳而劳之，又谁怨？欲仁而得

仁，又焉贪？君子无众寡，无小大，无敢慢，斯不亦泰而不骄乎？君子正其衣冠，尊其瞻视，俨然人望而畏之，斯不亦威而不猛乎？’”

④欲立立人，欲达达人：语本《论语·雍也》：“子贡曰：‘如有博施于民而能济众，何如？可谓仁乎？’子曰：‘何事于仁，必也圣乎！尧、舜其犹病诸！夫仁者，己欲立而立人，己欲达而达人。能近取譬，可谓仁之方也已。’”

⑤行有不得，反求诸己：语本《孟子·离娄上》：“孟子曰：‘爱人不亲，反其仁；治人不治，反其智；礼人不答，反其敬。行有不得者皆反求诸己，其身正而天下归之。’”反，同“返”。

⑥以仁存心，以礼存心：此句及下句“有终身之忧，无一朝之患”，皆出自《孟子·离娄下》：“孟子曰：‘君子所以异于人者，以其存心也。君子以仁存心，以礼存心。仁者爱人，有礼者敬人。爱人者，人恒爱之；敬人者，人恒敬之。有人于此，其待我以横逆，则君子必自反也：我必不仁也，必无礼也，此物奚宜至哉？其自反而仁矣，自反而有礼矣，其横逆由是也，君子必自反也，我必不忠。自反而忠矣，其横逆由是也。君子曰：“此亦妄人也已矣。如此，则与禽兽奚择哉？于禽兽又何难焉？”是故君子有终身之忧，无一朝之患也。乃若所忧则有之：舜，人也；我，亦人也。舜为法于天下，可传于后世，我由未免为乡人也，是则可忧也。忧之如何？如舜而已矣。若夫君子所患则亡矣。非仁无为也，非礼无行也。如有一朝之患，则君子不患矣。’”

【译文】

　　至于做人的大道理，圣贤所说的千言万语，大概不外乎“敬”和“恕”两个字。《论语·颜渊》篇“仲弓问仁”一章，讲“敬”和“恕”，最是切实的。此外，如《论语·卫灵公》篇“子张问行”章说的“站立的时候，就仿佛看见忠、信、敬、笃几个字站在自己面前一样，坐车的时候，就仿佛看见忠、信、敬、笃几个字倚在车厢前的横木上一样”；如《论语·尧曰》篇说的"君子不论对方人多人少，力量是小是大，从来不敢怠慢"，这就是"泰而不骄"；"衣冠端正，神情严肃，旁人远远看见就生出敬畏之心"，这就是"威而不猛"：这些都是圣人说到"敬"字最容易入手的地方。孔子说"己欲立而立人，己欲达而达人"；孟子说"做事而不成功，要回过头来自我反省"，"心里始终要存一个'仁'字，心里始终要存一个'礼'字"，"无时无刻都有忧患意识，就不会遇到突如其来的灾难"：这些都是圣人说到"恕"字最容易入手的地方。你心地明亮清白，在"恕"字方面，或许容易见功效，至于"敬"字方面，就需要勉力而行了。这是立身修德的根基，不能不谨慎。

　　科场在即①，亦宜保养身体。余在外平安，不多及。

【注释】

①科场：指科举考试。

【译文】

　　科场考试就在眼前，你要注意保养身体。我在外一切平安，不多说了。

　　再，此次日记，已封入澄侯叔函中寄至家矣①。余自十二至湖口，十九夜五更开船晋江西省②，廿一申刻即至章门③。馀不多及。又示。

【注释】

①澄侯：曾国藩之弟曾国潢（1820—1886），原名国英，字澄侯，族中排行第四。

②晋：进。

③申刻：下午三时至五时。章门：指江西南昌。因此地为古豫章
　郡，故称"章门"。

【译文】

　　另外，这次日记，已经封在给你澄侯叔的信中寄回家了。我从十二
日至湖口，十九夜五更开船前往江西省城，二十一日申刻就到南昌了。
别的不多说了。又及。

咸丰八年八月初三日

字谕纪泽：

　　八月一日，刘曾撰来营①，接尔第二号信并薛晓帆信②，
得悉家中四宅平安③，至以为慰。

【注释】

①刘曾撰(1827—1891)：字芙孙，号咏如，晚号咏雩老人，清末阳湖
　（今江苏常州）人。曾国藩幕僚，任安庆军械所委员。曾官湖南
　候补县丞，因军功历保知府，加道衔，简放辰州府知府。

②薛晓帆(？—1858)：薛湘，号晓帆，清末江苏无锡人。道光间举
　人，曾任湖南安福、石门、新宁等县县令。咸丰八年(1858)，擢升
　广西浔州知府，未即赴任而病殁于新宁。因宦游湖南，薛湘与曾
　国藩有交往。其子薛福成是近代历史名人。

③家中四宅：指曾家四处住宅。曾国华一家住白玉堂，曾国潢一家
　与曾国藩一家合住黄金堂，曾国荃一家住敦德堂，曾国葆一家住
　有恒堂。

【译文】

写给纪泽：

八月一日，刘曾撰来大营，接到你第二号信以及薛晓帆的信，得知家中四宅平安，内心很安慰。

汝读"四书"无甚心得，由不能虚心涵泳①，切己体察②。朱子教人读书之法，此二语最为精当。尔现读《离娄》，即如《离娄》首章"上无道揆，下无法守"③，吾往年读之，亦无甚警惕；近岁在外办事，乃知上之人必揆诸道，下之人必守乎法。若人人以道揆自许，从心而不从法，则下凌上矣。"爱人不亲"章④，往年读之，不甚亲切；近岁阅历日久，乃知"治人不治"者⑤，智不足也。此切己体察之一端也。

【注释】

①涵泳：浸润，沉浸。特指在读书治学方面深入领会。

②切己：犹切身。特指在读书治学方面，能密切联系自身，落实到
　　个人修行。尤为宋明理学家所提倡。

③上无道揆，下无法守：出自《孟子·离娄上》："是以惟仁者宜在高
　　位。不仁而在高位，是播其恶于众也。上无道揆也，下无法守
　　也，朝不信道，工不信度，君子犯义，小人犯刑，国之所存者，幸
　　也。"朱子《集注》："道，义理也。揆，度也。法，制度也。道揆，谓
　　以义理度量事物而制其宜。法守，谓以法度自守。工，官也。
　　度，即法也。君子小人，以位而言也。由上无道揆，故下无法守。
　　无道揆，则朝不信道而君子犯义；无法守，则工不信度而小人犯
　　刑。有此六者，其国必亡；其不亡者侥幸而已。"

④"爱人不亲"章：指《孟子·离娄上》："孟子曰：'爱人不亲，反其

仁；治人不治，反其智；礼人不答，反其敬。行有不得者皆反求诸
己，其身正而天下归之。'"

⑤治人不治：管理天下人而没有管理好。前一个"治"是动词，治
理、管理的意思，旧读"chí"；后一个"治"，指治理的效果。

【译文】

你现在读"四书"没什么心得，是因为不能虚心涵泳、切己体察的缘
故。朱子教人读书的方法，这两句最精当不过。你现在读《孟子·离
娄》，就说《离娄》首章"上无道揆，下无法守"两句吧，我从前读它，也没
有什么警策之心；近来在外头办事，才晓得在上位的人必须用大道做标
准，在下位的人必须遵守法规。如果每个人都以大道的标准而自许，听
从自己的内心而不遵从法规，那就会以下凌上。《孟子》"爱人不亲"一
章，从前读它，也没有多切实的理解；这几年阅历多了，才晓得"凡是治
理人民而没有治理好"的，都是智慧不足。这是切近自身来体察道理的
一个方面。

"涵泳"二字，最不易识。余尝以意测之曰：涵者，如春
雨之润花，如清渠之溉稻。雨之润花，过小则难透，过大则
离披①，适中则涵濡而滋液②。清渠之溉稻，过小则枯槁，过
多则伤涝，适中则涵养而浡兴③。泳者，如鱼之游水，如人之
濯足。程子谓"鱼跃于渊，活泼泼地"④，庄子言"濠梁观鱼，
安知非乐"⑤，此鱼水之快也。左太冲有"濯足万里流"之
句⑥，苏子瞻有"夜卧濯足"诗⑦，有"浴罢"诗⑧，亦人性乐水
者之一快也。

【注释】

①离披：分散的样子。此处特指植物衰残、凋散的样子。《楚辞·

　　九辩》："白露既下百草兮,奄离披此梧楸。"朱子《集注》："离披,
　　分散貌。"

②涵濡:滋润,沉浸。宋苏辙《墨竹赋》："今夫受命于天,赋形于地,
　　涵濡雨露,振荡风气。"滋液:汁液渗透,滋润生长。汉司马相如
　　《封禅文》："自我天覆,云之油油。甘露时雨,厥壤可游。滋液渗
　　漉,何生不育;嘉谷六穗,我穑曷蓄。"

③浡(bó)兴:语本《孟子·梁惠王上》："七八月之间旱,则苗槁矣。
　　天油然作云,沛然下雨,则苗浡然兴之矣。"朱子《集注》："浡然,
　　兴起貌。"意谓生长旺盛的样子。浡,本指泉水涌出貌,亦可形容
　　生长旺盛。

④程子:指北宋理学家程颢、程颐兄弟。后世儒家弟子引用两位程
　　先生的言论,皆称"程子曰",至于是程颢还是程颐的言论,并不
　　做严格区分。鱼跃于渊,活泼泼地:朱子《中庸章句》于"《诗》云
　　鸢飞戾天,鱼跃于渊,言其上下察也"句下,云:"故程子曰:'此一
　　节,子思吃紧为人处,活泼泼地。'"鱼跃于渊,出自《诗经·大
　　雅·旱麓》："鸢飞戾天,鱼跃于渊。岂弟君子,遐不作人。"活泼
　　泼地,充满生机,活泼之至。本为禅宗习用语,大致指与自心相
　　契合,与生动具体的现实生活打成一片。宋儒程子等亦用之,遂
　　为宋明理学习用语,指学问与人生合一,充满生机。

⑤庄子:即庄周(约前369—前286,一说约前368—前268),战国时
　　宋国蒙人,与孟子年代相去不远,曾为漆园吏。是继老子之后的
　　道家思想代表人物。所著《庄子》一书,主张逍遥无为、安时处
　　顺,倡导齐物我、一是非,影响极大,被道家学派尊为《南华经》。
　　濠梁观鱼,安知非乐:语本《庄子·秋水》："庄子与惠子游于濠梁
　　之上。庄子曰:'鯈鱼出游从容,是鱼之乐也。'惠子曰:'子非鱼,
　　安知鱼之乐?'庄子曰:'子非我,安知我不知鱼之乐?'惠子曰:
　　'我非子,固不知子矣;子固非鱼也,子之不知鱼之乐,全矣。'庄

子曰:'请循其本。子曰"汝安知鱼乐"云者,既已知吾知之而问我,我知之濠上也。'"后人遂以"濠梁观鱼"指物我两忘之乐。

⑥左太冲:左思(约 250?—305),字太冲,西晋齐国临淄(今山东淄博)人。文学家。后人辑有《左太冲集》。濯足万里流:语出左思《咏史八首·其五》:"皓天舒白日,灵景耀神州。列宅紫宫里,飞宇若云浮。峨峨高门内,蔼蔼皆王侯。自非攀龙客,何为欻来游。被褐出阊阖,高步追许由。振衣千仞冈,濯足万里流。"

⑦苏子瞻:苏轼(1037—1101),字子瞻,一字和仲,自号东坡居士,宋眉州眉山(今属四川)人。与父苏洵、弟苏辙,合称"三苏"。仁宗嘉祐二年(1057)进士。嘉祐六年(1061),苏轼应仁宗直言极谏策问,入三等,授大理寺评事签书凤翔府节度判官厅公事。后又再中制科,召试得直史馆,摄开封府推官。神宗熙宁中上书论王安石新法之不便,出为杭州通判。徙知密、徐、湖三州。元丰中,因诗托讽,逮赴台狱,后以黄州团练副使安置。哲宗即位,起知登州,累官中书舍人、翰林学士知制诰。以龙图阁学士知杭州。元祐六年(1091),召为翰林承旨,寻因谗出知颍州,徙扬州。后以端明殿、翰林侍读两学士出知定州,后贬惠州。绍圣中累贬琼州别驾,居昌化。徽宗立,元符三年(1100)赦还,提举玉局观,复朝奉郎。寻病逝于常州。谥文忠。著有《东坡七集》《东坡志林》《东坡乐府》《仇池笔记》《论语说》等。"夜卧濯足"诗:即苏轼《谪居三适三首·其三·夜卧濯足》诗:"长安大雪年,束薪抱衾裯。云安市无井,斗水宽百忧。今我逃空谷,孤城啸鸱鸺。得米如得珠,食菜不敢留。况有松风声,釜鬲鸣飕飕。瓦盎深及膝,时复冷暖投。明灯一爪剪,快若鹰辞鞲。天低瘴云重,地薄海气浮。土无重膇药,独以薪水瘳。谁能更包裹,冠履装沐猴。"

⑧"浴罢"诗:即苏轼《次韵子由浴罢》诗:"理发千梳净,风晞胜汤沐。闭息万窍通,雾散名干浴。颓然语默丧,静见天地复。时令

具薪水,漫欲濯腰腹。陶匠不可求,盆斛何由足。老鸡卧粪土,振羽双瞑目。倦马骧风沙,奋鬣一喷玉。垢净各殊性,快惬聊自沃。云母透蜀纱,琉璃莹蕲竹。稍能梦中觉,渐使生处熟。《楞严》在床头,妙偈时仰读。返流归照性,独立遗所瞩。未知仰山禅,已就季主卜。安心会自得,助长毋相督。"

【译文】

"涵泳"两个字,最不容易理解。我曾自己理解为:所谓"涵",好比春雨滋润花朵,好比清渠灌溉稻田。雨水滋润花朵,太小就很难浸透,太大就会损坏枝叶,大小适中才能利于吸收滋养。清凉的渠水灌溉稻田,太小了,禾苗就容易枯槁;太大了,稻田则容易涝;只有大小适中,禾苗才能得到滋养而生机勃发。所谓"泳",好比鱼儿游水,好比人泡脚。程子所说的"鱼跃于渊,活泼泼地",庄子所说的"在濠梁观鱼,安知非乐",这就是鱼水之欢啊。左太冲写过"濯足万里流"的诗句,苏子瞻有题目是"夜卧濯足"的诗,有题目是"浴罢"的诗,这也是人性乐水的一大快事啊。

善读书者,须视书如水,而视此心如花、如稻、如鱼、如濯足,则"涵泳"二字,庶可得之于意言之表。尔读书易于解说文义,却不甚能深入,可就朱子"涵泳""体察"二语悉心求之。

【译文】

善于读书的人,应该把书看得和水一样,而把自己的心灵看做和花儿一样、和禾苗一样、和鱼儿一样、和洗脚一样,那么"涵泳"二字,大概可以在言表之外意会了。你读书,长于解说文章大义,但却不能很好地深入,可以就朱子说的"虚心涵泳""切己体察"这两句细心体会。

邹叔明新刊地图甚好[①]。余寄书左季翁[②]，托购致十副，尔收得后，可好藏之。

【注释】

①邹叔明：邹汉章(1816—1861)，字叔明，清末湖南新化(今湖南娄底)人。咸丰二年(1852)，考取县学附生，名列第一。咸丰三年(1853)，募勇前往江西防堵太平军，叙训导。后在湘军水师充营官。咸丰六年(1856)保升教授，加同知衔，赏戴花翎。咸丰九年(1859)，石达开军入湘，围攻宝庆。邹汉章率水师五百人往援。宝庆围解，叙加运同衔。咸丰十一年(1861)升长沙府教授。同年，广西巡抚刘长佑急调其率水师赴广西镇压太平军，病死于军营，年四十七岁。邹汉章平日留心舆地与兵制之学，仿晋代"制图六体"绘成《舆地图》，分绘一州一县，拼幅接边，而皆无误。所编《皇朝图记》十六卷，列举府县疆里、山川、道路、驿站、古郡县等，是清末地理学名著。

②左季翁：即左宗棠(1812—1885)，字季高，一字朴存，号湘上农人，清湖南湘阴人。少年时屡试不第，后就读于长沙岳麓书院，遍读群书，钻研舆地、兵法。因平定太平天国、平定陕甘同治回乱、收复新疆等功，官至东阁大学士、军机大臣，封二等恪靖侯。在湘军统帅中，位望仅次于曾国藩；与曾国藩、李鸿章并称同治中兴名臣。

【译文】

邹叔明新近刊印的地图非常好。我写信给左季翁，托他购买十副，你收到后，应好好收藏。

薛晓帆银百两宜璧还[①]，余有复信，可并交季翁也。此嘱。

【注释】

①璧还:敬词。表示退还赠礼或归还借物。该词语源本于蔺相如"完璧归赵"事。

【译文】

薛晓帆送的一百两银子应该归还给他,我有回复他的信,可以一并交给左宗棠。牢记。

咸丰八年八月二十日 书于弋阳军中

字谕纪泽:

十九日曾六来营①,接尔初七日第五号家信并诗一首,具悉次日入闱②,考具皆齐矣③,此时计已出闱还家④。

【注释】

①曾六:不详。似为送信长夫。

②具悉:尽知,全知。入闱:指科举考试时考生或监考人员等进入考场。此处指考生进入考场,即参加科举考试。

③考具:参加科举考试时必备的用具。

④出闱:旧时指科举考试结束后考生或监考人员离开试院。

【译文】

写给纪泽:

十九日曾六来大营,接到你初七日第五号家信及诗一首,知道你次日下考场,考试需要的文具皆已备齐,算起来此刻你已经出考场回家了。

余于初八日至河口①，本拟由铅山入闽②，进捣崇安③，已拜疏矣④。光泽之贼⑤，窜扰江西，连陷泸溪、金溪、安仁三县⑥，即在安仁屯踞，十四日派张凯章往剿⑦。十五日余亦回驻弋阳⑧，待安仁破灭后，余乃由泸溪云际关入闽也⑨。

【注释】

①河口：地名。即今江西上饶铅山县河口镇。位于铅山县境北部，东与鹅湖镇为邻，北隔信江与新滩乡相望。

②铅山：地名。位于江西东北部，清属广信府，今为上饶市辖县。

③崇安：地名。清代福建省建宁府下属县，现为福建武夷山市。

④拜疏：上奏章。

⑤光泽：地名。即今福建光泽，清属邵武府，今隶属福建南平。

⑥泸溪：地名。明朝万历六年（1578）始置，因位于泸溪河上游，故名泸溪县。清末为江西省建昌府下属县。民国时，为避免与湖南省泸溪县重名，更名为资溪县。今为江西抚州资溪县，位于江西中部偏东，抚州东部，是江西东大门，也是江西入福建的重要通道。东与福建光泽接壤，南与黎川毗邻，西与南城交壤，北与金溪、贵溪相连。金溪：地名。清代江西省抚州府下属县，今为江西抚州下属县，位于江西东部、抚河中游。安仁：地名。清代江西省饶州府下属县，今为江西鹰潭馀江区。

⑦张凯章：张运兰（？—1864），字凯章，清湖南湘乡人。湘军将领。咸丰初，从王鑫转战衡、永、郴、桂等地，积功擢同知。咸丰七年（1857），从王鑫援江西。王鑫卒于军，张运兰与王开化分领其众。咸丰八年（1858），曾国藩复出，督师规浙江，疏调张运兰及萧启江率所部从。张运兰为人持重，深得曾国藩信赖，屡立战功，咸丰十一年（1861）擢福建按察使。同治三年（1864）赴任福建按察使途中，为太平军俘杀。事闻，清廷赠巡抚，予骑都尉世

职,谥忠毅。武平及湖南、广东建专祠。

⑧弋阳:地名。清代江西省广信府下属县,今为江西上饶下属县。
　　地处江西东北部,信江中游。

⑨云际关:关名,在福建光泽县城北部司前乡云际村北五华里云际
　　岭的垭口上,以云际村"高与云齐"之意命名。关口海拔七百八
　　十米,始建于五代时期,重建于明弘治十四年(1501)。

【译文】

　　我在初八这天到河口,本打算从铅山进福建,进军直捣崇安,已经
给朝廷拜发奏疏。光泽县的贼军,流窜骚扰江西,接连攻陷泸溪、金溪、
安仁三县,在安仁屯扎盘踞,十四日派张凯章前往攻剿。十五日我也回
驻弋阳,等攻破安仁贼军之后,我再从泸溪云际关进入福建。

　　尔七古诗,气清而词亦稳,余阅之忻慰①。凡作诗最宜
讲究声调。余所选钞五古九家②,七古六家③,声调皆极铿
锵,耐人百读不厌。余所未钞者,如左太冲、江文通、陈子
昂、柳子厚之五古④,鲍明远、高达夫、王摩诘、陆放翁之七
古⑤,声调亦清越异常。尔欲作五古、七古,须熟读五古、七
古各数十篇,先之以高声朗诵以昌其气,继之以密咏恬吟以
玩其味,二者并进,使古人之声调拂拂然若与我之喉舌相
习⑥,则下笔为诗时,必有句调凑赴腕下⑦,诗成自读之,亦自
觉琅琅可诵,引出一种兴会来⑧。古人云"新诗改罢自长
吟"⑨,又云"煅诗未就且长吟"⑩,可见古人惨淡经营之时⑪,
亦纯在声调上下工夫。盖有字句之诗,人籁也⑫;无字句之
诗,天籁也⑬。解此者,能使天籁人籁凑泊而成⑭,则于诗之
道思过半矣。

【注释】

①忻(xīn)慰：同"欣慰"。

②五古九家：指《十八家诗钞》所钞五言古诗代表人物曹植、阮籍、陶渊明、谢灵运、鲍照、谢朓、李白、杜甫、韩愈九家。

③七古六家：指《十八家诗钞》所钞七言古诗代表人物李白、杜甫、韩愈、白居易、苏轼、黄庭坚六家。

④左太冲：左思，字太冲。见前注。江文通：江淹(444—505)，字文通，南朝梁济阳考城(今河南商丘民权县)人。历仕宋、齐、梁三朝。起家宋南徐州从事。曾因罪入狱，上书力辩得释。萧道成(齐高帝)辅政，闻其才，召为尚书驾部郎。入齐，官御史中丞。弹劾不避权贵。历任秘书监、侍中、卫尉卿。后附萧衍(梁武帝)。入梁，封醴陵侯，累官金紫光禄大夫。梁武帝天监四年(505)卒，谥宪伯。江淹少以文章显，作诗善拟古，晚年才思微退，相传梦一丈夫向之索还五色笔，时称"江郎才尽"。传世名篇有《恨赋》《别赋》，今存《江文通集》辑本。另撰《齐史》十志，已佚。陈子昂(659—700，一说661—702)：字伯玉，唐梓州射洪(今属四川)人。唐睿宗文明元年(684)登进士第，诣阙上书，拜麟台正字。武后垂拱二年(686)从军北征，归朝，迁右卫胄曹参军，擢右拾遗。万岁通天元年(696)，以参谋从武攸宜北讨契丹，立志许国，然不为所用，军回，辞官还乡。为县令段简构陷系狱，忧愤而卒。陈子昂提倡汉魏风骨，反对齐梁以来绮丽诗风，是唐诗革新的先驱。有《陈伯玉集》。柳子厚：柳宗元(773—819)，字子厚，唐河东解县(今山西运城)人，世称柳河东。德宗贞元九年(793)进士。参加王叔文革新集团，任礼部员外郎。革新失败后，贬永州司马。后迁柳州刺史，卒于官，世又称柳柳州。与韩愈同为古文运动倡导者，并称"韩柳"。为"唐宋八大家"之一。有《河东先生集》。

⑤鲍明远：鲍照（约 414—466），字明远，南朝宋东海（今山东郯城）人。宋武帝时，官中书舍人。晚年任荆州刺史临海王刘子顼前军参军，故世称"鲍参军"。宋明帝泰始二年（466）刘子顼起兵谋反失败，鲍照为乱兵所杀。鲍照以诗文名，长于乐府和七言歌行，《拟行路难》为其诗代表作，另有《芜城赋》《登大雷岸与妹书》等名篇。明人辑有《鲍参军集》。高达夫：高适（约 700—765），字达夫，唐渤海蓨县（今河北景县）人。少贫寒，游长安，失意归，客居梁宋间。后游河西，入哥舒翰幕为书记。历淮南、西川节度使，终散骑常侍，封渤海县侯。世称高常侍。曾三度出塞，以边塞诗著称，与岑参齐名，并称"高岑"。卒谥忠。后人编有《高常侍集》十卷行世。《全唐诗》编诗四卷。王摩诘：王维（701—761），字摩诘，唐太原祁（今山西祁县）人，迁居蒲州（今山西永济）。唐玄宗开元九年（721），登进士第，调太乐丞，因伶人违制舞黄狮子受累，谪济州司仓参军。张九龄执政，擢为右拾遗。天宝初，入为左补阙。十一载（752），拜吏部郎中，迁给事中。安史叛军陷京，被迫受伪职。复京后论罪，因曾作诗抒写对唐室的忠心，仅降为太子中允。迁左庶子、中书舍人，复拜给事中，转尚书右丞，卒。世称王右丞。多才多艺，诗、书、画、乐无不精通。与孟浩然同为盛唐山水田园诗派代表诗人。有《王维集》十卷，今存。《全唐诗》编诗四卷。陆放翁：陆游（1125—1210），字务观，号放翁，南宋越州山阴（今浙江绍兴）人。少有文名。高宗绍兴二十四年（1154）应礼部试，名列前茅。因论恢复，遭秦桧黜落。孝宗即位，任枢密院编修官，赐进士出身。乾道六年（1170），起为夔州通判。后入四川宣抚使幕，复任四川制置使司参议官。淳熙七年（1180），在提举江西常平茶盐公事任上，以发粟赈灾，被劾罢。光宗绍熙元年（1190），任礼部郎中，劾罢，闲居十馀年。宁宗嘉泰二年（1202），召修孝宗、光宗实录。以宝谟阁待制致

仕。工诗、词、散文，亦长于史学。其诗多沉郁顿挫、感激豪宕之作，与尤袤、杨万里、范成大并称为南渡后"中兴四大诗人"。有《剑南诗稿》《渭南文集》《南唐书》《老学庵笔记》等。

⑥拂拂然：微风吹拂的样子。亦用以形容诗，指自然舒适的样子。明陆时雍《诗镜总论》："诗之佳，拂拂如风，洋洋如水，一往神韵，行乎其间。"

⑦凑赴：指风、云、水等自然聚集和前来，亦用以形容才思。宋苏轼《新渠诗·其二》："新渠之田，在渠左右。渠来奕奕，如赴如凑。"

⑧兴会：意趣，兴致。北齐颜之推《颜氏家训·文章》："标举兴会，发引性灵。"

⑨新诗改罢自长吟：语出唐杜甫《解闷十二首·其七》："陶冶性灵在底物，新诗改罢自长吟。孰知二谢将能事，颇学阴何苦用心。"

⑩煅诗未就且长吟：语出宋陆游《昼卧初起书事》："岁华病思两侵寻，静看槐楸转午阴。待睡不来聊小憩，煅诗未就且长吟。还山久洗天涯恨，谢事新谐物外心。忽有故人分禄米，呼儿先议赎雷琴。"

⑪惨淡经营：原指作画前先用浅淡颜色勾勒轮廓，苦心构思，经营位置。南朝齐谢赫《古画品录》以经营位置为绘画六法之一。唐杜甫《丹青引赠曹将军霸》："诏谓将军拂绢素，意匠惨澹经营中。"引申指苦心谋划并从事某项事情。

⑫人籁（lài）：人吹箫所发出的音响。籁，古代管乐器。一说即排箫。《庄子·齐物论》："女闻人籁而未闻地籁，女闻地籁而未闻天籁。"唐成玄英疏："籁，箫也，长一尺二寸，十六管，象凤翅，舜作也。"《庄子·齐物论》："子游曰：'地籁则众窍是已，人籁则比竹是已，敢问天籁？'"王先谦《集解》："以竹相比而吹之。"泛指人发出的声音。金党怀英《睡觉门外月色如昼霜风过寥然成声》诗："始知天籁非人籁，吹万由来果不同。"亦指人力精工制作的作

品。清袁枚《随园诗话》卷七："无题之诗，天籁也；有题之诗，人
籁也。天籁易工，人籁难工。"

⑬天籁：自然界的声响，如风声、鸟声、流水声等。亦指诗文浑然天
成得自然之趣。

⑭凑泊：凝合，聚合。亦指文思自然生成。《朱子语类》卷六十三：
"物若扶植，种在土中，自然生气凑泊他。"

【译文】

你写的七古诗，不但气格清通，词句也很稳当，我读后颇觉欣慰。
凡是写诗，最应该讲究声调。我选抄的九家五古诗，六家七古诗，声调
都最铿锵悦耳，很耐读，让人百读不厌。我没有抄录的，如左思、江淹、
陈子昂、柳宗元的五古诗，鲍照、高适、王维、陆游的七古诗，声调也异常
清越。你想学写五古诗、七古诗，必须熟读五古、七古诗各数十篇，先要
高声朗诵来畅通它的气势，接着要密咏恬吟来把玩它的韵味，两方面齐
头并进，使古人的声调仿佛和自己的喉舌相适应，那下笔作诗时，就一
定有句子和声调奔赴手腕之下，诗写成了自己读它，也自然会觉得朗朗
上口，引出一种兴趣和领会来。古人说，"新诗改罢自长吟"，又说"煅诗
未就且长吟"，可以看出古人挖空心思谋篇琢句的时候，也纯粹是在声
调上下功夫。有字句的诗，是人籁；无字句的诗，是天籁。明白这个道
理的人，能使天籁人籁相辅相成，那对写诗来说可就成功了一多半。

尔好写字，是一好气习①。近日墨色不甚光润，较去年
春夏已稍退矣。以后作字，须讲究墨色。古来书家，无不善
使墨者，能令一种神光活色浮于纸上，固由临池之勤、染翰
之多所致②，亦缘于墨之新旧浓淡，用墨之轻重疾徐，皆有精
意运乎其间，故能使光气常新也。

【注释】

①气习:习性,习惯。

②临池:《晋书·卫恒传》:"汉兴而有草书……弘农张伯英者,因而
转精甚巧。凡家之衣帛,必书而后练之。临池学书,池水尽黑。"
后因以"临池"指学习书法,或作为书法的代称。唐杜甫《殿中杨
监见示张旭草书图》:"有练实先书,临池真尽墨。"染翰:以笔蘸
墨。翰,毛笔。晋潘岳《秋兴赋·序》:"于是染翰操纸,慨然而
赋。"亦指写字。

【译文】

你喜欢写字,是一种好习惯。你近日墨色不太光亮温润,和去年春
夏之交比起来已经稍有退步。以后写字,要讲究墨色。自古以来的书法
大家,没有不擅长用墨的,能让一种鲜活的颜色浮于纸面之上,固然是因
为临帖勤、练字多所造成,也是因为墨的新旧浓淡,用墨的轻重疾徐,都有
精细的心意运作在写字的过程中间,所以能让光泽气韵常保鲜活。

　　余生平有三耻:学问各途,皆略涉其涯涘①,独天文算
学,毫无所知,虽恒星五纬亦不认识②,一耻也;每作一事,治
一业,辄有始无终,二耻也;少时作字,不能临摹一家之体,
遂致屡变而无所成,迟钝而不适于用,近岁在军,因作字太
钝,废阁殊多③,三耻也。尔若为克家之子④,当思雪此三耻。

【注释】

①涯涘(sì):语出《庄子·秋水》:"今尔出于涯涘,观于大海。"意谓
水边、岸。引申为边际、界限。

②五纬:指金、木、水、火、土五星。《周礼·春官·大宗伯》"以实柴
祀日、月、星、辰",汉郑玄注:"星谓五纬,辰谓日月。"唐贾公彦

疏:"五纬,即五星:东方岁星,南方荧惑,西方太白,北方辰星,中央镇星。言纬者,二十八宿随天左转为经,五星右旋为纬。"清夏炘《学礼管释·释十有二岁》:"五纬之名,木曰岁星,火曰荧惑,土曰填(镇)星,金曰太白,水曰辰星。"

③废阁:指荒废,耽误。阁,搁置,停辍。

④克家:语出《周易·蒙》:"纳妇吉,子克家。"唐孔颖达疏:"子孙能克荷家事,故云子克家也。"意谓能承担家事,光大门庭。

【译文】

我平生有三大耻辱:各门学问,都略有涉及,只有天文算学,毫无所知,即便是恒星和金、木、水、火、土五星都不认识,这是一耻;每做一件事,学一门技艺,都是有始无终,这是二耻;小时候写字,不能专门临摹某一家字体,所以导致字体经常变化而无所成,写字慢而不适用,近年在军中,因写字太慢,耽误很多事,这是三耻。你如果要做一个能光大门楣的孝子,应该要雪这三耻。

推步算学纵难通晓①,恒星五纬观认尚易。家中言天文之书,有"十七史"中各《天文志》②,及《五礼通考》中所辑《观象授时》一种③,每夜认明恒星二三座,不过数月,可毕识矣。

【注释】

①推步:推算天象历法。古人谓日月转运于天,犹如人之行步,可推算而知。《后汉书·冯绲传》:"绲弟允,清白有孝行,能理《尚书》,善推步之术。"唐李贤注:"推步谓究日月五星之度、昏旦节气之差。"

②十七史:宋人将《史记》《汉书》《后汉书》《三国志》《晋书》《宋书》《齐书》《梁书》《陈书》《(北)魏书》《北齐书》《北周书》《隋书》《南史》《北史》《旧唐书》《新唐书》《旧五代史》《新五代史》并称为"十

七史"(《(新、旧)唐书》《(新、旧)五代史》各只算一种)。《天文志》:中国传统史书的内容编目之一,专讲天文历法。

③《五礼通考》:清秦蕙田撰,二百六十二卷。是书因清徐乾学《读礼通考》惟详"丧葬"一门,而《周官·大宗伯》所列五礼之目,古经散亡,鲜能寻端竟委,乃因徐氏体例,网罗众说,以成一书。共分七十五类。以乐律附于《吉礼》宗庙制度之后;以天文推步、勾股割圆,立《观象授时》一题统之;以古今州国都邑山川地名,立"体国经野"一题统之,并载入《嘉礼》。《观象授时》:《五礼通考》一书的门类之一,专讲天文历法的推算方法。

【译文】

天文历法方面的推算方法虽然难以弄明白,但恒星和五星认起来还是比较容易的。家里讲天文知识的书,有"十七史"中的《天文志》各种,以及《五礼通考》一书中所辑录的《观象授时》这一种,每天夜里认明白恒星二三座,不过几个月时间,就可以都认全了。

凡作一事,无论大小易难,皆宜有始有终。

【译文】

凡是做一件事,不管是大是小,是易是难,都应该善始善终。

作字时先求圆匀,次求敏捷。若一日能作楷书一万,少或七八千,愈多愈熟,则手腕毫不费力。将来以之为学则手钞群书,以之从政则案无留牍①,无穷受用皆自写字之匀而且捷生出。三者皆足弥吾之缺憾矣。

【注释】

①案无留牍：桌案上没有积压的公文。形容办理公务干练、及时。

【译文】

写字的时候，先要追求圆匀，其次追求敏捷。如果一天能写楷书一万字，少一点儿或七八千字，越多越熟，那手腕就毫不费力。将来用在做学问，可以手抄群书，用在从政，可以案无留牍，无穷受用，都从写字的圆匀和敏捷生出。做好这三样，都足以弥补我的缺憾。

今年初次下场①，或中或不中，无甚关系。榜后即当看《诗经注疏》②，以后穷经读史③，二者迭进。国朝大儒，如顾、阎、江、戴、段、王数先生之书④，亦不可不熟读而深思之。光阴难得，一刻千金！

【注释】

①下场：指科举时代考生进考场应试。《红楼梦》第九十七回："明年乡试，务必叫他下场。"

②榜后：放榜之后。放榜，亦作"放牓"，指科举考试后公布被录取者名单。《诗经注疏》：即《十三经注疏》之《毛诗正义》，《诗经》的注和疏，注包括毛传和郑笺，疏指孔疏。《诗经》古注，西汉有毛公所著《毛诗故训传》，东汉郑玄又为之作笺，唐孔颖达撰《毛诗正义》。宋人始将《毛诗正义》按篇附在毛传、郑笺之后，称之为"疏"。后世的《诗经注疏》包含毛传、郑笺、孔疏三部分内容。

③穷经：谓极力钻研经籍。常添"白首"二字而为四字成语。宋孔平仲《孔氏谈苑·梁灏八十二作大魁》："白首穷经，少伏生之八岁。"

④顾、阎、江、戴、段、王：指清代学者顾炎武、阎若璩、江永、戴震、段

玉裁、王念孙、王引之等人。以上诸人是清代考据学的代表
人物。

【译文】

今年初次下考场，或许考中或许考不中，都没什么关系。发榜后就
应当看《诗经注疏》了，以后遍读经史，二者更相推进。本朝大儒，如顾
炎武、阎若璩、江永、戴震、段玉裁、王念孙、王引之等先生的书，也不能
不熟读而且深入思考。光阴太难得，一刻值千金！

以后写安禀来营①，不妨将胸中所见、简编所得②，驰骋
议论，俾余得以考察尔之进步③，不宜太寥寥④。此谕。

【注释】

①安禀：指子女写给父母长辈的请安信。

②简编：指书籍。古人将书抄在竹简（或木简）上，用绳子串起来。

③俾（bǐ）：使，让。

④寥寥：形容数量少。

【译文】

以后你写请安信寄到大营，不妨将胸中见识到的、书本上学到的，
放开来谈论，让我可以考察你的进步，不宜写得太过简单。就说这些。

咸丰八年十月二十五日

字谕纪泽：

十月十一日接尔安禀，内附隶字一册。廿四日接澄叔
信①，内附尔临《玄教碑》一册②。王五及各长夫来③，具述家

中琐事甚详。

【注释】

①澄叔：即澄侯叔。曾国藩之弟曾国潢，字澄侯。

②《玄教碑》：传忠书局本作《元教碑》，系避清讳，改"玄"为"元"。
该碑全称《大元敕赐开府仪同三司上卿辅成赞化保运玄教大宗
师志道弘教冲玄仁靖大真人知集贤院事领诸路道教事张公碑
铭》，简称"玄教碑"或"张留孙道行碑"，俗称"道教碑"。立于元
天历二年(1329)，为赵孟𫖯所书，是其楷书代表作。今存于北京
民俗博物馆，为国家一级文物。

③王五：即曾国藩之妹曾国蕙的丈夫王率五。长夫：长工。

【译文】

写给纪泽：

十月十一日接到你的请安信，里头附有你写的隶书一册。二十四
日接到你澄侯叔的信，里头附有你临写的《玄教碑》一册。王五及各位
长夫来营，具体叙述家中的琐事，说得很详细。

尔信内言读《诗经注疏》之法，比之前一信已有长进。
凡汉人传注、唐人之疏①，其恶处在确守故训②，失之穿凿；其
好处在确守故训，不参私见。释"谓"为"勤"③，尚不数见，释
"言"为"我"④，处处皆然，盖亦十口相传之诂⑤，而不复顾文
气之不安。如《伐木》为文王与友人入山⑥，《鸳鸯》为明王交
于万物⑦，与尔所疑《螽斯》章解同一穿凿⑧。朱子《集传》⑨，一
扫旧障，专在涵泳神味，虚而与之委蛇⑩；然如《郑风》诸什⑪，
注疏以为皆刺忽者固非⑫，朱子以为皆淫奔者亦未必是⑬。

【注释】

①传注：解释经籍的文字。又特指汉代学者解释经典的文字。传、注又各有侧重，"传"强调师传，"注"侧重解释。南朝梁刘勰《文心雕龙·论说》："释经则与传注参体……传者转师，注者主解。"疏：本义为条陈，引申为注释、解释经籍。亦指解释经籍的文字。因习惯上将汉代学者解释经典的文字称为"传""注"，遂将唐人所做进一步的发挥解释性文字称为"疏"。

②确守故训：坚持古代的训释。

③释"谓"为"勤"：指将《诗经》中的"谓"字之义解释成"勤"。乃汉代经师郑玄所为。如《诗经·召南·摽有梅》："摽有梅，顷筐塈之。求我庶士，迨其谓之。"《诗经·邶风·北门》："出自北门，忧心殷殷。终窭且贫，莫知我艰。已焉哉，天实为之，谓之何哉！"于此二篇之"谓"字，汉郑玄笺皆云："谓，勤也。"

④释"言"为"我"：指将《诗经》中的"言"字之义解释成"我"。此一训释，始于毛传，而为郑笺、孔疏所沿袭。其例甚多，不胜枚举。今举一例，如《诗经·周南·葛覃》："言告师氏，言告言归。"毛传云："言，我也。"

⑤十口相传：许多人辗转相传。

⑥《伐木》：《诗经·小雅》篇名。汉、唐传统"诗经学"认为该篇是周文王与友人入山伐木之诗。汉郑玄《诗谱》系其为文王之世。《毛序》云："《伐木》，燕朋友故旧也。自天子至于庶人，未有不须友以成者。亲亲以睦，友贤不弃，不遗故旧，则民德归厚矣。"唐孔颖达申之云："'朋'是同门之称，'友'为同志之名，'故旧'即昔之朋友也，然则朋友新故通名，故旧唯施久远。此云朋友可以兼故旧，而并言之者，此说文王新故皆燕，故异其文。'友贤不弃'，燕朋友也。'不遗故旧'，是燕故旧也。"

⑦《鸳鸯》：《诗经·小雅》篇名。汉、唐传统"诗经学"认为该篇主旨

是"明王交于万物"。《毛序》云:"《鸳鸯》,刺幽王也。思古明王交于万物有道,自奉养有节焉。"

⑧《螽(zhōng)斯》章解:即《诗经·周南·螽斯》的《毛序》:"《螽斯》,后妃子孙众多也。言若螽斯不妒忌,则子孙众多也。"

⑨朱子《集传》:即南宋大儒朱熹所著《诗集传》。

⑩虚而与之委蛇(wēi yí):即"虚与委蛇",语出《庄子·应帝王》:"壶子曰:'乡吾示之以未始出吾宗,吾与之虚而委蛇。'"唐成玄英疏:"委蛇,随顺之貌也。至人应物,虚己忘怀,随顺逗机,不执宗本。"后因谓假意殷勤、敷衍应酬为"虚与委蛇"。但此处非敷衍应酬义,而指朱子解释《诗经》不穿凿附会,不将诗之本事强行坐实。

⑪《郑风》:《诗经》十五"国风"之一,皆郑国之诗。什:篇什,篇章。

⑫注疏以为皆刺忽者:汉、唐传统"诗经学"认为《诗经·郑风》之《有女同车》《山有扶苏》《萚兮》《狡童》及《扬之水》等篇的主旨皆是讥刺郑庄公世子忽。《毛序》云:"《有女同车》,刺忽也。郑人刺忽之不昏于齐。太子忽尝有功于齐,齐侯请妻之。齐女贤而不取,卒以无大国之助至于见逐,故国人刺之。""《山有扶苏》,刺忽也。所美非美然。""《萚兮》,刺忽也。君弱臣强,不倡而和也。""《狡童》,刺忽也。不能与贤人图事,权臣擅命也。""《扬之水》,闵无臣也。君子闵忽之无忠臣良士,终以死亡,而作是诗也。"

⑬朱子以为皆淫奔者:朱熹认为《诗经·郑风》之《有女同车》《山有扶苏》《萚兮》《狡童》《扬之水》诸篇与郑庄公世子忽无关,乃是刺"淫奔"之诗。朱子《诗集传》于《有女同车》篇云"此疑亦淫奔之诗",于《山有扶苏》篇云"淫女戏其所私者",于《萚兮》篇云"此淫女之词",于《狡童》篇云"此亦淫女见绝而戏其人之词",于《扬之水》篇云"淫者相谓"。

【译文】

你信里谈读《诗经注疏》的方法，比前一封信已有长进。凡是汉人的传和注、唐人的疏，它不好的地方就在墨守古人的训释，失于穿凿附会；它好的地方也在墨守古人的训释，不掺杂一毫个人私见。将"谓"字之义训释为"勤"，还不多见，将"言"字之义训释为"我"，比比皆是，这也因为它是历代辗转相传的训诂，所以人们就不再考虑文章气脉上的不妥当。譬如将《伐木》篇的主旨说成是周文王和朋友入山伐木，将《鸳鸯》篇的主旨说成是圣明的君王泽被万物，和你所怀疑《螽斯》篇的解说，是同样的穿凿附会。朱子的《诗集传》，将过去的障碍一扫而尽，专门在涵泳诗的精神气息上下功夫，随文释义，不将诗之本事强行坐实；但是，例如《郑风》若干篇，汉、唐注疏以为都是讥刺郑庄公世子忽的，这样固然不对，朱子认为其主题都是刺淫奔的，也未必可靠。

　　尔治经之时，无论看注疏，看宋传①，总宜虚心求之。其惬意者，则以朱笔识出；其怀疑者，则以另册写一小条，或多为辨论，或仅着数字，将来疑者渐晰，又记于此条之下，久久渐成卷帙，则自然日进。高邮王怀祖先生父子②，经学为本朝之冠，皆自札记得来。吾虽不及怀祖先生，而望尔为伯申氏甚切也③。

【注释】

①宋传：指宋人所作解释儒家经籍的著作，如朱子《诗集传》、蔡沈《书集传》等。

②高邮王怀祖先生父子：指高邮人王念孙、王引之父子二人，皆为清代训诂学大师。王怀祖，即王念孙(1744—1832)，字怀祖，号石臞，清江苏高邮人。乾隆四十年(1775)进士，历任翰林院庶吉

士、工部主事、工部郎中、陕西道御史、吏科给事中、山东运河道、直隶永定河道。王念孙为清代训诂学大师,著有《广雅疏证》《读书杂志》《古韵谱》等。

③伯申氏:指清代训诂学大师王引之。王引之(1766—1834),字伯申,号曼卿,清江苏高邮人。嘉庆四年(1799)进士,授编修。道光间历官至工部尚书。传父文字训诂之学,有"一家之学,海内无匹"之称(阮元语)。卒谥文简。著有《经义述闻》《经传释辞》等。

【译文】

你研读经学时,不管是看汉唐注疏,还是看宋人的集传,都应当虚心对待。凡是深感合意的地方,就用红笔标出;凡是有所怀疑的地方,就另用一个册子记一小条,或者写长篇辩论,或者仅写几个字,将来所怀疑的逐渐明晰,又记载在这条之下,时间久了渐渐积成卷帙,那就自然而然学问日进。高邮王怀祖先生父子,经学是本朝最好的,学问都从札记中得来。我虽然比不上怀祖先生,但盼望你像王伯申一样的愿望则很强烈。

尔问时艺可否暂置①,抑或他有所学,余惟文章之可以道古、可以适今者,莫如作赋。汉魏六朝之赋,名篇巨制具载于《文选》②,余尝以《西征》《芜城》及《恨》《别》等赋示尔矣③;其小品赋则有《古赋识小录》④;律赋则有本朝之吴榖人、顾耕石、陈秋舫诸家⑤。尔若学赋,可于每三、八日作一篇,大赋或数千字,小赋或仅数十字,或对或不对,均无不可。此事比之八股文略有意趣,不知尔性与之相近否?

【注释】

①时艺:即时文、八股文、四书文。见前"四书文"注。

②《文选》:即《昭明文选》。见前注。

③《西征》《芜城》及《恨》《别》等赋:指西晋潘岳所作《西征赋》、南朝鲍照所作《芜城赋》及江淹所作《恨赋》《别赋》。皆为六朝赋名篇。

④小品赋:篇幅短小的赋。《古赋识小录》:清王芑孙编。共八卷,凡三百二十四篇。选录作品,上自战国荀卿、宋玉,下迄明代夏完淳。

⑤吴穀人:吴锡麒(1746—1818),字圣征,号穀人,清钱塘(今浙江杭州)人。乾隆四十年(1775)进士。曾为翰林院庶吉士,授编修。后两度充会试同考官,擢右赞善,入直上书房,转侍讲侍读,升国子监祭酒。乞归养亲。主安定、乐仪等书院讲席。以诗与骈文著名。其诗与严遂成、厉鹗、袁枚、钱载、王又曾并称"浙西六家",骈文与邵齐焘、洪亮吉、刘星炜、袁枚、孙星衍、孔广森、曾燠并称"八家"。著有《有正味斋集》七十三卷。顾耕石:顾元熙,字丽丙,号耕石,清江苏长洲(今江苏苏州)人。嘉庆十四年(1809)进士,由编修累官翰林院侍读。二十四年(1819),提督广东学政。工八股文,兼善诗书。多病,卒于官,年四十一。陈秋舫:陈沆(1786—1826),原名学濂,字太初,号秋舫,室名简学斋、白石山馆,清蕲水(今湖北浠水)人。嘉庆二十四年(1819)进士。官监察御史。曾典广东乡试,任会试同考官。学宗宋儒,工诗。有《诗比兴笺》《近思录补注》《简学斋诗存》《白石山馆遗稿》。

【译文】

你问科举时艺是否可以暂且搁置在一边,是不是再学一些其他的,我觉得文章中既可以述古、又可以适用于当今的,没有比得上写赋了。汉魏六朝的赋,名篇巨制,都载录于《昭明文选》中,我曾拿《西征赋》《芜城赋》及《恨赋》《别赋》等赋给你看过；小品赋有《古赋识小录》；律赋有本朝吴穀人、顾耕石、陈秋舫诸家。你要是想学赋，可每逢三、八日各作一篇，大赋或者写到数千字，小赋或者仅写几十字，或者对仗或者不对仗，均无不可。这件事比写八股文要稍微有意思一些，不晓得你的性情是否和它相近？

　　尔所临隶书《孔宙碑》^①，笔太拘束，不甚松活^②，想系执笔太近豪之故，以后须执于管顶。余以执笔太低，终身吃亏，故教尔趁早改之。《玄教碑》墨气甚好^③，可喜可喜。郭二姻叔嫌左肩太俯^④，右肩太耸，吴子序年伯欲带归示其子弟^⑤。尔字姿于草书尤相宜，以后专习真、草二种，篆、隶置之可也。四体并习，恐将来不能一工。

【注释】

①《孔宙碑》：全称《汉泰山都尉孔宙碑》，今存山东曲阜孔庙同文门东。碑主孔宙，字季将，乃孔融之父，系孔子第十八世孙。官泰山都尉，卒于汉桓帝延熹六年（163）正月，年六十一。该碑通高3.02米，宽1.07米，厚0.24米，碑圆首有穿。碑额题篆书两行十字，布于穿两侧，阴刻有"汉泰山都尉孔君之铭"九字。碑阳隶书十五行，行二十八字。因碑文结体端庄而飘逸，被视为汉隶中的精品。

②松活：轻松。

③墨气：笔墨气息。

④郭二姻叔：指郭崑焘（1823—1882），原名先梓，字仲毅，自号意城（又作"翊臣"），晚号樗叟，清湖南湘阴人。郭嵩焘二弟，道光二十四年（1844）举人。咸丰间参湘抚张亮基、骆秉章等幕府，后入

曾国藩幕。叙功赏国子监助教衔,晋内阁中书、四品卿。著有
《云卧山庄诗集》等。因曾国藩将第四女嫁与郭嵩焘子,故曾国
藩之子曾纪泽应称郭崑焘为郭二姻叔。

⑤吴子序年伯:指吴嘉宾(1803—1864),字子序,清江西南丰人。
道光十八年(1838)进士,累官至内阁中书。吴嘉宾与曾国藩是
同榜进士,过从甚密,以经学和古文名世,是桐城派在江西的代
表人物。一生著述甚丰,代表作有《求自得之室文钞》十二卷、
《尚絅庐诗存》二卷、《丧服会通说》四卷、《周易说》十四卷、《书
说》四卷、《诗说》四卷、《诸经说》等。因吴嘉宾与曾国藩是同榜
进士且年长,故曾国藩之子曾纪泽应称其为年伯。

【译文】

你所临写的隶书《孔宙碑》,下笔太拘束,不够轻松灵活,想必是因
执笔太近笔尖的缘故,以后执笔位置应当放在笔尾。我因执笔太低,一
辈子吃亏,所有教你趁早改变。你临的《玄教碑》,墨气很好,可喜可喜。
郭二姻叔嫌字左肩太低、右肩太高,吴子序年伯想带回去给他家子弟
看。你字的姿态和草书最相宜,以后可以专门学习真、草二种,篆、隶放
在一边。四种字体一起学习,怕将来一样都学不好。

余癣疾近日大愈,目光平平如故。营中各勇夫病者,十
分已好六七,惟尚未复元,不能拔营进剿,良深焦灼。闻甲
五目疾十愈八九①,忻慰之至。

【注释】

①甲五:曾国潢长子曾纪梁乳名甲五,字筱澄。

【译文】

我的癣疾近来好了很多,眼睛和平常一样。军营中士兵和长夫生
病的,已经好了十分之六七,只是尚未完全复原,不能拔营进剿,深感焦

虑。听说甲五侄儿的眼病好了十之八九,欣慰之至。

　　尔为下辈之长,须常常存个乐育诸弟之念。君子之道,莫大乎与人为善①,况兄弟乎?临三、昆八②,系亲表兄弟,尔须与之互相劝勉。尔有所知者,常常与之讲论,则彼此并进矣。此谕。

【注释】

①与人为善:语出《孟子·公孙丑上》:"取诸人以为善,是与人为善者也。"意谓同别人一起做好事。清焦循《正义》:"是取人为善,则是与人同为此善也。"

②临三:即王临三,曾国藩姊曾国兰之子。昆八:即王昆八,曾国藩妹曾国蕙之子。

【译文】

　　你是晚辈中的老大,胸中应当常常存一个乐于教育弟弟们的念头。君子行道,没有比和人一起做好事更重大的了,更何况是兄弟之间呢?临三、昆八两位,是亲表兄弟,你要和他们互相勉励。你懂的道理和学问,要常常和他们讲述讨论,那就能彼此齐头并进了。就说这些。

咸丰八年十月二十九日　建昌营次

字谕纪泽:

　　二十五日寄一信,言读《诗经注疏》之法。二十七日县城二勇至,接尔十一日安禀,具悉一切。

【译文】

写给纪泽：

二十五日给你寄了一封信，谈读《诗经注疏》的方法。二十七日县城来的两个兵勇到了，接到你十一日的请安信，得知一切情况。

尔看天文，认得恒星数十座，甚慰甚慰。前信言《五礼通考》中《观象授时》二十卷内恒星图最为明晰，曾翻阅否？国朝大儒于天文历数之学，讲求精熟，度越前古①。自梅定九、王寅旭以至江、戴诸老②，皆称绝学③，然皆不讲占验④，但讲推步。占验者，观星象云气以卜吉凶⑤，《史记·天官书》《汉书·天文志》是也。推步者，测七政行度⑥，以定授时⑦，《史记·律书》《汉书·律历志》是也。秦味经先生之《观象授时》⑧，简而得要。心壶既肯究心此事⑨，可借此书与之阅看。《五礼通考》内有之，《皇清经解》内亦有之⑩。若尔与心壶二人能略窥二者之端绪，则足以补余之阙憾矣。

【注释】

①度越：超过。《汉书·扬雄传下》："今扬子之书文义至深，而论不诡于圣人，若使遭遇时君，更阅贤知，为所称善，则必度越诸子矣。"

②梅定九：梅文鼎（1633—1721），字定九，号勿庵，清安徽宣城人。精研古代历算之学，兼通晚明以来输入之西方数学，融会贯通，冶为一炉。著天算之书八十馀种，皆发前人所未发。康熙四十四年（1705），因李光地推荐，见康熙帝，谈历象算法，极受赞赏。代表作有《明史历志拟稿》《历学疑问》《古今历法通考》《勿庵历算书目》等。所著天算各书，汇编为《梅氏丛书辑要》。王寅旭：

王锡阐(1628—1682),字寅旭,号晓庵,江苏吴江人。精通中西数学、历学。自立新法,用以测日月食,分秒不差。有《晓庵新法》,言交食最精审。江、戴:江永、戴震。江永(1681—1762),字慎修,又字慎斋,徽州婺源(今江西婺源)人。生员出身,晚年入贡。博通古今,长于考据之学,是清代徽派学术的开创者,戴震、程瑶田、金榜等皆其弟子。所撰《周礼疑义举要》《礼记训义择言》《春秋地理考实》《古韵标准》《四声切韵表》《音学辨微》《律吕阐微》《近思录集注》等,皆为名著。戴震(1724—1777),字东原,号杲溪,清安徽休宁人。乾隆二十七年(1762)举人。三十八年(1773)被召为《四库全书》纂修官。四十年(1775)会试下第,特命参加殿试,赐同进士出身。学问广博,于音韵、文字、历算、地理之学,无不精通,有《屈原赋注》《考工记图》《孟子字义疏证》《原善》《戴东原集》等。又校《大戴礼记》及《水经注》。

③绝学:造诣独到之学。

④占验:根据星象云气来占卜国家大事的吉凶。尤指其占卜的结果得到应验。《史记·天官书论》:"太史公推古天变,未有可考于今者……近世十二诸侯七国相王,言纵衡者继踵。而皋、唐、甘、石因时务论其书传,故其占验凌杂米盐。"《旧唐书·方伎传·严善思》:"长安中,荧惑入月,镇星犯天关,善思奏曰:'法有乱臣伏罪,且有臣下谋上之象。'岁馀,张柬之、敬晖等起兵诛张易之、昌宗。其占验皆此类也。"清龚自珍《古史钩沉论二》:"周之时有推步之方,有占验之学。"

⑤星象:指星体的明、暗及位置等现象。古人据以占测人事的吉凶祸福。《后汉书·律历志中》:"愿请太史官日月宿簿及星度课,与待诏星象考校。"云气:古人认为云的形状、颜色、运动可以反映出人间事务,可用来预测、占卜吉凶。《史记·项羽本纪》:"吾令人望其气,皆为龙虎,成五采,此天子气也。"

⑥七政：古天文术语。说法不一。或指日、月和金、木、水、火、土五星。《尚书·舜典》："在璇玑玉衡，以齐七政。"孔传："七政，日、月、五星各异政。"唐孔颖达疏："七政，谓日月与五星也。"或指北斗七星。以七星各主日、月、五星，故曰"七政"。《史记·天官书》："北斗七星，所谓'旋（璇）、玑、玉衡以齐七政'。"南朝宋裴骃《集解》引汉马融注《尚书》云："七政者，北斗七星，各有所主：第一曰正日；第二曰主月；第三曰命火，谓荧惑也；第四曰煞土，谓填星也；第五曰伐水，谓辰星也；第六曰危木，谓岁星也；第七曰剽金，谓太白也。日、月、五星各异，故'七政'也。"行度：天体运行的度数。《左传·隐公三年》"王二月己巳，日有食之"，晋杜预注："日月动物，虽行度有大量，不能不小有盈缩，故有虽交会而不食者，或有频交而食者。"《隋书·天文志上》："马季长创谓玑衡为浑天仪。郑玄亦云：'其转运者为玑，其持正者为衡，皆以玉为之。七政者，日、月、五星也。以玑衡视其行度，以观天意也。'"

⑦授时：语本《尚书·尧典》："历象日月星辰，敬授人时。"孔传："敬记天时以授人也。"意谓记录天时以告民。后以称颁行历书。汉张衡《东京赋》："规天矩地，授时顺乡。"宋苏轼《谢赐历日诏书表二首》之一："授时赋政，亦郡守之常。"

⑧秦味经：秦蕙田（1702—1764），字树峰，号味经，清江苏无锡人。乾隆元年（1736）进士，授编修，累官礼部侍郎，工部、刑部尚书，两充会试正考官。治经深于《礼》，继徐乾学《读礼通考》作《五礼通考》。又有《周易象日笺》《味经窝类稿》等。

⑨心壶：陈心壶。咸丰九年（1859）曾国藩家书曾提及曾纪泽请陈心壶抄奏折。馀不详。

⑩《皇清经解》：又名《清经解》《学海堂经解》，阮元主编。道光五年（1825）八月，始刻《清经解》，至道光九年（1829）九月，全书辑刻

完毕,共收七十三家,一百八十三种著作,凡一千四百卷。此书是汇集儒家经学经解之大成,是对乾嘉学术的一次全面总结。

【译文】

你看天文,能认得恒星数十座,我甚觉欣慰。前次信里所说《五礼通考》中《观象授时》二十卷内的恒星图最是明晰,不知你曾翻阅没有?本朝大儒对天文历数方面的学问,研究得最透彻,超过了古人。自梅定九、王寅旭以至江永、戴震几位老先生,都称得上独步一时,但都不讲究占验,只讲推步。所谓占验,就是观察星象云气并据之以占卜国事吉凶,《史记·天官书》《汉书·天文志》记载的都是。所谓推步,就是推测日、月及金、木、水、火、土五星的运行轨迹,据之确定历法,《史记·律书》《汉书·律历志》记载的都是。秦味经先生的《观象授时》,简明扼要。陈心壶既然肯在这方面用心,你可以借这书给他看。《五礼通考》里有,《皇清经解》里也有。如果你和心壶二人能对这两样学问稍有了解,就足以弥补我的缺憾了。

四六落脚一字粘法①,另纸写示。因接安徽信,遂不开示②。

【注释】

①四六:文体名。也称"四六文"或"四六体",是骈文的一体。因以四字、六字为对偶,故名。骈文以四六对偶者,形成于南朝,盛行于唐宋。唐李商隐《樊南甲集·序》:"作二十卷,唤曰《樊南四六》。"骈文以"四六"为称,盖始见于此。宋邵博《闻见后录》卷十六:"本朝四六以刘筠、杨大年为体,必谨四字、六字律令,故曰'四六'。"落脚一字:指诗赋每句的末尾字。粘法:即相粘之法。是古诗赋在格律上的一种修辞手法。相粘,一般指律诗两联相邻的二句节奏关键字平仄一致。四六文尾字讲究马蹄格,相邻

　　四句尾字平仄或为"平仄仄平"，或为"仄平平仄"，此谓"落脚一字粘法"。曾国藩颇重此道。

②开示：指示，写出来使知道。清龚自珍《与吴虹生书》之六："此游作何期会，作何章程，愿惟命是听，惟马首是瞻，胜于在家穷愁也。乞开示一切。"

【译文】

　　四六文句尾字相粘的方法，我另外写一张纸给你看。因为接到安徽的来信，就不写出来指示你了。

　　书至此，接赵克彰十五夜自桐城发来之信①，温叔及李迪庵方伯②，尚无确信，想已殉难矣，悲悼曷极！来信寄叔祖父封内中有往六安州之信③，尚有一线生机。余官至二品④，诰命三代⑤，封妻荫子⑥，受恩深重，久已置死生于度外，且常恐无以对同事诸君于地下。温叔受恩尚浅，早岁不获一第⑦，近年在军，亦不甚得志，设有不测⑧，赍憾有穷期耶⑨？

【注释】

①赵克彰：字国香，湘军将领。咸丰八年（1858）为湘军李续宾部奇右营营官，记名副将，驻守桐城。曾将李续宾、曾国华三河之役战殁消息写信告诉曾国藩。馀不详。

②温叔：指曾国华。曾国华（1822—1858），字温甫，族中排行第六，是曾国藩父亲曾麟书的第三子，出继给叔父曾骥云。咸丰八年（1858）战死于三河镇。李迪庵：李续宾（1818—1858），字如九、克惠，号迪庵，清湖南湘乡人。贡生出身。咸丰二年（1852）在籍协助其师罗泽南办团练，对抗太平军。次年随罗泽南出省作战，增援被太平军围困的南昌。咸丰四年（1854），在湘军攻占湖南

岳州(今岳阳)、湖北武昌、田家镇(今武穴西北)等重要战役中，常当前锋、打硬仗，以功升知府。次年一月，随罗泽南南下，连下弋阳、广信(今上饶)、德兴、义宁等府县。十二月，随罗泽南赴援湖北。咸丰六年(1856)，罗泽南战死后，接统其军，成为湘军重要统兵将领。咸丰八年(1858)十一月，在三河之战中陷入太平军的重兵包围，战死(一说自杀)。谥忠武。有《李忠武公遗书》存世。方伯：殷周时代一方诸侯之长。后泛称地方长官。汉以来之刺史，唐之采访使、观察使，明清之布政使，均称"方伯"。

③叔祖父：指曾国藩之叔曾骥云。曾国华出继曾骥云为子。六安州：清庐州府下属州名。地当今安徽六安。

④官至二品：曾国藩时为兵部侍郎，为从二品官。

⑤诰命：又称"诰书"，是皇帝封赠官员的专用文书。所谓"诰"，是以上告下的意思。古代以大义谕众叫"诰"。清代诰命是用五色或三色纻丝织成的。由于各官员的品级不同，诰命封赠的范围及轴数、图案也各有不同。清朝规定，凡封镇国公以下、奉恩将军以上，用龙边诰命，锦面、玉轴。封蒙古贝子、镇国公、辅国公、札萨克台吉、塔布囊、蒙古王公福晋及封外国王妃、世子、世孙的诰命，为锦面、犀轴。诰命由翰林院撰拟，有固定的程式，用骈体文，按品级高低增减字句，由内阁颁发。诰命发放的对象不同，叫法也不同。如五品官员本身受封称为"诰授"，封其曾祖父母、祖父母、父母及妻，生者称"诰封"，死者称"诰赠"。

⑥封妻荫(yìn)子：妻受封诰，子孙亦荫袭官爵利禄或规定的特权，均属封建帝王宠赐臣下的一种优渥待遇。

⑦不获一第：指没有考取任何科举功名。

⑧不测：料想不到的事情。多指祸患，尤指意外死亡。

⑨赍(jī)憾：怀憾，抱憾。

【译文】

写到这里，接到赵克彰十五日夜里从桐城发来的信，你温甫叔及李迪庵方伯还没有确切的消息，想必已经为国殉难，太让人悲恸了！来函寄给你叔祖父的信内有寄往六安州的书信，还有一线生机。我官至二品，诰命三代，封妻荫子，受国家的恩遇非常深重，老早就已将生死置之于度外，且常常担心无颜愧对死于九泉之下的诸位同事。你温甫叔受国家的恩遇还浅，早年科考未取得任何功名，近年在军中，也不很得志，假使有什么意外，那我岂不是要抱憾终生呢？

军情变幻不测，春夏间方冀此贼指日可平，不图七月有庐州之变①，八、九月有江浦、六合之变②，兹又有三河之大变③，全局破坏，与咸丰四年冬间相似，情怀难堪。但愿尔专心读书，将我所好看之书领略得几分，我所讲求之事钻研得几分，则余在军中，心常常自慰。

【注释】

①庐州之变：指咸丰八年（1858）七月，陈玉成率领太平军攻占庐州之事。庐州，古州郡名。治所在今安徽合肥。西周置古庐子国，南朝梁设合州，隋始改名庐州，民国始废。清末庐州领合肥县、舒城县、巢县、庐江县四县与无为州一州。

②江浦、六合之变：指咸丰八年（1858）九月，清军德兴阿部大溃于浦口，太平军攻陷扬州府城及仪征、天长、六合等县，道员温绍原死于六合事。江浦，县名。清属江宁府，今江苏南京浦口区。六合：今南京六合区。

③三河之大变：指咸丰八年（1858）十月，湘军李续宾部在庐州三河镇被陈玉成所率太平军全歼一事。三河，地名。今属安徽肥西。

古称"鹊渚"，地处于巢湖之滨，由于位于肥西、舒城、庐江三县交界处，故有"一步跨三县，鸡鸣三县闻"之说。

【译文】

军事形势变幻莫测，春夏间还指望反贼很快就能平定，谁料想七月庐州失陷，八、九月江浦、六合失陷，现在又有三河惨败，全局大坏，与咸丰四年的冬天相似，让人难以接受。只希望你专心读书，将我所喜欢看的书能领会到几分，将我所研究重视的事钻研得有一些成绩，那我在军中，内心也会常常有所安慰。

尔每日之事，亦可写日记，以便查核。

【译文】

你每天的事，也可以写日记，方便检查核对。

咸丰八年十二月初三日

字谕纪泽：

初一日接尔十二日一禀，得知四宅平安，尔将有长沙之行，想此时又归也。

【译文】

写给纪泽：

初一日接到你十二日的一封信，得知家中四宅平安，你将要去长沙走一趟，想来这时候又回家了吧。

少庚早世①,贺家气象日以凋耗,尔当常常寄信与尔岳母,以慰其意。每年至长沙走一二次,以解其忧。耦庚先生学问文章②,卓绝流辈③,居官亦恺恻慈祥④,而家运若此,是不可解! 尔挽联尚稳妥。

【注释】

①少庚:贺吉甫(? —1858),字少庚。乃贺长龄之子,曾纪泽妻兄。早世:过早地死去,夭死。《左传·昭公三年》:"则又无禄,早世陨命,寡人失望。"《后汉书·桓帝纪》:"曩者遭家不造,先帝早世。"唐李贤注:"谓顺帝崩也。"

②耦庚:贺长龄(1785—1848),字耦庚,号耐庵,清湖南善化(今湖南长沙)人。嘉庆十三年(1808)进士。道光时历任江苏、福建等省布政使,后官至云贵总督。曾任长沙岳麓书院山长,委托好友魏源纂辑《皇朝经世文编》一百二十卷。著有《耐庵诗文集》《孝经集注》等。

③卓绝流辈:(学问、境界)超过同辈很多。

④居官:为官,做官。恺恻:和乐平易,有恻隐之心。

【译文】

少庚英年早逝,贺家的气象一天比一天衰败,你应当常常寄信给你岳母,多安慰她。每年到长沙走一两次,化解她的忧愁。耦庚先生的学问文章,远远超过同辈,为官也慈祥平易,有恻隐之心,而家运竟是这个样子,真是匪夷所思! 你拟的挽联还算稳妥。

《诗经》字不同者,余忘之。凡经文板本不合者,阮氏校勘记最详①。阮刻《十三经注疏》②,今年六月在岳州寄回一部③,每卷之末皆附校勘记,《皇清经解》中亦刻有校勘记,可取阅也。

凡引经不合者，段氏《撰异》最详④。段茂堂有《诗经撰异》《书经撰异》等著⑤，俱刻于《皇清经解》中。尔翻而校对之，则疑者明矣。

【注释】

①阮氏校勘记：指清代学者阮元校刻《十三经注疏》所附校勘记。

②阮刻《十三经注疏》：清儒阮元主持校刻，包括《周易注疏》《尚书注疏》《毛诗注疏》《周礼注疏》《仪礼注疏》《礼记注疏》《春秋左传注疏》《春秋公羊传注疏》《春秋穀梁传注疏》《孝经注疏》《论语注疏》《孟子注疏》《尔雅注疏》。因校勘质量高，堪称善本。

③岳州：即岳州府，地处湖南省东北部。明太祖洪武二年（1369），改岳州路为岳州府，三十年（1397），将澧州改属岳州府。清代仍置岳州府；雍正年间，将澧州析出。岳州府治巴陵（在今湖南岳阳），下辖巴陵（县治在今湖南岳阳）、平江（今属湖南）、临湘（县治在今湖南临湘陆城镇）、华容（今属湖南）四县。1913年废。

④段氏《撰异》：指清代大儒段玉裁所撰《诗经撰异》一书。

⑤段茂堂：段玉裁（1735—1815），字若膺，号懋堂，清江苏金坛人。乾隆举人，历任贵州玉屏、四川巫山等县知县，引疾归，居苏州枫桥，闭门读书。段玉裁师事戴震，长于文字、音韵、训诂之学，著有《说文解字注》《六书音均表》《诗经撰异》《古文尚书撰异》《毛诗故训传定本》《经韵楼集》等。

【译文】

《诗经》文字不同的地方，我忘了。凡是《诗经》版本不同之处，阮元校勘记讲得最清楚。阮元所刻《十三经注疏》，今年六月我在岳州寄回家一部，每卷末尾都附有校勘记，《皇清经解》里也刻有校勘记，可以取阅。凡是引用经籍与原书不合的，段玉裁《诗经撰异》讲得最清楚。段玉裁有《诗经撰异》《书经撰异》等书，都刻在《皇清经解》里。你翻看并加以校对，那有所怀疑的地方就可以明白了。

咸丰八年十二月十三日①

字谕纪泽：

　　日来接尔两禀，知尔《左传注疏》将次看完②。《三礼注疏》③，非将江慎修《礼书纲目》识得大段④，则注疏亦殊难领会，尔可暂缓，即《公》《穀》亦可缓看⑤。

【注释】

①传忠书局刻本作"十三日"，手迹则作"廿三日"，当以手迹为是。

②《左传注疏》：即《十三经注疏》之《春秋左传注疏》，以晋代杜预的《春秋左传注》和唐孔颖达《春秋左传正义》两部分内容为主体。将次：将要。

③《三礼注疏》：即《十三经注疏》之《周礼注疏》《仪礼注疏》《礼记注疏》三种。《周礼注疏》《仪礼注疏》，皆为汉郑玄注，唐贾公彦疏。《礼记注疏》（《礼记正义》），为汉郑玄注，唐孔颖达疏。

④江慎修：江永，字慎修。见前注。《礼书纲目》：清儒江永所著，凡八十五卷。该书仿朱子《仪礼经传通解》之例，参考群经，洞悉条理，多能补其所未及。

⑤《公》《穀》：即《春秋公羊传》《春秋穀梁传》。此指二书之注疏。

【译文】

写给纪泽：

　　近日接到你两封信，知道你《左传注疏》将要看完。《三礼注疏》，若不将江慎修所著《礼书纲目》读懂大部分，那么注疏也就很难领会。你可以暂缓读它，即便是《公羊传》《穀梁传》注疏，也可以放缓一步再看。

　　尔明春将胡刻《文选》细看一遍[1]，一则含英咀华[2]，可医尔笔下枯涩之弊；一则吾熟读此书，可常常教尔也。

【注释】

①胡刻《文选》：指清人胡克家所刻《文选》。刻于嘉庆十四年（1809），为仿宋刊本。含《文选六十卷》《文选考异十卷》。

②含英咀华：亦作“含菁咀华”，比喻欣赏、体味或领会诗文的精华。唐韩愈《进学解》：“沉浸酴郁，含英咀华。”

【译文】

　　你明年春天将胡克家刻本《文选》仔细看一遍，一来体会赏鉴优美文章，可以治你下笔枯涩缺乏文采的弊病；一来我熟读这部书，可以常常教你。

　　沅叔及寅皆先生望尔作四书文[1]，极为勤恳。余念尔庚申、辛酉下两科场[2]，文章亦不可太丑，惹人笑话。尔自明年正月起，每月作四书文三篇，俱由家信内封寄营中。此外或作得诗赋论策[3]，亦即寄呈。

【注释】

①沅叔：指曾国荃。曾国荃（1824—1890），字沅甫，号叔淳，族中排行第九。曾国荃是湘军中后期主要将领，率吉字营，攻克吉安、安庆、天京（南京）等名城，屡立大功，后官至两江总督。寅皆先生：邓汪琼，号瀛皆（又作“寅皆”），清湖南湘乡人。道光二十六年（1846）举人，曾主讲于东皋书院，前后在曾家做塾师七年。四

书文：即时文、八股文。见前注。

②庚申、辛酉：指即将到来的咸丰十年(1860)、咸丰十一年(1861)。

③论策：犹策论。宋代以来各朝常用作科举考试的项目之一。明归有光《三途并用议》："今进士之与科贡，皆出学校，皆用试经义论策。"

【译文】

沅甫叔和邓寅皆先生希望你练四书文，极为殷勤恳切。我想到你庚申、辛酉两年都要参加科举考试，文章也不能太丑，惹人笑话。你从明年正月起，每月写四书文三篇，都放在家信内封好寄到军营。此外如果写有诗赋和论策，也寄给我看。

写字之中锋者①，用笔尖着纸，古人谓之"蹲锋"②，如狮蹲、虎蹲、犬蹲之象。偏锋者③，用笔毫之腹着纸，不倒于左，则倒于右；当将倒未倒之际，一提笔则为蹲锋。是用偏锋者，亦有中锋时也。此谕。

【注释】

①中锋：写毛笔字、画国画，行笔不偏不侧，将笔的主锋保持在点、画之中，谓之"中锋"。清孙星衍《五松园文稿·跋鲜于枢书佛遗教墨迹》："鲜于枢以延祐六年书此，用中锋，无侧媚之笔，天趣秀润，得晋代风格。"

②蹲锋：毛笔书写的一种笔势。凡作趯(tì)笔时，用力一顿，随将笔锋上挑，称为"蹲锋"。明张绅《法书通释·八法》："趯者，挑也。而谓之趯者，其法借势于努，蹲锋得势而出，期于倒收。"

③偏锋：指书法以偏侧的笔锋取势，相对"正锋"而言。元冯武《永字八法·八法解》："偏锋者不可使其笔正，正锋者不可使其笔偏。"

【译文】

　　所谓写字用中锋，是用笔尖着纸，古人称之为"蹲锋"，好比狮子、老虎、狗等动物蹲的样子。所谓偏锋，是用笔毫的腹部着纸，不是向左倒，就会向右倒；在笔锋将倒未倒的那一刹那，一提笔就成蹲锋。用偏锋，有时候也是中锋。就说这些。

咸丰八年十二月三十日

字谕纪泽：

　　闻尔至长沙已逾月馀，而无禀来营，何也？

【译文】

写给纪泽：

　　听说你到长沙已经有一个多月，却没有写信寄到大营，这是为什么？

　　少庚讣信百馀件①，闻皆尔亲笔写之，何不发刻②，或倩人帮写③？非谓尔宜自惜精力，盖以少庚年未三十，情有等差④，礼有隆杀⑤，则精力亦不宜过竭耳。

【注释】

①讣（fù）信：即讣告信，报丧的信。

②发刻：交付刻板印刷，付印。清孔尚任《桃花扇·侦戏》："只因传奇四种，目下发刻，恐有错字，在此对阅。"

③倩人：请、托别人（做某事）。

④等差：等级次序，等级差别。《礼记·燕义》："俎豆、牲体、荐羞，皆有等差，所以明贵贱也。"

⑤隆杀：犹尊卑、厚薄、高下。杀，是降、削减之义，与"隆"相反。《礼记·乡饮酒义》："至于众宾，升受，坐祭，立饮，不酢而降，隆杀之义别矣。"汉郑玄注："尊者礼隆，卑者礼杀，尊卑别也。"《荀子·乐论》："贵贱明，隆杀辨。和乐而不流，弟长而无遗，安燕而不乱。"

【译文】

少庚讣告信一百多件，听说都是你亲笔写的，为什么不拿去刻板印发，或者请人帮写呢？不是说你应该珍惜自己的精力，而是因为少庚不到三十岁，从情来说有等差，从礼来说有尊卑，精力也不宜用得太过。

　　近想已归家度岁。今年家中因温甫叔之变，气象较之往年迥不相同。余因去年在家争辨细事，与乡里鄙人无异①，至今深抱悔憾，故虽在外，亦恻然寡欢②。尔当体我此意，于叔祖各叔父母前尽些爱敬之心，常存休戚一体之念③，无怀彼此歧视之见，则老辈内外必器爱尔④，后辈兄弟姊妹必以尔为榜样。日处日亲，愈久愈敬，若使宗族乡党皆曰纪泽之量大于其父之量，则余欣然矣。

【注释】

①乡里鄙人：乡下没受过教育的粗鄙之人。

②恻然：悲伤貌。寡欢：缺少欢乐，不愉快。

③休戚一体：犹休戚与共，彼此之间的幸福和祸患都共同承受。形容同甘共苦。

④器爱：器重、爱护。《三国志·吴书·吴主五子传》："〔孙虑〕少敏惠有才艺，权器爱之。"

【译文】

想来近日你已回家过年。今年家里因你温甫叔战死的变故，气象和往年相比大不相同。我因去年在家为一些琐事争辩，和乡里没见识的粗人没有两样，至今深深悔恨，所以虽然在外头，也伤心难过，快乐不起来。你应当体会我这个心意，在叔祖父及各位叔父叔母跟前多尽些孝敬之心，心里常存一个休戚与共的念头，不要有彼此歧视的成见，那老辈里里外外一定器重爱护你，后辈兄弟姊妹一定以你为榜样。相处得一天比一天亲近，相处越久越敬重，如果能让宗族及乡邻都说纪泽的气量比他父亲的气量要大，那我就很欣慰了。

余前有信教尔学作赋，尔复禀并未提及。又有信言"涵养"二字①，尔复禀亦未之及。嗣后我信中所论之事，尔宜一一禀复。

【注释】

①涵养：滋润培养。尤指修身养性。

【译文】

我前些时候有信教你学作赋，你回信并未提及。又有信谈"涵养"二字，你回信也没有提及。以后我信中所谈论到的事情，你要一一回复。

余于本朝大儒，自顾亭林之外①，最好高邮王氏之学②。王安国以鼎甲官至尚书③，谥文肃，正色立朝④；生怀祖先生念孙，经学精卓⑤；生王引之，复以鼎甲官尚书⑥，谥文简。三代皆好学深思，有汉韦氏、唐颜氏之风⑦。余自憾学问无成，有愧王文肃公远甚，而望尔辈为怀祖先生，为伯申氏，则梦寐之际⑧,未尝须臾忘也。

【注释】

①顾亭林:顾炎武(1613—1682),本名继坤,改名绛,字忠清,明亡后,改名炎武,字宁人,号亭林,自署蒋山佣,明江苏昆山人。诸生。明末清初著名学者、思想家、抗清义士。其学以"博学于文,行己有耻"为主,合学与行、治学与经世为一,无所不通。著有《日知录》《天下郡国利病书》《音学五书》等。

②高邮王氏:指清代高邮学者王念孙、王引之父子。见前注。

③王安国(1694—1757):字书城,号春圃,清江苏高邮人。雍正二年(1724)进士,授编修。乾隆间历任左都御史,广东巡抚,兵、礼、吏三部尚书,充《大清会典》总裁官。深研经籍,专以经学训子孙,子王念孙,孙王引之,承其绪,成一家之学。卒谥文肃。鼎甲:科举制度中状元、榜眼、探花之总称。以鼎有三足,一甲共三名,故称。王安国是雍正二年(1724)榜眼。

④正色立朝:指在朝为官,正派严肃。《尚书·毕命》:"弼亮四世,正色率下。"《公羊传·桓公二年》:"孔父正色而立于朝。"

⑤精卓:指学问精湛,卓绝一世。

⑥复以鼎甲官尚书:王引之是嘉庆四年(1799)探花,官至工部尚书。

⑦汉韦氏:指西汉韦贤、韦玄成家族。父子皆为大儒。唐颜氏:指唐代颜杲卿、颜真卿家族,二人为从兄弟,皆为唐代名臣。

⑧梦寐之际:睡梦之间。

【译文】

我对本朝大学者,自顾亭林之外,最喜欢高邮王氏父子的学问。王安国以鼎甲出身而官至尚书,谥文肃,在朝廷为官很正派严肃;王安国的儿子王怀祖王念孙,经学精湛卓绝;王怀祖的儿子王伯申王引之,又以鼎甲出身而官至尚书,谥文简。王氏三代皆好学深思,有汉朝韦氏、唐朝颜氏家族的风范。我很遗憾自己学问一无所成,跟王文肃公比起来差太远,很是惭愧;但盼望你们能像王怀祖、王伯申一样有学问,那可是睡梦之间,都不曾一刻忘怀。

　　怀祖先生所著《广雅疏证》《读书杂志》①,家中无之。伯申氏所著《经义述闻》《经传释词》②,《皇清经解》内有之,尔可试取一阅,其不知者,写信来问。本朝穷经者,皆精小学③,大约不出段、王两家之范围耳④。

【注释】

①《广雅疏证》:王念孙的代表作,也是清代朴学的代表著作,是对魏张揖《广雅》一书的疏证。篇章次序一仍《广雅》,对其训释,逐条加以疏证,内容主要有补正《广雅》文字、辨证张揖误采、纠正先儒误说、揭示《广雅》体例、疏证《广雅》训释、校正曹宪音释等方面,实为借《广雅》一书以述其音韵、文字、训诂之学识,因成就之大,被视为清代语言学的代表著作。《读书杂志》:王念孙的代表作,也是清代朴学的代表著作,八十二卷。该书校勘《逸周书》《战国策》《史记》《汉书》《管子》《晏子春秋》《墨子》《荀子》《淮南内篇》诸书中文字,并对训诂发表意见,是阅读古籍和研究古代词语的重要参考书。

②《经义述闻》:王引之的代表作,也是清代朴学的代表著作,三十二卷。该书自序称"旦夕趋庭,闻大人讲授经义,退而录之。终然成帙,命曰《经义述闻》"。是书虽为王引之所撰,但精义多为其父王念孙所授,而为王引之所继承并有所发挥,故名《经义述闻》。该书内容为训释《周易》《尚书》《毛诗》《周礼》《礼记》《大戴

礼记》《左传》《国语》《公羊传》《穀梁传》《尔雅》等经籍的讹字、衍文、脱简、句读等疑难问题,大多为随经文所做的训诂和校勘,对毛公、郑玄、马融、贾逵、服虔、杜预的旧注及陆德明、孔颖达、贾公彦的旧疏多有纠正。是读经的重要参考书,在校勘、训诂、音韵学上有重要参考价值。《经传释词》:王引之撰。是解释经传古籍中虚词的专著,成书于嘉庆年间。共收虚字一百六十个,虽以单音虚词为主,但有同义虚词连用的,也偶然随文论及。

③小学:汉代称文字学为小学。因儿童入小学先学文字,故名。隋唐以后为文字学、训诂学、音韵学之总称。《汉书·艺文志》:"古者八岁入小学,故《周官》保氏掌养国子,教之六书,谓象形、象事、象意、象声、转注、假借,造字之本也。"《隋书·经籍志》始以有关研究文字、训诂、音韵著作备于小学。

④段、王两家:段,指段玉裁;王,指王念孙、王引之父子。

【译文】

王怀祖先生所著《广雅疏证》《读书杂志》,家里没有。王伯申所著《经义述闻》《经传释词》,《皇清经解》里有收,你可试着取出一看。不懂的地方,写信来问我。本朝研究经学的,都精通文字、音韵、训诂学问,大约超不出段玉裁及王念孙、王引之父子两家的范围。

咸丰九年三月初三日　清明

字谕纪泽:

三月初二日接尔二月廿日安禀,得知一切。内有贺丹麓先生墓志①,字势流美②,天骨开张③,览之忻慰。惟间架间有太松之处④,尚当加功。

【注释】

①贺丹麓:贺桂龄,字丹麓,清湖南善化(今湖南长沙)人。贺长龄、贺熙龄弟。道光二十七年(1847)进士。曾任广东潮阳知县,权潮州府通判,擢府同知。

②流美:流畅华美。后蜀何光远《鉴诚录·鬼传书》:"既而细视之,果见文翰流美,征古述今,词旨感伤。"

③天骨开张:指字体舒展。

④间架:房屋建筑的结构。梁与梁之间叫"间",桁与桁之间叫"架"。借指汉字的笔画构架、文章的布局。间有:间或有,偶然有。

【译文】

写给纪泽:

三月初二日接到你二月二十日的请安信,得知一切情况。信内有你写的贺丹麓先生墓志,姿态流动,字体舒展,我看了很觉欣慰。只是间架结构有时太松,还需要下一些功夫。

大抵写字只有用笔、结体两端。学用笔,须多看古人墨迹①;学结体,须用油纸摹古帖。此二者,皆决不可易之理。小儿写影本②,肯用心者,不过数月,必与其摹本字相肖③。吾自三十时,已解古人用笔之意,只为欠缺间架工夫,便尔作字不成体段④。生平欲将柳诚悬、赵子昂两家合为一炉⑤,亦为间架欠工夫,有志莫遂⑥。尔以后当从间架用一番苦功,每日用油纸摹帖,或百字,或二百字,不过数月,间架与古人逼肖而不自觉⑦。能合柳、赵为一,此吾之素愿也⑧。不能,则随尔自择一家,但不可见异思迁耳。

【注释】

①墨迹:书、画的真迹,某人亲手写的字或画的画。

②写影本:用透明纸盖在字帖上临摹,如今之描红。

③相肖:和……相像。

④便尔:因而,于是。体段:指字或诗文的形式、结构。唐韦续《书诀墨薮》:"虞世南书体段遒媚,举止不凡。"

⑤柳诚悬:柳公权(778—865),字诚悬,唐京兆华原(今陕西铜川耀州区)人。宪宗元和三年(808)登进士第,又登博学宏词科,释褐秘书省校书郎。穆宗时拜侍书学士,再迁司封员外郎。文宗时为中书舍人。武宗时累封河东郡公,官至太子少师。卒赠太子太师。工书,正楷尤知名。初学王羲之,遍阅近代笔法,得力于欧阳询、颜真卿,骨力遒健,结构劲紧,自成面目,与颜真卿并称"颜柳"。有《玄秘塔碑》等。生平见新、旧《唐书》本传。赵子昂:赵孟頫(1254—1322),字子昂,号松雪道人,元湖州吴兴(今浙江湖州)人。宋宗室。以父荫为真州司户参军,宋亡,家居。元世祖征入朝,授兵部郎中,迁集贤直学士。历仕世祖、成宗、武宗、仁宗四朝,累官至翰林学士承旨。卒赠魏国公,谥文敏。书法兼工篆、隶、楷、行草,自成一家。绘画亦有名。有《松雪斋文集》。

⑥有志莫遂:指志向未能达成。

⑦逼肖:极其相似。

⑧素愿:一直以来的愿望。《晋书·隐逸传》:"今当命终,乞如素愿。"

【译文】

大概写字就只有用笔、结体两件事。学用笔,要多看古人墨迹;学结体,要用油纸摹写古帖。这两样,是绝对不可更改的道理。小孩子用油纸盖在字帖上描摹,肯用心的,要不了几个月时间,一定能和字帖上的字很像。我从三十岁时,已经理解古人用笔的意思,只是因为欠缺间架功夫,于是写字总是不能成体。我生平想将柳公权、赵孟頫两家的字合为一体,也是因为间架方面功夫不到家,志向不能实现。你以后应当从间架方面下一番苦功,每天用油纸摹写字帖,或者一百字,或者二百字,要不了几个月时间,不知不觉间,间架结构就会像极了古人。能将柳公权、赵孟頫两家的字合为一体,是我一直以来的愿望。如果不能的话,就随你自己选择一家模仿,只是不要见异思迁就可以。

不特写字宜摹仿古人间架,即作文亦宜摹仿古人间架。《诗经》造句之法①,无一句无所本。《左传》之文②,多现成句调。扬子云为汉代文宗③,而其《太玄》摹《易》④,《法言》摹《论语》⑤,《方言》摹《尔雅》⑥,《十二箴》摹《虞箴》⑦,《长杨赋》摹《难蜀父老》⑧,《解嘲》摹《客难》⑨,《甘泉赋》摹《大人赋》⑩,《剧秦美新》摹《封禅文》⑪,《谏不许单于朝书》摹《国策·信陵君谏伐韩》⑫,几于无篇不摹。即韩、欧、曾、苏诸巨公之文⑬,亦皆有所摹拟,以成体段。尔以后作文作诗赋,均宜心有摹仿,而后间架可立,其收效较速,其取径较便。

【注释】

①《诗经》:中国古代第一部诗歌总集。收集了周朝初年(前11世纪)到春秋中期(前6世纪)的诗歌三百零五篇。分“风”“雅”“颂”三大类。“风”是地方乐曲,“雅”是王都附近的乐曲,“颂”是祭祖祀神的乐曲。采用赋、比、兴的艺术表现手法。形式以四言为主,多重章叠唱。原称《诗》,被战国、秦汉之际的儒家奉为经典,称为《诗经》,为“五经”之一。

②《左传》:全名《春秋左氏传》,或名《左氏春秋》,相传是春秋、战国之际的左丘明所撰。《左传》以《春秋》为纲,博采各国史事,编次

成书,叙事明晰,繁简得宜,保存了丰富的历史资料。

③扬子云:扬雄(前53—18),字子云,蜀郡成都(今属四川)人。西汉末年著名学者、文学家。代表作《太玄》《法言》《方言》《训纂篇》,辞赋代表作有《甘泉赋》《羽猎赋》《长杨赋》《解嘲》《酒箴》等。《汉书·扬雄传》:"(雄)实好古而乐道,其意欲求文章成名于后世,以为经莫大于《易》,故作《太玄》;传莫大于《论语》,作《法言》;史篇莫善于仓颉,作《训纂》;箴莫善于《虞箴》,作《州箴》;赋莫深于《离骚》,反而广之;辞莫丽于相如,作四赋:皆斟酌其本,相与放依而驰骋云。"

④《太玄》:西汉扬雄所撰《太玄经》,简称《太玄》。该书仿《周易》而作,是一部哲学著作,将"玄"作为最高范畴,阐述其在宇宙生成、事物发展中所起的作用。《易》:即《周易》,一说相传为周文王所作,故又称《周易》。本为占卜之书,战国时代儒家在阐释时注入儒家义理,遂为中国儒家经典"五经"之一。《周易》文本分《经》《传》两部分。《经》据传为周文王所作,由卦、爻两种符号重叠演成六十四卦、三百八十四爻,依据卦象推测吉凶。《传》为阐释《周易》经文的专著。

⑤《法言》:西汉扬雄模仿《论语》而撰写的一部著作。该书内容广泛,形式上采用语录或问答体,凡十三卷,另有自序一篇。《法言》一书命名,本于《孝经》"非先王之法言不敢道"。《论语》:儒家基本经典之一。为孔子及其弟子言行的记录,或成书于孔子再传弟子之手。共二十篇。内容包括孔子谈话、答弟子问及弟子之间的相互谈论。为研究孔子思想的主要资料。

⑥《方言》:全名《辅轩使者绝代语释别国方言》,简称《方言》,西汉扬雄所撰。是我国最早的一部方言著作。该书是在收集周代记录的方言资料(书中所用的资料,有的来自《列子》《庄子》《吕氏春秋》等书)和实际调查当时方言的基础上整理出来的。该书体

例仿《尔雅》，性质上可视为汉语方言比较词汇集。释词一般是先列举一些不同方言的同义词，然后用一个通行地区广泛的词来加以解释。有时也先提出一个通名，然后说明在不同方言中的不同名称。今存十三卷，共六百六十九条，一万一千九百多字。《方言》最早的注本是晋代郭璞的《方言注》，清代戴震的《方言疏证》和钱绎的《方言笺疏》，学术成就颇高。《尔雅》：我国最早解释词义的专著。由秦汉间学者缀辑周汉诸书旧文，递相增益而成，为考证词义和古代名物的重要资料。《尔雅》全书收词语四千三百多个，分为二千零九十一个条目。本二十篇，现存十九篇。这些条目按类别分为"释诂""释言""释训""释亲""释宫""释器""释乐""释天""释地""释丘""释山""释水""释草""释木""释虫""释鱼""释鸟""释兽""释畜"等十九篇。《尔雅》是我国最早的辞书，唐朝以后被列入"经部"，后遂为儒家"十三经"之一。《尔雅》现存最早、最完整的注本是晋代郭璞的《尔雅注》。清代邵晋涵的《尔雅正义》和郝懿行的《尔雅义疏》，最称名注。

⑦《十二箴》：全名《十二州箴》，西汉扬雄所撰。天下分冀、扬、荆、青、徐、兖、豫、雍、益、幽、并、交十二州，扬雄仿《虞箴》例，各为一箴。文体上属韵文，四言一句。《虞箴》：古代虞人（掌管田猎）为戒田猎而作的箴谏之辞。出自《左传·襄公四年》："昔周辛甲之为大史也，命百官，官箴王阙。于《虞人之箴》曰：'芒芒禹迹，画为九州，经启九道。民有寝庙，兽有茂草；各有攸处，德用不扰。在帝夷羿，冒于原兽，忘其国恤，而思其麀牡。武不可重，用不恢于夏家。兽臣司原，敢告仆夫。'《虞箴》如是，可不惩乎？"

⑧《长杨赋》：西汉扬雄所作名赋。该赋序文略叙长杨之猎，正文则借"子墨客卿"和"翰林主人"的问答发表议论，以汉高祖的为民请命、汉文帝的节俭守成、汉武帝的解除边患，来反衬凸显汉成帝背离祖宗和不顾养民。该赋形式上仿效司马相如的《难蜀父

老》，在结构和遣词用句上，亦步亦趋，立意则自出机杼，实借田猎概述历史，颂古讽今，讥刺汉成帝的荒淫豪奢。《难蜀父老》：西汉辞赋家司马相如所作名篇，文体上是一篇问答体的赋。该篇借"耆老大夫荐绅先生之徒"与汉朝廷"使者"的问答，详细论述通西南夷的意义，高度赞美汉武帝的功业。

⑨《解嘲》：西汉扬雄所作名赋。扬雄因被人嘲笑而自作解释，以"扬子"与"客"问答形式，抒发愤懑之情。《客难》：即《答客难》，西汉东方朔所作。东方朔向武帝上书，遭到冷遇，作《答客难》，用以自慰。该篇采用汉赋惯用的主客问答体，借"客"之口诘难东方朔，讥笑他官微位卑而务修圣人之道不止，"东方先生"对"客"的诘难进行答辩，抒发了怀才不遇的牢骚。

⑩《甘泉赋》：西汉扬雄所作汉赋名篇。汉成帝永始四年（前13）正月，扬雄扈从成帝游甘泉宫，回长安后作此赋，意在讽谏成帝过于豪奢。但该篇把天子郊祀的盛况铺张得恍若遨游仙境，和司马相如《大人赋》一样，是典型的"劝百讽一"。《大人赋》：西汉司马相如所作汉赋名篇。是司马相如任孝文园令时作，意在讽谏汉武帝"好仙道"，但由于将"大人"游仙写得过于浪漫奇诡，效果适得其反。《史记·司马相如列传》云："相如既奏《大人之颂》，天子大说，飘飘有凌云之气，似游天地之间意。"

⑪《剧秦美新》：西汉扬雄所作名篇。秦，即秦始皇之秦朝；新，即王莽篡汉自立之新朝。扬雄仿司马相如《封禅文》，上封事给王莽，批评秦朝，美化新朝，故名《剧秦美新》。《封禅文》：西汉司马相如所作名篇。阐明请求封禅主张，歌颂汉武帝的丰功伟业。系其遗作，死后才由家人上奏给汉武帝。《史记·司马相如列传》："相如既病免，家居茂陵。天子曰：'司马相如病甚，可往从悉取其书；若不然，后失之矣。'使所忠往，而相如已死，家无书。问其妻，对曰：'长卿固未尝有书也。时时著书，人又取去，即空居。

长卿未死时,为一卷书,曰有使者来求书,奏之。无他书。'其遗札书言封禅事,奏所忠。忠奏其书,天子异之。"封禅,是古代帝王祭天地的大典。在泰山上筑土为坛,报天之功,称"封";在泰山下的梁父山上辟场祭地,报地之德,称"禅"。

⑫《谏不许单于朝书》:西汉扬雄所作名篇。《汉书·匈奴传》:"建平四年,单于上书愿朝五年。时哀帝被疾,或言匈奴从上游来厌人,自黄龙、竟宁时,单于朝中国辄有大故。上由是难之,以问公卿,亦以为虚费府帑,可且勿许。单于使辞去,未发,黄门郎扬雄上书谏曰……"《国策·信陵君谏伐韩》:见《战国策·魏策三》,篇首云:"魏将与秦攻韩,朱己(按:即"无忌")谓魏王曰:'秦与戎翟同俗,有虎狼之心,贪戾好利而无信,不识礼义德行。'"《史记·魏世家》亦具载其辞。

⑬韩、欧、曾、苏:指唐代韩愈和宋代欧阳修、曾巩、三苏父子(苏洵、苏轼、苏辙),皆为古文大家。

【译文】

不只写字应当模仿古人的间架结构,即便是作文也应当模仿古人的间架结构。《诗经》造句的方法,没有一句不是有所本的。《左传》的文字,多是现成句调。扬雄是汉代文学大宗师,但他的《太玄经》是模仿《周易》的,《法言》是模仿《论语》的,《方言》是模仿《尔雅》的,《十二州箴》是模仿《虞箴》的,《长杨赋》是模仿司马相如《难蜀父老》的,《解嘲》是模仿东方朔《答客难》的,《甘泉赋》是模仿司马相如《大人赋》的,《剧秦美新》是模仿司马相如《封禅文》的,《谏不许单于朝书》是模仿《战国策·信陵君谏伐韩》的,几乎没有一篇不是模仿。即便韩愈、欧阳修、曾巩、苏洵、苏轼、苏辙这几位古文大家的文章,也都有模仿的地方,以形成骨架。你以后作文、作诗赋,都应当心里有所模仿,然后结构骨架才可以成立,这样做,见效果很快,作为学习门径也较方便。

前信教尔暂不必看《经义述闻》，今尔此信言业看三本^①。如看得有些滋味，即一直看下去，不为或作或辍，亦是好事。惟《周礼》《仪礼》《大戴礼》《公》《穀》《尔雅》《国语》《太岁考》等卷，尔向来未读过正文者，则王氏《述闻》，亦暂可不观也。

【注释】

①业：已经。

【译文】

前次信叫你暂时不必看《经义述闻》，现在你这封信说已经看了三本。如果看得有些滋味，就一直看下去，不三天打鱼两天晒网，也是好事。只是《周礼》《仪礼》《大戴礼记》《公羊传》《穀梁传》《尔雅》《国语》《太岁考》等卷，你向来没读过正文，那王氏《经义述闻》相关部分，也可以暂时不看。

尔思来营省觐甚好^①，余亦思尔来一见。婚期既定五月廿六日，三、四月间自不能来，或七月晋省乡试^②，八月底来营省觐亦可。身体虽弱，处多难之世，若能风霜磨炼、苦心劳神，亦自足坚筋骨而长识见。沅甫叔向最羸弱，近日从军，反得壮健，亦其证也。

【注释】

①省（xǐng）觐：探望父母或其他尊长。

②乡试：科举考试名。明清两代每三年一次在各省省城举行乡试，中式者称"举人"。即会试不第，亦可依科选官。

【译文】

你想来大营看望我，很好，我也想你来见一面。婚期既然已经定在五月二十六日，那三、四月间自然不能前来，或者七月进省城参加乡试，八月底来大营看我也可以。你身体虽然弱，生在多难的时代，如果能经风霜磨炼，苦心劳神，也自然可以强健筋骨，且长见识。你沅甫叔一向最瘦弱，近来从军，反而壮健，也是很好的例子。

　　赠伍崧生之君臣画像乃俗本①，不可为典要②。奏折稿当钞一目录付归。馀详诸叔信中。

【注释】

①伍崧生：伍肇龄(1829—1915)，字崧生(亦作"嵩生")，邛州(今四川邛崃)人。清道光二十七年(1847)进士，选翰林院庶吉士，散馆后授编修，历任侍讲。回乡后主讲成都锦江书院多年。俗本：世间流行的校刻不精的版本。北齐颜之推《颜氏家训·书证》："《论语》曰：'卫灵公问陈于孔子。'《左传》：'为鱼丽之陈。'俗本多作'阜'傍'车乘'之'车'。"

②典要：不变的准则、标准。《周易·系辞下》："变动不居，周流六虚，上下无常，刚柔相易，不可为典要。"晋韩康伯注："不可立定准也。"唐孔颖达疏："上下所易皆不同，是不可为典常要会也。"

【译文】

　　送伍崧生的君臣画像，不是精品，不能当作标准。奏折稿会抄一个目录送回家。其馀的，详见给你几位叔叔的信里。

咸丰九年三月二十三日

字谕纪泽儿：

　　廿二日接尔禀并《书谱叙》①，以示李少荃、次青、许仙屏诸公②,皆极赞美。云尔钩联顿挫,纯用孙过庭草法③,而间架纯用赵法④,柔中寓刚,绵里藏针,动合自然等语,余听之亦欣慰也。

【注释】

①《书谱叙》:《书谱》的序言。《书谱》,草书名帖。唐孙过庭书。叙,序言。文体之一种。

②李少荃:李鸿章(1823—1901),字少荃(又作"少泉"),晚号仪叟,清安徽合肥人。道光二十七年(1847)进士,授编修。咸丰三年(1853),回籍为军。咸丰九年(1859)赴江西建昌,入曾国藩幕。同治元年(1862),受曾国藩命编淮军,任江苏巡抚。与戈登"常胜军"合力抵抗太平军,复占苏、常、嘉、湖。同治三年(1864),江苏肃清,以功封一等肃毅伯。四年(1865)署两江总督。五年(1866),任钦差大臣,镇压东、西捻军。九年(1870),为直隶总督兼北洋通商事务大臣,授文华殿、武英殿大学士。于南方创设上海广方言馆、金陵机器局、上海轮船招商局、机器织布局等。又与曾国藩建江南制造局。于北方则开办开平矿务局、天津电报总局、津榆铁路等。以"自强""求富"为号召,为洋务派首脑。又创建北洋水师。外交以妥协求和为旨。中法战争乘胜求和,中日战争力求避战,招致败绩,分别签署《中法新约》和《马关条约》。八国联军之役,以全权大臣与奕劻共同签署《辛丑条约》。卒谥文忠。有《李文忠公全集》。次青:李元度(1821—1887),字次青,一字笏庭,自号天岳山樵,晚年号超然老人,清湖南平江人。道光二十三年(1843)举人。在奉天游幕时,得读清历朝实录。咸丰间入曾国藩幕。转战皖浙。擢宁池太道。以徽州失守落职。同治初镇压楚蜀教民起事,官至贵州布政使。善文章,熟悉当代掌故。有《国朝先正事略》《天岳山馆文钞》等。主纂同治

《平江县志》《湖南通志》。许仙屏：许振祎（？—1899），字仙屏，江西奉新（今江西高安）人。同治二年（1863）进士，官至广东巡抚。与曾国藩为师生关系，早在咸丰三年（1853）便以内阁中书的身份，进入曾国藩幕府，专为曾氏"襄军事、治宦书、起信稿、任书启"，深得曾国藩信赖，直到同治九年（1870）朝廷有重用，才离开曾幕府。

③孙过庭（646—691）：字虔礼，唐陈留（今河南开封）人，一云富阳（今属浙江）人。官至率府录事参军。善草书，笔势纵横，墨法清润。自宋以来皆推能品。著有《书谱》，是我国书法史上著名的理论著作。

④赵法：指元代书法家赵孟頫的笔法。

【译文】

写给纪泽儿：

二十二日接到你的信以及你写的《书谱叙》，拿给李少荃、李次青、许仙屏几位看，都很赞赏。说你写字钩联顿挫，纯粹用的是孙过庭草书笔法，而字的间架结构纯粹用的是赵孟頫的笔法，柔中有刚，绵里藏针，每一变动都很自然，他们赞美你的这些话，我听了也颇感欣慰。

赵文敏集古今之大成①，于初唐四家内师虞永兴②，而参以钟绍京③，因此以上窥二王④，下法山谷⑤，此一径也；于中唐师李北海⑥，而参以颜鲁公、徐季海之沉着⑦，此一径也；于晚唐师苏灵芝⑧，此又一径也。由虞永兴以溯二王及晋六朝诸贤，世所称南派者也；由李北海以溯欧、褚及魏、北齐诸贤，世所谓北派者也。

【注释】

①赵文敏：赵孟頫谥文敏。见前注。

②初唐四家：指唐代初年的四大书法家欧阳询、虞世南、褚遂良、薛稷。虞永兴：即虞世南（558—638），字伯施，唐越州馀姚（今浙江慈溪观海卫镇）人。少受学于顾野王。为文祖述徐陵。又从沙门智永学书，妙得其体，声名籍甚。仕陈，为建安王法曹参军。入隋，官秘书郎、起居舍人。隋亡，为窦建德黄门侍郎。李世民灭窦建德，引为秦王府参军，转记室，掌文翰。贞观中，转著作郎、秘书少监、秘书监，封永兴县公，故世称"虞永兴"，卒谥文懿。编有《北堂书钞》及文集。

③钟绍京（659—746）：字可大，唐虔州赣（今江西兴国）人。乃汉魏之际名臣书法家钟繇后裔。钟绍京以擅长书法直凤阁。武则天时明堂门额、九鼎之铭及诸宫殿门榜，皆其所题。家藏王羲之、王献之、虞世南、褚遂良真迹至数十百卷。从玄宗讨韦氏，进中书令，封越国公。后坐事削爵贬官。终少詹事。卒年八十馀。

④二王：指晋代书法家王羲之、王献之父子。

⑤山谷：即黄山谷黄庭坚（1045—1105），字鲁直，号涪翁、山谷道人，宋洪州分宁（今江西修水）人。英宗治平四年（1067）进士。调叶县尉。神宗熙宁初，教授北京国子监，才能为文彦博所重。知太和县，以平易为治。哲宗立，累进秘书丞兼国史编修官。绍圣初，出知宣州、鄂州。章惇、蔡卞劾其所修《神宗实录》多诬，贬涪州别驾。徽宗即位，起知太平州，复谪宜州。工诗词文章，受知于苏轼，与张耒、晁补之、秦观并称"苏门四学士"。论诗推崇杜甫，讲究修辞造句，强调"无一字无来处"，开创江西诗派。擅长行、草书，楷法亦自成一家。有《豫章黄先生文集》等。

⑥李北海：即李邕（675—747），字泰和，鄂州江夏（今湖北威宁咸安区）人。李善子。曾为北海太守，世称"李北海"。早擅才名，工

文善书，尤长以行楷写碑，取法王羲之、王献之而自具面目。其父注《文选》，李邕补益，附事见义，两书并行。玄宗即位，召为户部郎中，又官汲郡、北海太守。性豪侈，不拘细行。天宝时，为李林甫所忌，遭罗织，受杖死。有文集。

⑦颜鲁公：即唐代书法家颜真卿（709—785），字清臣，唐京兆万年（今陕西西安）人。因封鲁郡公，世称"颜鲁公"。玄宗开元二十二年（734）进士及第，天宝元年（742）中文词秀逸科，历仕秘书省校书郎、醴泉尉、监察御史。八载（749）迁殿中侍御史，杨国忠怒其不附己，出为平原太守。安史乱起，起义兵抵抗。肃宗至德元载（756）拜宪部尚书、御史大夫，出为同、蒲、饶、升州刺史。代宗广德二年（764）迁刑部尚书，封鲁郡公。大历三年（768）出为抚州刺史。大历八年（773）至十二年（777）移刺湖州，十二年召为刑部侍郎，德宗建中三年（782）改太子太师，充淮宁军宣慰使。兴元元年（784）为李希烈所害，谥文忠。生平见新、旧《唐书》本传，令狐峘《颜真卿墓志铭》，殷亮《颜鲁公行状》。颜真卿工文词，尤善书法。楷书雄浑，人称"颜体"，与柳公权并称"颜柳"。亦工行书。徐季海：即唐代书法家徐浩（703—782）。徐浩，字季海，越州剡县（今浙江嵊州）人。玄宗开元五年（717）明经及第，调鲁山主簿。擢太子校书，寻拜右拾遗。二十一年（733）入幽州节度使幕，擢监察御史，后任河阳令，入为太子司议郎。天宝中，历仕刑部郎中、司农少卿。安史乱时，从玄宗入蜀，拜中书舍人，累迁尚书右丞、国子祭酒。肃宗上元二年（761）为李辅国所谮，贬庐州长史。代宗大历二年（767）任广州刺史，三年入拜吏部侍郎。德宗建中二年（781）召拜彭王傅，封会稽郡公，三年（782）以疾卒，赠太子少师，谥曰定。徐浩善为文，擅书法，有论书专著传世。生平见新、旧《唐书》本传及张式《徐公（浩）神道碑铭》。

⑧苏灵芝：京兆武功（今陕西武功）人，唐代书法家。玄宗开元二十

七年(739)前,为易州录事参军,自称逸士。工书,与胡霈然齐
名。行书有二王法,可与徐浩雁行。

【译文】

赵孟頫书法集古今之大成,在初唐四家里学虞世南,而揉入钟绍京
的笔法,因此能上窥王羲之、王献之父子,下法黄山谷,这是一条路;在
中唐学李邕,而揉入颜真卿、徐浩的沉着,这是一条路;在晚唐取法苏灵
芝,这又是一条路。由虞世南上溯王羲之、王献之父子以及晋代六朝诸
贤,这就是世人所说的南派;由李邕上溯欧阳询、褚遂良以及魏和北齐
诸贤,这就是世人所说的北派。

尔欲学书,须窥寻此两派之所以分:南派以神韵胜,北
派以魄力胜。宋四家①,苏、黄近于南派②,米、蔡近于北
派③。赵子昂欲合二派而汇为一。尔从赵法入门,将来或趋
南派,或趋北派,皆可不迷于所往。我先大夫竹亭公④,少学
赵书,秀骨天成⑤。我兄弟五人,于字皆下苦功,沅叔天分尤
高。尔若能光大先业,甚望甚望!

【注释】

①宋四家:书法史称宋代苏轼、黄庭坚、米芾、蔡襄为宋四家。

②苏、黄:指宋代书法家苏轼、黄庭坚。

③米、蔡:指宋代书法家米芾、蔡襄。

④先大夫:先父,指已故的父亲。竹亭公:曾国藩的父亲曾麟书,号
竹亭。

⑤秀骨天成:指书法自然,气质非凡。

【译文】

你想学习书法,必须研究这两派的区别所在:南派以神韵取胜,北

派以魄力取胜。宋代四家，苏轼、黄庭坚和南派风格相近，米芾、蔡襄和北派风格相近。赵孟頫想将南北两派合而为一。你从赵孟頫笔法入门，将来或者走南派路线，或者走北派路线，都不会在继续前进的途中迷路。先父竹亭公，从小学赵孟頫的字，字体秀丽自然。我兄弟五个，在写字方面都下过苦功，你沅甫叔在这方面天分尤其高。你要是能光大父辈的事业，我真是巴不得！

　　制艺一道①，亦须认真用功。邓瀛师②，名手也。尔作文，在家有邓师批改，付营有李次青批改，此极难得，千万莫错过了。

【注释】

①制艺：指八股文。姚华《论文后编·目录下》：“熙宁中王安石创立经义，以为取士之格，明复仿之，更变其式，不惟陈义，并尚代言，体用排偶，谓之八比，通称制艺，亦名举业。”

②邓瀛师：曾府塾师邓汪琼，号瀛皆（又作“寅皆”）。见前注。

【译文】

　　科举考试的八股文方面，也要认真用功。邓瀛皆老师，是这方面的名家。你写文章，在家有邓老师批改，寄到大营有李次青批改，这是极其难得的，千万不要错过。

　　付回赵书《楚国夫人碑》①，可分送三先生、汪、易、葛。二外甥及尔诸堂兄弟②。又旧宣纸手卷、新宣纸横幅，尔可学《书谱》，请徐柳臣一看③。此嘱。

【注释】

①《楚国夫人碑》：全称《大元追封楚国夫人徐君碑铭》，为赵孟頫于延祐五年(1318)以楷书书写。

②汪、易、葛：分别指邓汪琼(寅皆)、易良翰(芝生)、葛封泰(罨山)，三人皆为湘乡曾府塾师。二外甥：指王临三、王昆八。见前注。

③徐柳臣：徐思庄(1793—1865)，字柳臣，号孟舒，晚号游初老人，清江西龙南人。道光二年(1822)进士。历任户部福建司主事、国史馆纂修、功臣馆提纲、颍州知府、安庆知府、山东按察使等职。徐柳臣是道光朝著名书法家。《清稗类钞》云："道光时，欧体赵面之字，风靡一时。翰苑中人，争相摹习，柳臣尤为此中能手。"当时曾国藩驻军江西，徐柳臣是在乡官绅，彼此有交往，所以曾国藩说可以请徐柳臣帮看看曾纪泽的字。

【译文】

寄回赵孟頫写的《楚国夫人碑》，可分送给邓寅皆、易芝生、葛罨山三先生和临三、昆八两位外甥，以及你的各位堂兄弟。另有旧宣纸手卷、新宣纸横幅，你可以用来学写《书谱》，我请徐柳臣帮你把把脉。特此嘱咐。

咸丰九年四月二十一日

字谕纪泽：

前次于诸叔父信中，复示尔所问各书帖之目。乡间苦于无书，然尔生今日，吾家之书业已百倍于道光中年矣。买书不可不多，而看书不可不知所择。以韩退之为千古大儒①，而自述其所服膺之书不过数种，曰《易》②，曰《书》③，曰

《诗》④，曰《春秋左传》⑤，曰《庄子》⑥，曰《离骚》⑦，曰《史记》，曰相如、子云⑧。柳子厚自述其所得⑨，正者曰《易》，曰《书》，曰《礼》⑩，曰《春秋》⑪；旁者曰《穀梁》⑫，曰《孟》《荀》⑬，曰《庄》《老》⑭，曰《国语》⑮，曰《离骚》，曰《史记》。二公所读之书，皆不甚多。

【注释】

①韩退之：韩愈（768—824），字退之，唐河阳（今河南孟州）人。郡望昌黎，后人因称"韩昌黎"。晚任吏部侍郎，谥文，后人又称"韩吏部""韩文公"。唐德宗贞元八年（792）登进士第，三上吏部试无成，乃任节度推官，其后任监察御史等职。贞元十九年（803），因言关中旱灾，触怒权臣，贬阳山令。贞元二十一年（805）正月，顺宗即位，王伾、王叔文执政，韩愈持反对态度。秋，量移江陵府法曹参军。宪宗元和元年（806），召拜国子博士。元和十二年（817）从裴度讨淮西吴元济有功，升任刑部侍郎。元和十四年（819），上表谏阻宪宗迎佛骨，贬潮州刺史。次年穆宗即位，召拜国子祭酒。穆宗长庆二年（822），以赴镇州宣慰王廷凑军有功，转任吏部侍郎、京兆尹等职。长庆四年（824）十二月卒于长安。韩愈乃唐代著名思想家及文学家，一生以恢宏儒道、排斥佛老为己任，与柳宗元共倡古文，被后世尊为"唐宋八大家"之首。宋苏轼称其"文起八代之衰，而道济天下之溺"（《潮州韩文公庙碑》）。生平详见皇甫湜《昌黎韩先生墓志铭》、李翱《韩公行状》及新、旧《唐书》本传。

②《易》：《易经》。见前注。

③《书》：即《尚书》，又称《书经》。儒家"十三经"之一。是我国最早的历史文献汇编。全书共分虞书、夏书、商书、周书四部分，起

《尧典》，终《秦誓》。

④《诗》：《诗经》。见前注。

⑤《春秋左传》：简称《左传》。见前注。

⑥《庄子》：相传为战国时期道家学派人物庄子所著。该书主张逍遥无为、安时处顺，倡导齐物我、一是非，影响极大，被道家学派尊为《南华经》。《庄子》传世本为晋郭象注本，内篇七，外篇十五，杂篇十一，凡三十三篇。

⑦《离骚》：战国时期楚国屈原所作长篇抒情诗。离骚，意为遭遇忧患。《史记·屈原贾生列传》："离骚者，犹离忧也……屈平之作《离骚》，盖自怨生也。"

⑧相如：司马相如（约前179—前118），字长卿，汉武帝时人。汉赋代表作家。代表作有《子虚赋》《上林赋》等。子云：扬雄，字子云。见前注。

⑨柳子厚：柳宗元，字子厚。见前注。

⑩《礼》：《仪礼》《周礼》《礼记》，合称"三礼"。

⑪《春秋》：我国第一部编年体史书。相传由孔子据鲁史修订而成。记事起于鲁隐公元年（前722），止于鲁哀公十四年（前481），共二百四十二年。叙事极简，用字寓褒贬。为其传者，以《左氏》《公羊》《穀梁》最著。

⑫《穀梁》：即《穀梁传》，是《穀梁春秋》（《春秋穀梁传》）的简称。旧题穀梁赤所撰。是解释《春秋》的著作，与《左传》《公羊传》并称"《春秋》三传"。

⑬《孟》《荀》：儒家经典《孟子》和《荀子》。《孟子》是先秦儒家大师孟子的思想言论汇编，由孟子及其弟子万章、公孙丑等编撰而成，凡七篇。南宋朱子为其作集注，与《论语》《大学》《中庸》合称"四书"。《荀子》是先秦儒家大师荀子的代表作，今存三十二篇。

⑭《庄》《老》：《庄子》和《老子》。《庄子》，见前注。《老子》，又名《道

德经》，是先秦道家学派创始人老子（李耳，又名老聃）的代表作，
凡五千言。

⑮《国语》：我国现存最早的一部国别体史书。相传为春秋末年鲁
国左丘明所撰（汉司马迁《报任安书》："左丘失明，厥有《国
语》"）。分周、鲁、齐、晋、郑、楚、吴、越八国记事，凡二十一篇。
记事起自西周中期，下迄春秋战国之交，前后约五百年。

【译文】

写给纪泽：

上次在给几位叔叔的信中，又提到你问的各种书籍和字帖书目。
乡下苦于没有书，但是你生在今日，我家的藏书已经是道光时期的上百
倍了。买书不能不多，但看书不能不知道有所选择。像韩愈这样的千
古大儒，自述他所服膺的书也不过数种，有《易经》，有《尚书》，有《诗
经》，有《春秋左氏传》，有《庄子》，有《离骚》，有《史记》，有司马相如和扬
雄的文章。柳宗元自述平生读书所得，正式的有《易经》，有《尚书》，有
《礼经》，有《春秋》；旁通的有《穀梁传》，有《孟子》和《荀子》，有《庄子》和
《老子》，有《国语》，有《离骚》，有《史记》。韩、柳二公所读的书，都不是
很多。

本朝善读古书者，余最好高邮王氏父子，曾为尔屡言之
矣。今观怀祖先生《读书杂志》中所考订之书，曰《逸周
书》①，曰《战国策》②，曰《史记》，曰《汉书》，曰《管子》③，曰
《晏子》④，曰《墨子》⑤，曰《荀子》，曰《淮南子》⑥，曰《后汉
书》⑦，曰《老》《庄》，曰《吕氏春秋》⑧，曰《韩非子》⑨，曰《扬
子》⑩，曰《楚辞》⑪，曰《文选》，凡十六种。又别著《广雅疏
证》一种。伯申先生《经义述闻》中所考订之书，曰《易》，曰
《书》，曰《诗》，曰《周官》⑫，曰《仪礼》⑬，曰《大戴礼》⑭，曰

《礼记》⑮,曰《左传》,曰《国语》,曰《公羊》,曰《穀梁》,曰《尔雅》,凡十二种。王氏父子之博,古今所罕,然亦不满三十种也。

【注释】

①《逸周书》:一部周时诰誓辞命的记言性史书。年代上起周文王、武王,下至春秋后期的灵王、景王,性质与《尚书》相类。今本全书十卷,正文七十篇。前人(刘向、班固等)多认为是孔子删削《尚书》之馀篇。今人多不信从,而以为是战国人所编。各篇写成时代,或可早至西周,或晚至战国。个别篇章,可能还经汉人改易或增附。

②《战国策》:又称《国策》,由西汉刘向编定。凡三十三卷,分十二策,记西周、东周及秦、齐、楚、赵、魏、韩、燕、宋、卫、中山十二国之事。记事年代起于战国初年,止于秦灭六国。该书主要记述战国时期的纵横家(游说之士)的政治主张和言行策略,记事多张冠李戴,每与史实不合,与其说是一部国别体史书,不如说是"纵横家书"。

③《管子》:托名春秋管仲著。《汉书·艺文志》在"道家"类中著录有"《筦子(按:即管子)》八十六篇",今存七十六篇。该书内容极丰富,但以黄老道家思想为主,在性质上可视为稷下黄老学派著作。

④《晏子》:全名《晏子春秋》,经西汉刘向整理编定,共有内、外八篇,二百一十五章,是记叙春秋时代齐国政治家晏婴言行的一部书。内篇分《谏上》《谏下》《问上》《问下》《杂上》《杂下》六篇,外篇分上、下二篇。《谏上》《谏下》主要记叙晏婴劝谏齐君的言行,《问上》《问下》主要记叙君臣之间以及外交活动的问答,《杂上》《杂下》主要记叙其他事件。外篇的两篇内容较为驳杂,与内篇

的六篇相通而又相别。《晏子春秋》一度被疑为伪书，1972年银雀山汉墓出土文献证明其为战国古籍，并非伪书。

⑤《墨子》：记录先秦墨家学派代表人物墨子（墨翟）思想言行的著作。一般认为成于墨子弟子及再传弟子之手。墨家为先秦显学，墨子的核心思想是兼爱、非攻、尚贤、尚同。《汉书·艺文志》著录"《墨子》七十一篇"，今存五十三篇。清孙诒让《墨子间诂》是最著名的注本。

⑥《淮南子》：又名《淮南鸿烈》，西汉淮南王刘安及其门客苏非、李尚等所著。该书在继承道家思想的基础上，糅合进儒、法、阴阳等家学说，《汉书·艺文志》将其归入"杂家"。

⑦《后汉书》："二十四史"之一，纪传体断代史，专述东汉一朝史事。南朝宋范晔撰。该书以《东观汉记》为主要依据，吸收魏晋以来各家所著《后汉书》之精华。范晔因罪被处死，而《志》未成。北宋时将晋司马彪所撰的《续汉书》的《志》并入范晔《后汉书》，共计一百二十卷。《本纪》《列传》，有唐李贤注。《志》，有南朝梁刘昭注。

⑧《吕氏春秋》：又名《吕览》，是由战国末年秦国丞相吕不韦召集门客编撰的一部著作。全书共分为十二纪、八览、六论，共二十六卷，一百六十篇，二十馀万字。内容驳杂，以道家思想为主体，而兼采儒、墨、法、兵、农、纵横、阴阳诸家学说，《汉书·艺文志》将其列入杂家。汉高诱说"此书所尚，以道德为标的，以无为为纲纪"，实可视为战国末期道家黄老学派学说。

⑨《韩非子》：战国末期法家代表人物韩非的著作。是在韩非逝世后，后人辑集而成的。据《汉书·艺文志》著录《韩非子》五十五篇，《隋书·经籍志》著录则为二十卷。今本二十卷。

⑩《扬子》：西汉末年大儒扬雄的著作。扬雄，见前注。

⑪《楚辞》：诗歌总集名，西汉刘向编定，东汉王逸又有所增益，分章

加注成《楚辞章句》。主要收录战国时期楚国屈原、宋玉等人的作品，亦收汉人仿作。重要注本有宋洪兴祖《楚辞补注》及朱子《楚辞集注》。

⑫《周官》：《周礼》又名《周官》，儒家"十三经"之一，是周代官制之书，分《天官》《地官》《春官》《夏官》《秋官》《冬官》六部分。《冬官》早已亡佚，后人取《考工记》补足。旧传为周公旦所著，今之主流意见认为成书于战国秦汉之际。

⑬《仪礼》：儒家"十三经"之一，记载周代士大夫的冠、婚、丧、祭、乡、射、朝、聘等各种礼仪，今本共十七篇（《士冠礼第一》《士昏礼第二》《士相见礼第三》《乡饮酒礼第四》《乡射礼第五》《燕礼第六》《大射仪第七》《聘礼第八》《公食大夫礼第九》《觐礼第十》《丧服第十一》《士丧礼第十二》《既夕礼第十三》《士虞礼第十四》《特牲馈食礼第十五》《少牢馈食礼第十六》《有司第十七》）。秦之前篇目不详，汉初传《仪礼》者有高堂生。

⑭《大戴礼》：儒家经典《大戴礼记》，亦名《大戴礼》《大戴记》。前贤认为该书成于西汉末年大儒戴德（为与其侄戴圣相区别，世称其为"大戴"）之手（唐孔颖达《礼记正义序》引郑玄《六艺论》"戴德传《记》八十五篇，则《大戴礼》是也"）。今人多主张其成书年代应在东汉中期，乃大戴后学编定。《大戴礼记》原有八十五篇，今存三十九篇。其馀的四十六篇，唐前即已亡佚。

⑮《礼记》：儒家"十三经"之一，是战国至秦汉年间儒家思想的资料汇编。《礼记》的内容主要是记载和论述先秦的礼制、礼意，解释《仪礼》，记录孔子和弟子等的问答，记述修身为人的准则。其书由西汉末年大儒戴圣（世称"小戴"）编定，故又称《小戴礼记》《小戴记》。因东汉末年大儒郑玄为其作注，而备受重视，遂跻身为儒家最重要的经典之一。

【译文】

本朝善于读古书的学者,我最喜欢高邮王念孙、王引之父子,曾经跟你多次提及。我们看王怀祖王念孙先生《读书杂志》中所考订的书,有《逸周书》,有《战国策》,有《史记》,有《汉书》,有《管子》,有《晏子》,有《墨子》,有《荀子》,有《淮南子》,有《后汉书》,有《老子》和《庄子》,有《吕氏春秋》,有《韩非子》,有《扬子》,有《楚辞》,有《文选》,共十六种。另外还著有《广雅疏证》一种。王伯申先生《经义述闻》中所考订的书,有《易经》,有《尚书》,有《诗经》,有《周官》,有《仪礼》,有《大戴礼记》,有《礼记》,有《左传》,有《国语》,有《公羊传》,有《穀梁传》,有《尔雅》,共十二种。王氏父子的博大,是古往今来所罕见的,但所考订的书也不满三十种。

余于"四书""五经"以外,最好《史记》《汉书》《庄子》、韩文四种①,好之十馀年,惜不能熟读精考;又好《通鉴》《文选》及姚惜抱所选《古文辞类纂》②,余所选《十八家诗钞》四种③,共不过十馀种。早岁笃志为学,恒思将此十馀书贯串精通,略作札记,仿顾亭林、王怀祖之法。今年齿衰老,时事日艰,所志不克成就,中夜思之,每用愧悔。泽儿若能成吾之志,将"四书""五经"及余所好之八种,一一熟读而深思之,略作札记,以志所得,以著所疑,则余欢欣快慰,夜得甘寝,此外别无所求矣。

【注释】

①韩文:指韩愈文集。

②《通鉴》:《资治通鉴》,简称《通鉴》,是北宋司马光主编的一部多卷本编年体通史,共二百九十四卷。该书以时间为纲、事件为

目,叙述了十六朝一千三百六十二年的历史。记事上起周威烈王二十三年(前 403),下迄后周显德六年(959)。全书按朝代分为十六纪(《周纪》五卷、《秦纪》三卷、《汉纪》六十卷、《魏纪》十卷、《晋纪》四十卷、《宋纪》十六卷、《齐纪》十卷、《梁纪》二十二卷、《陈纪》十卷、《隋纪》八卷、《唐纪》八十一卷、《后梁纪》六卷、《后唐纪》八卷、《后晋纪》六卷、《后汉纪》四卷、《后周纪》五卷),以总结历史经验为编写目的,宋神宗认为该书"鉴于往事,有资于治道",而钦赐书名。姚惜抱:姚鼐(1731—1815),字姬传,一字梦谷,室名惜抱轩,世称"惜抱先生""姚惜抱",安徽桐城人。清代著名散文家。与方苞、刘大櫆并称为"桐城三祖"。著有《惜抱轩全集》,编有《古文辞类纂》。《古文辞类纂》:清代桐城派古文家姚鼐编的各类文章总集。全书七十五卷,选录战国至清代的古文,依文体分为论辨、序跋、奏议、书说、赠序、诏令、传状、碑志、杂记、箴铭、颂赞、辞赋、哀祭等十三类。所选作品,以《战国策》《史记》、两汉散文家、唐宋八大家及明代归有光、清代方苞、刘大櫆等的古文为主。书首有《序目》,略述各类文体的特点、源流及其义例。是代表桐城派的"义法"和"文统说"的一部选本。该书成于乾隆四十四年(1779),嘉庆时康绍庸刊刻初稿本,附有姚氏评语及圈点,盛行于一时。

③《十八家诗钞》:清人曾国藩编选的一部中国古代诗歌总集,凡二十八卷,共选十八家(魏晋南北朝:曹植、阮籍、陶渊明、谢灵运、鲍照、谢朓六家;唐代:王维、孟浩然、李白、杜甫、韩愈、白居易、李商隐、杜牧八家;宋代:苏轼、黄庭坚、陆游三家;金代:元好问一家)古代诗人所作古、近体诗六千五百九十九首,附有少量评点和校注。其具体选目如下:五古九家:曹植、阮籍、陶渊明、谢灵运、鲍照、谢朓、李白、杜甫、韩愈。七古六家:李白、杜甫、韩愈、白居易、苏轼、黄庭坚。五律四家:王维、孟浩然、李白、杜甫。

七律七家:杜甫、李商隐、杜牧、苏轼、黄庭坚、陆游、元好问。七绝四家:李白、杜甫、苏轼、陆游。

【译文】

我在"四书""五经"以外,最喜欢《史记》《汉书》《庄子》、韩文这四种,喜欢了十多年,可惜没能读得太熟没能深入思考;另外喜欢《资治通鉴》《昭明文选》及姚鼐选编的《古文辞类纂》,我自己选编的《十八家诗钞》这四种,一共不过十来种。我早年立志做学问,常想精通这十来种书,融会贯通,稍稍做一些札记,效仿顾亭林、王怀祖的做法。现在年纪大了,时局又一天比一天艰难,志向不能实现,深夜反思,常常又惭愧又后悔。泽儿你如果能实现我的理想,将"四书""五经"和我所喜欢的八种书,一一熟读而又深入思考,稍稍做一些札记,记录自己的心得和怀疑,那我的内心就很愉悦欣慰,每夜能睡好觉,此外就别无所求了。

至王氏父子所考订之书二十八种,凡家中所无者,尔可开一单来,余当一一购得寄回。

【译文】

至于王氏父子所考订的二十八种书,凡是家里所没有的,你可以开一个单子来,我会一一购得寄回。

学问之途,自汉至唐,风气略同;自宋至明,风气略同;国朝又自成一种风气。其尤著者,不过顾、阎百诗、戴东原、江慎修、钱辛楣、秦味经、段懋堂、王怀祖数人①,而风会所扇②,群彦云兴③。尔有志读书,不必别标汉学之名目④,而不可不一窥数君子之门径。凡有所见所闻,随时禀知,余随时谕答⑤,较之当面问答,更易长进也。

【注释】

①顾：顾炎武。阎：阎若璩(1636—1704)，字百诗，号潜丘，清山西太原人。康熙间以廪膳生应博学鸿词科试，未中。后从徐乾学修《一统志》，久居洞庭山书局。年二十岁读《尚书》而疑古文二十五篇为伪书，探讨三十馀年，成《古文尚书疏证》一书，影响巨大。亦长于地理之学，有《四书释地》《潜丘札记》《日知录补正》等。戴：戴震，字东原。见前注。江：江永，字慎修。见前注。钱：钱大昕(1728—1804)，字晓徵，一字及之，号辛楣、竹汀居士，清江苏嘉定(今上海嘉定区)人。乾隆十九年(1754)进士，授编修。历任少詹事、广东学政。五十岁即回籍，历主钟山、娄东、紫阳书院讲席。精研经史、金石、文字、音韵、天算、舆地诸学，考史之功，号为清代第一。有《廿二史考异》《十驾斋养新录》《元史艺文志》《元史氏族表》《恒言录》《疑年录》《潜研堂集》等。秦：秦蕙田，号味经。见前注。段：段玉裁，号懋堂。见前注。王：王念孙，字怀祖。见前注。

②风会：风气，时尚。扇：煽动，鼓动。

③群彦云兴：比喻众多的英才在一时间兴起。汉蔡邕《答元式》诗："济济群彦，如云如龙。"

④汉学：汉代经学中注重训诂考据之学。清代乾隆、嘉庆年间的学者崇尚其风，形成与"宋学"相对的"乾嘉学派"，也称"汉学"。清代汉学治学严谨，对文字训诂、古籍整理、辑佚辨伪、考据注释等，有较大的贡献。又称"朴学"。

⑤谕答：答复，使明白。特指上对下。

【译文】

治学门径，从汉到唐，风气差不多；从宋到明，风气差不多；本朝又自成一种风气。本朝最著名的学者，不过顾炎武、阎若璩百诗、戴震东原、江永慎修、钱大昕辛楣、秦蕙田味经、段玉裁懋堂、王念孙怀祖数人而已，但一时风气鼓动，一时间涌现大批优秀人才。你有志读书，不必专门另标汉学的名目，但不能不对以上诸君子的门径略做了解。凡是你看书有收获，随时告诉我，我随时答复指点，比起当面问答，更容易有长进。

咸丰九年五月初四日

字谕纪泽：

　　尔作时文，宜先讲词藻①。欲求词藻富丽，不可不分类钞撮体面话头②。近世文人，如袁简斋、赵瓯北、吴毂人③，皆有手钞词藻小本。此众人所共知者。阮文达公为学政时④，搜出生童夹带⑤，必自加细阅。如系亲手所钞，略有条理者，即予进学⑥；如系请人所钞，概录陈文者⑦，照例罪斥。阮公一代闳儒⑧，则知文人不可无手钞夹带小本矣。昌黎之记事提要、纂言钩玄⑨，亦系分类手钞小册也。尔去年乡试之文，太无词藻，几不能敷衍成篇⑩。此时下手工夫，以分类手钞词藻为第一义⑪。

【注释】

①词藻：诗文中的藻饰，即用作修辞的典故或工巧有文采的词语。

②钞撮：抄摘。《隋书·经籍志二》："自后汉已来，学者多钞撮旧史，自为一书。"体面话头：精彩的现成语句。

③袁简斋：袁枚（1716－1797），字子才，号简斋，晚年自号仓山居士、随园主人、随园老人，钱塘（今浙江杭州）人。清代诗人、散文

家。赵瓯北：赵翼（1729—1814），字云崧（又作"耘松"），号瓯北，清江苏阳湖（今江苏常州）人。乾隆二十六年（1761）进士，授编修，历广西镇安知府，官至贵西道。曾佐闽浙总督李侍尧幕。晚年主讲安定书院。诗与袁枚、蒋士铨齐名，又精史学。有《廿二史札记》《陔馀丛考》《瓯北集》《檐曝杂记》《皇朝武功纪盛》等。吴榖人：见前注。

④阮文达公：阮元（1764—1849），字伯元，号芸台，江苏仪征人。乾隆五十四年（1789）进士。历乾隆、嘉庆、道光三朝，先后任礼部、兵部、户部、工部侍郎，山东、浙江学政，浙江、江西、河南巡抚及漕运总督、湖广总督、两广总督、云贵总督、体仁阁大学士等职。谥文达。被尊为三朝阁老、九省疆臣、一代文宗。是清代著名学者。学政："提督学政"的简称，又叫"督学使者"。清中叶以后，派往各省，按期至所属各府厅考试童生及生员。均从进士出身的官吏中简派，三年一任。不问本人官阶大小，在充任学政时，与督、抚平行。

⑤生童：生员和童生。《红楼梦》第八十五回："令尊翁前任学政时，秉公办事，凡属生童，俱心服之至。"《清史稿·世祖纪二》："今八旗人民……皆由限年定额，考取生童，乡会两试，即得录用。"夹带：考试时私带与试题有关的资料。此处用作名词，指夹带物。

⑥进学：明清两代科举，童生应岁试，录取入府县学，称进学。进学的童生称秀才。

⑦陈文：此处指现成的文章。

⑧闳儒：同"鸿儒"，大儒。泛指博学之士。

⑨昌黎：指唐代韩愈。韩愈世居颍川，常据先世郡望，自称昌黎（今属河北）人。宋熙宁七年（1074）诏封昌黎伯，后世因尊称他为"昌黎先生"。记事提要、纂言钩玄：语本唐韩愈《进学解》："记事者必提其要，纂言者必钩其玄。"后世遂用"钩玄提要"指探取精

微,摘抉要义。纂言,撰述。玄,奥妙。

⑩敷衍:指写文章时铺陈发挥。

⑪第一义:佛教语。指最上至深的妙理。也称"第一义谛""真谛"
"胜义谛",与"世谛""俗谛"或"世俗谛"对称。也用以泛指最为
重要的道理。

【译文】

写给纪泽:

　　你写时文,应该先讲求词藻。要想词藻丰富华美,不能不分类摘抄
精彩的现成语句。近代的文人,如袁简斋、赵瓯北、吴毅人,都有手抄词
藻小本子。这是大家都知道的。阮文达公做学政的时候,凡是搜出生
员的夹带,一定会仔细阅读。如果是亲手所抄,还有些条理的,就允许
升学;如果是请人代抄,照录现成文章的,照例追究问责。阮公是一代
大儒,是知道文人不能没有手抄夹带小本子的。韩愈所说的记事者必
提其要,纂言者必钩其玄,也是说分类手抄小册子。你去年参加乡试写
的文章,太缺词藻,几乎不能铺陈发挥成完整的文章。这时的下手功
夫,以分类手抄词藻为最要紧的事。

　　尔此次复信,即将所分之类开列目录,附禀寄来。分大
纲子目,如伦纪类为大纲①,则君臣、父子、兄弟为子目;王道
类为大纲②,则井田、学校为子目③。此外各门,可以类推。
尔曾看过《说文》《经义述闻》④,二书中可钞者多。此外,如
江慎修之《类腋》及《子史精华》《渊鉴类函》⑤,则可钞者尤多
矣。尔试为之。此科名之要道⑥,亦即学问之捷径也。此谕。

【注释】

①伦纪:伦常纲纪。汉贾谊《新书·服疑》:"谨守伦纪,则乱无

由生。"

②王道:儒家提出的一种以仁义治天下的政治主张。与"霸道"相
　　对。《尚书·洪范》:"无偏无党,王道荡荡。"《史记·十二诸侯年
　　表》:"孔子明王道,干七十馀君,莫能用。"

③井田:相传古代的一种土地制度。以方九百亩为一里,划为九
　　区,形如"井"字,故名。其中为公田,外八区为私田,八家均私百
　　亩,同养公田。公事毕,然后治私事。《穀梁传·宣公十五年》:
　　"古者三百步为里,名曰井田。井田者,九百亩,公田居一。"范宁
　　注:"出除公田八十亩,馀八百二十亩,故井田之法,八家共一井,
　　八百亩。馀二十亩,家各二亩半,为庐舍。"

④《说文》:此处似指段玉裁《说文解字注》。

⑤《类腋》:类书名。清姚培谦、张卿云辑,有续修四库全书本。另
　　有赵克宜《角山楼增补类腋》。该书似与江永(江慎修)无关。
　　《子史精华》:类书名。清康熙帝命允禄、吴襄等纂成。专采子、
　　史部及少数经、集部书的名言隽句汇编成册。始编于康熙六十
　　年(1721),成书于雍正五年(1727),共一百六十卷,分天、地、岁
　　时、帝王、皇亲、言语、形色、伦常、乐、文学、居处、边塞、妇女、政
　　术、设官、方术、巧艺、灵异、释道、服饰、仪饰、珍宝、器物、武功、
　　品行、动植、食馔、人事、产业、礼仪等三十部,二百八十子目。
　　《渊鉴类函》:类书名。又名《御定渊鉴类函》,清康熙帝命张英、
　　王士禛、王惔等撰。共计四百五十卷,分四十五个部类,以《唐类
　　函》为底本,广采诸多类书编纂而成。

⑥科名:科举功名。

【译文】

　　你这次回信,就将摘抄本所分的类开列一个目录,随信寄来。要分
大纲目和子目录,如以"伦纪类"为大纲目,那就以"君臣""父子""兄弟"
为子目录;以"王道类"为大纲目,就以"井田""学校"为子目录。其他各

门，可以类推。你曾看过《说文解字注》《经义述闻》，这两种书中，可摘抄的地方很多。此外，如江慎修的《类腋》及《子史精华》《渊鉴类函》，那可摘抄的就更多了。你试着去做。这是考取科名的要道，也是做学问的捷径。就说这些。

咸丰九年六月十四日

字谕纪泽：

接尔二十九、三十号两禀，得悉《书经注疏》看《商书》已毕①。

【注释】

①《书经注疏》：《书经》(《尚书》) 的注疏本。特指《十三经注疏》之《尚书正义》一书，"注"指伪汉孔安国注，"疏"指唐孔颖达正义。

《商书》：指《书经》(《尚书》) 中商代的诸篇。

【译文】

写给纪泽：

接到你二十九、三十日两封信，得知你《尚书注疏》的《商书》部分已经看完。

《书经注疏》颇庸陋，不如《诗经》之该博①。我朝儒者，如阎百诗、姚姬传诸公皆辨别古文《尚书》之伪。孔安国之传②，亦伪作也。

【注释】

①该博：完备广博。

②孔安国：字子国，西汉鲁人。孔子后裔。受《诗》于申公，受《尚书》于伏生。以治《尚书》，武帝时为博士，官至谏大夫、临淮太守。相传得孔子旧宅壁中古文《尚书》，较今文《尚书》多出十六篇，作《尚书孔氏传》。为"尚书古文学"开创者。今本《尚书孔氏传》，明清学者考定为伪托。《汉书·儒林传》："孔氏有古文《尚书》，孔安国以今文字读之，因以起其家逸《书》，得十馀篇，盖《尚书》兹多于是矣。遭巫蛊，未立于学官。安国为谏大夫，授都尉朝，而司马迁亦从安国问故。迁书载《尧典》《禹贡》《洪范》《微子》《金縢》诸篇，多古文说。"

【译文】

《尚书注疏》很平庸鄙陋，不如《诗经注疏》完备博大。我朝学者，如阎百诗、姚姬传等先生都辨别古文《尚书》是伪书。孔安国的传，也是伪作。

盖秦燔书后①，汉代伏生所传②，欧阳及大、小夏侯所习③，皆仅二十八篇，所谓今文《尚书》者也。厥后孔安国家有古文《尚书》，多十馀篇，遭巫蛊之事④，未得立于学官⑤，不传于世。厥后张霸有《尚书百两篇》⑥，亦不传于世。后汉贾逵、马、郑作古文《尚书》注解⑦，亦不传于世。至东晋梅颐始献古文《尚书》并孔安国传⑧，自六朝、唐宋以来承之，即今通行之本也。自吴才老及朱子、梅鼎祚、归震川⑨，皆疑其为伪。至阎百诗遂专著一书以痛辨之，名曰《疏证》。自是辨之者数十家，人人皆称伪古文、伪孔氏也。《日知录》中略著其原委⑩。王西庄、孙渊如、江艮庭三家皆详言之⑪。《皇清经解》中有江书，不足观。**此亦"六经"中一大案，不可不知也。**

【注释】

①燔(fán)书：焚书。燔，焚烧。

②伏生：名胜，或云字子贱，西汉济南人。原为秦博士，治《尚书》。始皇焚书，伏生以书藏壁中。汉兴后，求其书，仅得二十九篇，以教于齐鲁间。汉文帝时，求能治《尚书》者，欲召伏生，以年九十馀，老不能行，乃使晁错往受之。西汉今文《尚书》学者，皆出其门下。今本今文《尚书》二十八篇即由伏生传授存世。相传撰有《尚书大传》三卷，疑为后学杂录所闻而成。

③欧阳及大、小夏侯：指西汉传"尚书学"的欧阳和伯及夏侯胜、夏侯建，皆为今文经学家，汉宣帝时立为学官。欧阳生为伏生弟子。《汉书·艺文志》："故《书》之所起远矣，至孔子纂焉，上断于尧，下讫于秦，凡百篇，而为之序，言其作意。秦燔书禁学，济南伏生独壁藏之。汉兴亡失，求得二十九篇，以教齐鲁之间。讫孝宣世，有《欧阳》《大小夏侯氏》，立于学官。"《汉书·儒林传》："欧阳生字和伯，千乘人也。事伏生，授倪宽。宽又受业孔安国，至御史大夫，自有传。宽有俊材，初见武帝，语经学。上曰：'吾始以《尚书》为朴学，弗好，及闻宽说，可观。'乃从宽问一篇。欧阳、大小夏侯氏学皆出于宽。宽授欧阳生子，世世相传，至曾孙高子阳，为博士。高孙地馀长宾以太子中庶子授太子，后为博士，论石渠。元帝即位，地馀侍中，贵幸，至少府。戒其子曰：'我死，官属即送汝财物，慎毋受。汝九卿儒者子孙，以廉洁著，可以自成。'及地馀死，少府官属共送数百万，其子不受。天子闻而嘉之，赐钱百万。地馀少子政为王莽讲学大夫。由是《尚书》世有欧阳氏学。""夏侯胜，其先夏侯都尉，从济南张生受《尚书》，以传族子始昌。始昌传胜，胜又事同郡简卿。简卿者，倪宽门人。胜

传从兄子建,建又事欧阳高。胜至长信少府,建太子太傅,自有传。由是《尚书》有大、小夏侯之学。"

④巫蛊之事:汉武帝时因巫蛊而引起的一场宫廷斗争。汉时迷信,以为用巫术诅咒及用偶人埋地下,可以害人,称为"巫蛊"。武帝晚年多病,疑乃左右人巫蛊所致。征和二年(前91),江充因与太子有隙,借机诬告太子宫中埋有木人,太子惧,杀江充及胡巫,武帝发兵镇压,太子兵拒五日,战败自杀。掘蛊之事上牵丞相,下连庶民,前后被杀者数万人,史称"巫蛊之祸"。事见《汉书·武帝纪》《江充传》《公孙贺传》。

⑤学官:此处特指西汉开始设置的五经博士。

⑥张霸有《尚书百两篇》:张霸,西汉东莱人。汉成帝时求古文《尚书》,张霸以能为《百两篇》征。所谓《尚书百两篇》,实为伪书,乃离析二十九篇以为数十,又采《左氏传》《书叙》作首尾。《汉书·儒林传》:"世所传《百两篇》者,出东莱张霸,分析合二十九篇以为数十,又采《左氏传》《书叙》为作首尾,凡百二篇。篇或数简,文意浅陋。成帝时求其古文者,霸以能为《百两》征,以中书校之,非是。霸辞受父,父有弟子尉氏樊并。时,太中大夫平当、侍御史周敞劝上存之。后樊并谋反,乃黜其书。"

⑦贾逵(30—101):字景伯,东汉扶风平陵(今陕西咸阳)人。贾谊后裔。少传父业,弱冠能诵《左氏传》及"五经"本文,以大夏侯《尚书》教授,兼通五家《穀梁》之说。明帝时献言《左传》与谶纬相合,可立博士。章帝时又与今文经学家李育辩论,提高古文经地位。曾为郎、卫士令。和帝时任左中郎将、侍中。贾逵通天文,章帝元和二年(85)至和帝永元四年(92)间,与编欣、李梵、李崇等讨论《四分历》修订事,肯定月亮运动有快慢变化现象,提出量度日月运动应用黄道度数,较为准确。著有《春秋左氏传解诂》《国语解诂》《尚书古文同异》《毛诗杂义难》等书,已佚,今存

清人辑本。马、郑：指东汉大儒马融、郑玄。马融(79—166)，字季长，东汉扶风茂陵(今陕西兴平)人。师事挚恂，博通经籍。初为邓骘舍人，安帝永初四年(110)拜校书郎，典校东观秘籍。因上《广成颂》忤邓太后，十年不得调，又遭禁锢。太后死，召拜议郎，历武都、南郡太守。得罪大将军梁冀，免官髡徙朔方。赦还，复拜议郎，复在东观著述。由此不敢忤权势，为梁冀起草劾李固章奏，又作《西第颂》颂之，颇为正直者所耻。后以病去官。马融才高博洽，为世通儒，生徒千馀，卢植、郑玄皆出门下。曾注《孝经》《论语》《诗》《易》《周礼》《仪礼》《礼记》《尚书》《列女传》《老子》《淮南子》《离骚》，皆已散佚，清人编的《玉函山房辑佚书》《汉学堂丛书》有辑录。郑玄(127—200)，字康成，东汉北海高密(今山东高密)人。少为乡啬夫，后受业太学，师第五元先，通《京氏易》《公羊春秋》。复从张恭祖学《周礼》《左氏春秋》《古文尚书》。后事马融，博通群经，融以为尽传其学。既归，聚徒讲学，弟子千人。桓帝时党祸起，被禁锢，杜门修业。北海相孔融深敬之，命高密县特立"郑公乡"，广开门衢，号"通德门"。建安中征拜大司农，不久去世。著《毛诗笺》，注《周礼》《仪礼》《礼记》，另注《周易》《尚书》《论语》。郑玄以古文经学为主，兼采今文经说，自成一家，号称"郑学"。

⑧梅赜(zé)：一作"梅颐"，或作"枚赜"，字仲真，东晋汝南西平(今河南西平)人。少好学，后为领军司马、豫章太守。尝献伪《古文尚书》及伪《尚书孔氏传》，一时君臣信以为真，立于学官。后人颇疑为梅赜所作。至清阎若璩作《古文尚书疏证》，始确证其非真古文。

⑨吴才老：吴棫，字才老，宋建安(今福建建瓯)人，一说舒州(今安徽潜山)人。徽宗政和八年(1118)进士。召试馆职，不就，晚始得太常丞。高宗绍兴十五年(1145)添差通判泉州。精训释音韵

之学,著有《韵补》《书裨传》《毛诗叶韵补音》《论语续解》(据《宋史·艺文志》)。朱子:朱熹(1130—1200),字元晦,一字仲晦,号晦庵、晦翁、考亭先生、云谷老人、沧洲病叟、遯翁,祖籍徽州婺源(今江西婺源),生于南剑州尤溪(今福建尤溪)。宋高宗绍兴十八年(1148)进士,授泉州同安主簿。罢归请祠,监潭州南岳庙。孝宗朝,历任秘书郎,知南康军,直秘阁,提举江西、浙东常平茶盐。光宗即位,知漳州。绍熙四年(1193),知潭州兼荆湖南路安抚。宁宗即位,除焕章阁待制兼侍讲,寻提举南京鸿庆宫。庆元二年(1196),韩侂胄专政,行伪学党禁,落职罢祠。庆元六年(1200)卒,年七十一。嘉定二年(1209),追谥文。理宗淳祐元年(1241),从祀孔庙。后世尊称其为"朱子"。朱熹受业于李侗,得程颢、程颐之传,兼采周敦颐、张载等人学说,集北宋以来理学之大成。主持白鹿洞、岳麓书院,讲学五十馀年,弟子众多。其学派被称为"闽学",或"考亭学派""程朱学派"。著述甚丰,有《四书章句集注》《伊洛渊源录》《名臣言行录》《资治通鉴纲目》《诗集传》《楚辞集注》等,另有后人编纂的《朱子语类》《朱文公文集》等。梅鼎祚(1553—1619):字禹金,明宁国府宣城(今安徽宣城)人。诸生。以不得志于科场,弃举子业。内阁大学士申时行欲荐于朝,辞不赴,归隐书带园,构天逸阁,藏书著述于其中。著述甚丰,别集《梅禹金集》二十卷之外,有杂剧及小说数种。又辑有《唐乐苑》《古乐苑》《宛雅》《鹿裘石室集》等书。归震川:归有光(1507—1571),字熙甫,又字开甫,别号震川,又号项脊生,世称"震川先生",明江苏昆山人。嘉靖十九年(1540)中举,嘉靖四十四年(1565)中进士,历任长兴知县、顺德通判、南京太仆寺丞,故称"归太仆",留掌内阁制敕房,参与编修《世宗实录》。有《震川集》。

⑩《日知录》:明末清初著名学者顾炎武的代表作,凡三十二卷。书

名取之于《论语·子张》："子夏曰：'日知其所亡，月无忘其所能，可谓好学也已矣。'"内容宏富，大体可划为经义、史学、官方、吏治、财赋、典礼、舆地、艺文等八类。《日知录》以"明道""救世"为成书宗旨，涵括了作者一生的学术观点和政治主张。

⑪王西庄：王鸣盛（1722—1798），字凤喈，号西庄，又号礼堂、西沚，清嘉定（今上海嘉定区）人。乾隆十九年（1754）进士。自编修历官至内阁学士兼礼部侍郎。以事降为光禄寺卿。南还居苏州三十年，卒于嘉庆三年（1798）十二月。工诗文，精史学，亦通经学。有《尚书后案》《蛾术编》《十七史商榷》《耕养斋集》《西庆始存稿》《西沚居士集》。孙渊如：孙星衍（1753—1818），字伯渊，又字渊如，号季逑，清江苏阳湖（今江苏常州）人。乾隆五十二年（1787）进士，授编修，改刑部主事，官至山东督粮道。少工词章，与同乡洪亮吉、黄仲则等齐名。后深究经史文字音训之学，旁及诸子百家，必通其义。曾主南京钟山书院、泰州安定书院、绍兴书院、杭州诂经精舍讲席。著述甚丰，有《尚书今古文注疏》《芳茂山人集》《周易集解》《寰宇访碑录》《孙氏家藏书目录内外篇》。曾辑刊《平津馆丛书》《岱南阁丛书》。江艮庭：江声（1720—1799），字叔沄，一字鳄涛，晚号艮庭，原籍安徽休宁，侨寓元和（今江苏苏州）。性耿介，不事科举业。三十五岁师从惠栋治《尚书》，尊信汉儒旧说。精小学，信札均篆书。有《尚书集注音疏》《六书浅说》《论语竢质》《艮庭小慧》等。

【译文】

自秦焚书以后，汉代伏生传下的，欧阳生及大、小夏侯叔侄所学的，都只有二十八篇，这就是所谓的今文《尚书》。此后孔安国家里有古文《尚书》，多十几篇，因为赶上巫蛊之祸，未被立为五经博士，没有流传下来。此后又有张霸的《尚书百两篇》，也没有流传下来。东汉贾逵、马融、郑玄为古文《尚书》做过注解，也没有流传下来。到了东晋，梅赜才开始献上古文《尚书》和孔安国传，自六朝、唐宋以来一直承袭，就是现今的通行本。自吴才老及朱子、梅鼎祚、归震川，都怀疑它是伪书。到阎百诗乃专门著一本书，对此痛加辨别，取名《尚书疏证》。从此有数十人辨伪，人人都说伪古文、伪孔氏传。《日知录》中简略地提及其为伪作的原委。王西庄、孙渊如、江艮庭三人都说得很详细。《皇清经解》中有江艮庭的书，不值得看。这也是"六经"中一大疑案，不能不知。

　　尔读书记性平常，此不足虑。所虑者，第一怕无恒，第二怕随笔点过一遍，并未看得明白。此却是大病。若实看明白了，久之必得些滋味，寸心若有怡悦之境，则自略记得矣。尔不必求记，却宜求个明白。

【译文】

　　你读书记性一般，这不值得忧虑。该忧虑的，第一是怕没有恒心，第二是怕拿笔随手点过一遍，并没有看懂。这却是大毛病。如果真看懂了，时间久了一定能有些滋味，内心如果有愉悦的境界，那自然会多多少少记得一些。你不必强求记住，但应该求看懂。

　　邓先生讲书，仍请讲《周易折中》。余圈过之《通鉴》，暂不必讲，恐污坏耳。尔每日起得早否？并问。此谕。

【译文】

　　邓寅皆先生讲书，仍然请他讲《周易折中》。我圈过的《资治通鉴》，暂时不必讲，恐怕将书弄脏弄坏。我顺便问一句，你每天起得早不？就说这些。

咸丰九年八月十二日　黄州

字谕纪泽儿：

接尔七月十三、廿七日两禀并赋一篇，尚有气势，兹批出发还①。

【注释】

①批出：批改出来。发还：发送还给（原主）。

【译文】

写给纪泽儿：

接到你七月十三、二十七日两天的信和一篇赋，赋写得还有些气势，现在批阅出来寄还给你。

凡作文，末数句要吉祥；凡作字，墨色要光润。此先大夫竹亭公常以教余与诸叔父者，尔谨记之，无忘祖训。

【译文】

凡是写文章，最后几句要说吉祥话；凡是写字，墨色要光亮鲜润。这是先父竹亭公常常拿来教诲我和你几个叔叔的话，你要仔细记好，不要忘了祖训。

尔问各条，分列示知：

尔问《五箴》末句"敢告马走"①。凡箴以《虞箴》为最古，《左传·襄公》。其末曰"兽臣司原，敢告仆夫"②，意以兽臣有司郊原之责③,吾不敢直告之,但告其仆耳。扬子云仿之作《州箴》:《冀州》曰:"牧臣司冀,敢告在阶④。"《扬州》曰:"牧臣司扬,敢告执筹⑤。"《荆州》曰:"牧臣司荆,敢告执御⑥。"《青州》曰:"牧臣司青,敢告执矩⑦。"《徐州》曰:"牧臣司徐,敢告仆夫。"余之"敢告马走",即此类也。走,犹仆也。见司马迁《任安书》注、班固《宾戏》注⑧。朱子作《敬箴》⑨,曰"敢告灵台"⑩,则非仆御之类,于古人微有歧误矣⑪。凡箴以官箴为本⑫,如韩公《五箴》、程子《四箴》、朱子各箴、范浚《心箴》之属⑬,皆失本义,余亦相沿失之。

【注释】

①《五箴》:曾国藩甲辰年(道光二十四年,1844)春所作。分别为:《立志箴》《居敬箴》《主静箴》《谨言箴》《有恒箴》。敢告马走:是曾国藩所作《五箴》之《有恒箴》最末一句。马走,马夫,马卒。

②兽臣:主管田猎的官。仆夫:驾驭车马之人。《诗经·小雅·出车》:"召彼仆夫,谓之载矣。"毛传:"仆夫,御夫也。"《文选·张衡〈思玄赋〉》:"仆夫俨其正策兮,八乘摅而超骧。"旧注:"仆夫,谓御车人也。"后泛指供役使的人,即仆人。

③有司郊原之责:有管理郊野荒原的责任。司,管理。

④在阶:指具体办事的仆从。因身份地位较低,立在阶前。

⑤执筹:指具体办事的仆从。筹,以木或象牙等制成的小棍儿或小片儿,用来计数或作为领取物品的凭证。

⑥执御:指具体办事的仆从。御,本义为驾车,引申为掌事。

⑦执矩:指具体办事的仆从。矩,是矩尺,画直角或方形的工具。

⑧司马迁《任安书》注:指《文选》司马迁《报任少卿书》李善注。《报任少卿书》以"太史公牛马走司马迁再拜言"开篇,唐李善注:"太

史公，迁父谈也。走，犹仆也。言己为太史公掌牛马之仆，自谦之辞也。"班固《宾戏》注：指《文选》班固《答宾戏》李善注。《答宾戏》以"走亦不任厕技于彼列，故密尔自娱于斯文"结尾，唐李善注引汉服虔曰："走，孟坚自谓也。"

⑨《敬箴》：即朱子所作《敬斋箴》。

⑩敢告灵台：朱子《敬斋箴》以"墨卿司戒，敢告灵台"结尾。灵台，指心。《庄子·庚桑楚》："不可内于灵台。"晋郭象注："灵台者，心也。"《文选·刘孝标〈广绝交论〉》："寄通灵台之下，遗迹江湖之上。"唐李善注："寄通神于心府之下，遗迹相忘于江湖之上也。"

⑪歧误：歧异、差误。

⑫官箴：谓百官对帝王进行劝诫。《左传·襄公四年》："昔周辛甲之为大史也，命百官，官箴王阙。"晋杜预注："阙，过也。使百官各为箴辞，戒王过。"箴，作为文体，以官箴为本色。

⑬韩公《五箴》：指唐韩愈在贞元二十一年(805)谪居阳山时所作的五篇自戒箴词，分别为《游箴》《言箴》《行箴》《好恶箴》《知名箴》。程子《四箴》：宋代大儒程颐据《论语》"非礼毋视，非礼毋听，非礼毋言，非礼毋动"所作四篇箴词，分别为《视箴》《听箴》《言箴》《动箴》。朱子各箴：指朱子所作各篇箴词，有《敬斋箴》《调息箴》。范浚《心箴》：指宋儒范浚所作《心箴》。其文曰："茫茫堪舆，俯仰无垠。人于其间，渺然有身。是身之微，太仓稊米。参为三才，曰唯心耳。往古来今，孰无此心。心为形役，乃兽乃禽。唯口耳目，手足动静。投闲抵隙，为厥心病。一心之微，众欲攻之。其与存者，呜呼几稀！君子存诚，克念克敬。天君泰然，百体从令。"范浚(1102—1150)，字茂明，宋婺州兰溪(今属浙江金华)人。终生隐居，以讲学为业，世称"香溪先生"。朱子对范浚推崇备至，曾为其作《范香溪先生小传》，并将《心箴》辑入《孟子集注》

（《告子上》"公都子问曰钧是人也"章）。明嘉靖皇帝曾为范浚《心箴》专门作注。

【译文】

你问的各条，我分列于下，指示告知：

你问到我写的《五箴》篇的末尾一句"敢告马走"。凡是箴，以《虞箴》为最古，见《左传·襄公》。它的末尾是"兽臣司原，敢告仆夫"，意思是猎官有管理郊野荒原的责任，我不敢直接告诉他，只敢告诉他的仆人。扬子云仿照《虞箴》而作《十二州箴》：《冀州箴》末尾说："牧臣司冀，敢告在阶。"《扬州箴》末尾说："牧臣司扬，敢告执筹。"《荆州箴》末尾说："牧臣司荆，敢告执御。"《青州箴》末尾说："牧臣司青，敢告执矩。"《徐州箴》末尾说："牧臣司徐，敢告仆夫。"我写的"敢告马走"，就是这类。走，也就是仆人的意思。见《文选》中，司马迁《报任安书》、班固《答宾戏》的李善注。朱子作《敬斋箴》，说"敢告灵台"，那就不是仆从这类了，和古人稍有差误。凡是"箴"这一文体，以官箴为本色，韩愈的《五箴》、程子的《四箴》、朱子的各篇箴、范浚的《心箴》，这类的都失去了作"箴"的本义，我也是沿袭这一传统而失去了作"箴"的本义。

尔问看注疏之法，"《书经》文义奥衍①，注疏勉强牵合"，二语甚有所见。《左》疏浅近，亦颇不免。国朝如王西庄鸣盛、孙渊如星衍、江艮庭声皆注《尚书》，顾亭林炎武、惠定宇栋、王伯申引之皆注《左传》②，皆刻《皇清经解》中。《书经》则孙注较胜，王、江不甚足取。《左传》则顾、惠、王三家俱精。王亦有《书经述闻》，尔曾看过一次矣。大抵《十三经注疏》以"三礼"为最善，《诗》疏次之。此外皆有醇有驳③。尔既已看动数经，即须立志全看一过，以期作事有恒，不可半途而废。

【注释】

①奥衍：谓文章内容精深博大。《新唐书·韩愈传》：“其《原道》《原性》《师说》等数十篇，皆奥衍闳深，与孟轲、扬雄相表里而佐佑‘六经’云。”宋秦观《李状元墓志铭》：“其词奥衍，有汉唐遗风。”

②惠定宇：惠栋（1697—1758），字定宇，号松崖，清元和（今江苏苏州）人。惠士奇子。诸生。专治经学，传祖与父之学，宗汉儒旧说，奠定吴派经学基础。以为诸经传注，汉人之说俱在，惟《周易》独否，故搜集旧说，成《易汉学》《周易述》《易例》三书，另有《九经古义》《明堂大道录》《后汉书补注》《太上感应篇注》《山海经训纂》《松崖文钞》等。

③有醇有驳：有精纯之处，亦有驳杂之处。

【译文】

你问看经书注疏的方法，“《尚书》文义博大精深，注疏太过勉强附会”，这两句话很有见地。《左传》的疏浅近，也免不了这毛病。本朝如王西庄王鸣盛、孙渊如孙星衍、江艮庭江声等都注过《尚书》，顾亭林顾炎武、惠定宇惠栋、王伯申王引之都注过《左传》，都刻在《皇清经解》里。《尚书》，孙渊如的注较好，王西庄和江艮庭的注不太可取。《左传》的注，顾亭林、惠定宇、王伯申三家都很精深。王伯申也有《书经述闻》，你曾经看过一次的。大抵《十三经注疏》，以“三礼”注疏最好，《诗经》注疏其次。其馀，都有好有坏。你既然已经看动了好几经，就应立志全看一遍，争取做到做事有恒心，不能半途而废。

　　尔问作字换笔之法，凡转折之处，如 ㄱ ㄱ ㄴ ㄴ 之类，必须换笔，不待言矣。至并无转折形迹，亦须换笔者：如以一横言之，须有三换笔；∾∾ 初入手，所谓“直来横受”也。右向上行，所谓“勒”也。中折而下行，所谓“波”也。末向上挑，所谓

"磔"也①。以一直言之，须有两换笔；🖊首横入②，所谓"横来直受"也。上向左行，至中腹换而右行，所谓"努"也。捺与横相似，特末笔磔处更显耳；〰直入—波—磔。撇与直相似，特末笔更撇向外耳。🖊横入—停—掠。凡换笔，皆以小圈识之，可以类推。凡用笔，须略带欹斜之势，如本斜向左，一换笔则向右矣；本斜向右，一换则向左矣。举一反三，尔自悟取可也。

【注释】

①"初入手"八句：传忠书局刻本为双行小字，语序颠倒，今据手迹改正。

②首横入：传忠书局刻本误作"直横入"，今据手迹改正。

【译文】

你问写字换笔的方法，凡是有转折的地方，如 ７ ７ Ｌ Ｌ 之类，必须换笔，这是不用说的。至于那些没有明显转折形迹，也要换笔的地方：如以一横而言，要换三次笔；〰 刚下笔，是所谓的"直来横受"。继续右向上行，是所谓的"勒"。继续中折而下行，是所谓的"波"。末笔向上挑，是所谓的"磔"。以一直而言，要换两次笔；🖊 先横入，是所谓的"横来直受"。继而上向左行，到中腹位置换而右行，是所谓的"努"。捺与横相似，只是末笔磔处更明显；〰 直入—波—磔。撇与直相似，只是末笔更撇向外。🖊横入—停—掠。凡是该换笔的地方，我都用小圈标出来，可以类推。凡是用笔，要稍带倾斜的姿态，例如本来是斜向左，一换笔就向右了；本来斜向右，一换笔就向左了。举一反三，你自己理解体会即可。

李春醴处①，余拟送之八十金。若家中未先送，可寄信来。凡家中亲友有庆吊事，皆可寄信由营致情也②。

【注释】

①李春醴(？—1859)：李维醇，字春醴，清顺天府大兴(今北京大兴)人。道光十五年(1835)进士。咸丰二年(1852)任山东沂州府知府，咸丰五年(1855)任湖南衡永郴桂道道台，咸丰九年(1859)七月卒于衡州任上，曾国藩遣人吊祭，并送赙银八十两。

②致情：(赠送财物)表达情意。

【译文】

李春醴处赙仪，我打算送八十两银子。如果家里没有先送过去，可寄信来营。凡是家中亲友有婚庆吊丧之类的事情，都可以寄信到大营，由我这边送礼。

咸丰九年九月二十四日

字谕纪泽：

廿一日得家书，知尔至长沙一次，何不寄安禀来营？

【译文】

写给纪泽：

二十一日收到家书，知道你去了一次长沙，为什么不寄信来大营呢？

婚期改九月十六，余甚喜慰。余老境侵寻①，颇思将儿女婚嫁早早料理。袁漱六亲家患喀血疾②，昨专人走松江看视③，若得复元，吾即思明春办大女儿嫁事。袁铁庵来我家时④，尔禀问母亲，可以吾意商之。

【注释】

①侵寻：渐进，渐次发展。《史记·孝武本纪》："是岁，天子始巡郡县，侵寻于泰山矣。"南朝宋裴骃《集解》引晋灼曰："遂往之意也。"唐司马贞《索隐》："小颜云：'浸淫渐染之义。'盖'寻''淫'声相近，假借用耳。"

②袁漱六亲家：指袁芳瑛。曾国藩长女曾纪静许配袁芳瑛之子袁秉桢为妻。袁芳瑛(1814—1859)，字漱六，清湖南湘潭人。著名藏书家。道光二十五年(1845)进士。官至松江知府。喀血：呕血，吐血。

③松江：州府名。元代始设，清属江苏。地当今上海苏州河以南地区，府治(衙门)在今上海松江区中山街道松江二中附近。

④袁铁庵：曾国藩亲家袁芳瑛之弟袁万瑛，号铁庵。

【译文】

大姐的婚期改在九月十六，我很欢喜欣慰。我一天天渐入老境，很想将儿女婚嫁之事早早料理。袁漱六亲家患喀血病，我日前派专人到松江府去看视，如果他身体复原，我想就在明年春天办大姐出嫁的事。袁铁庵来我家时，你可以向你母亲请示，将我的意思和母亲商量。

京中书到时，有胡刻《通鉴》一部①，留家中讲解，即将吾圈过一部寄来营可也。又，汲古阁初印《五代史》一部亦寄来②。

【注释】

①胡刻《通鉴》：指清人胡克家所刻《资治通鉴》。

②汲古阁：明清之际著名藏书家、刻书家毛晋的藏书处。所藏多宋元刻本，其"影宋钞"为天下所重，曾延请名士校刻《十三经》《十七史》等巨著，为历代私家刻书之最。

【译文】

京城的书寄到时,有胡克家刻本《资治通鉴》一部,留在家里讲解用,将我圈点过的那一部寄来大营就可以。另,汲古阁初印本《五代史》一部也寄过来。

皮衣等件,速速寄来。吾买帖数十部,下次寄尔。此谕。

【译文】

皮衣等物件,快快寄来。我买了数十部字帖,下次寄给你。就说这些。

咸丰九年十月十四日

字谕纪泽儿:

接尔十九、二十九日两禀,知喜事完毕,新妇能得尔母之欢①,是即家庭之福。

【注释】

①新妇:新娘子。亦指媳妇。此指曾纪泽继室刘氏,乃刘蓉之女。

【译文】

写给纪泽儿:

接到你十九、二十九日两封信,知道喜事已经完毕,新妇能得你母亲的欢喜,这即是家庭之福。

　　我朝列圣相承①，总是寅正即起②，至今二百年不改。我家高曾祖考相传早起③。吾得见竟希公、星冈公皆未明即起④，冬寒起坐约一个时辰，始见天亮。吾父竹亭公，亦甫黎明即起⑤，有事则不待黎明，每夜必起看一二次不等，此尔所及见者也。余近亦黎明即起，思有以绍先人之家风⑥。尔既冠授室⑦，当以早起为第一先务，自力行之，亦率新妇力行之。

【注释】

①列圣：指历代帝王，诸皇帝。

②寅正：寅时。

③高曾祖考：指高祖、曾祖、祖父和(已故的)父亲。

④竟希公：曾国藩曾祖父曾衍胜(1743—1816)，号竟希。星冈公：曾国藩祖父曾玉屏(1774—1849)，号星冈。

⑤甫：方，才。

⑥绍：继承。

⑦既冠：指已成年。古代男子二十岁行加冠礼，表示已成年。授室：语本《礼记·郊特牲》："舅姑降自西阶，妇降自阼阶，授之室也。"唐孔颖达疏："舅姑从宾阶而下，妇从主阶而降，是示授室与妇之义也。"本谓把家事交给新妇，后以"授室"指娶妻。

【译文】

　　我朝历代君上传下来的习惯，总是寅时就起床，至今二百年不改。我家高祖、曾祖、祖父及先父传下来的也是早起的习惯。我目睹竟希公、星冈公都是天未明就起床，寒冬时节起来坐上一个时辰左右，天才亮。我父竹亭公，也是刚黎明就起，如果有事那就不等到黎明就起，每天夜里一定起身看一二次时辰不等，这是你目睹的。我近来也是黎明就起，希望能够继承先人传下的家风。你既已成家，应当以早起为第一要紧的事，自己身体力行，也带领新妇努力去做。

余生平坐无恒之弊①，万事无成，德无成，业无成，已可深耻矣。逮办理军事②，自矢靡他③，中间本志变化，尤无恒之大者，用为内耻④。尔欲稍有成就，须从"有恒"二字下手。

【注释】

①坐：因为。

②逮：等到。

③自矢靡他：语本《诗经·鄘风·柏舟》："之死矢靡它。"毛传："矢，誓。靡，无。之，至也。至己之死，信无它心。"意谓自誓不改初心。他，亦写作"它"。

④用：以。内耻：自己内心的耻辱。

【译文】

我这辈子因为没恒心的毛病，一事无成，道德方面没有成就，学问事业也没有成就，已经是很大的耻辱了。等到出面办理军事，自己发誓再无二心，中间读书做学问的志向发生变化，这是最最没恒心的，内心深以为耻。你想要稍稍有所成就，必须从"有恒"二字下手。

余尝细观星冈公仪表绝人，全在一"重"字①。余行路容止亦颇重厚②，盖取法于星冈公。尔之容止甚轻③，是一大弊病，以后宜时时留心。无论行坐，均须重厚。早起也，有恒也，重也，三者皆尔最要之务。早起是先人之家法，无恒是吾身之大耻，不重是尔身之短处，故特谆谆戒之④。

【注释】

①重:稳重。

②容止:仪容举止。《左传·襄公三十一年》:"周旋可则,容止可观。"

③轻:轻浮,不稳重。

④谆谆:反复告诫、再三叮咛貌。《诗经·大雅·抑》:"诲尔谆谆,听我藐藐。"朱子《集传》:"谆谆,详熟也。"

【译文】

我曾经仔细观察星冈公仪表超过普通人的地方,完全是因为稳重。我走路和仪容举止也稳重,就是向星冈公学习的。你仪容举止很不稳重,是一个大毛病,以后应时时留心。不管是走还是坐,都要稳重。早起,有恒,稳重,这三样都是你最要紧的事务。早起是先人传下来的家法,没恒心是我的大耻辱,不稳重是你的短处,所以要专门谆谆教诲你。

吾前一信,答尔所问者三条,一字中换笔,一"敢告马走",一注疏得失,言之颇详。尔来禀何以并未提及? 以后凡接我教尔之言,宜条条禀复,不可疏略①。

【注释】

①疏略:疏漏忽略。

【译文】

我前一封信,答复你所问的三条,一是讲字中如何换笔,一是探讨"敢告马走",一是讨论经书注疏得失,讲得很详细。你来信为什么并没有提及? 以后凡是接到我教你的信,应条条回复,不能忽略。

此外教尔之事,则详于寄寅皆先生"看、读、写、作"一缄中矣。此谕。

【译文】

此外教你的事情，都详细写在寄邓寅皆先生谈"看、读、写、作"一信中了。就说这些。

咸丰十年闰三月初四日

字谕纪泽：

初一日接尔十六日禀，澄叔已移寓新居，则黄金堂老宅^①，尔为一家之主矣。

【注释】

①黄金堂：湘乡曾府宅第名，与白玉堂同为老宅。在今湖南双峰荷叶镇良江村下腰里。曾国潢咸丰十年（1860）移居上腰里修善堂，黄金堂留给曾国藩一家居住。

【译文】

写给纪泽：

初一日接到你十六日的信，澄侯叔已移寓新居，那黄金堂老宅，你就是一家之主了。

昔吾祖星冈公最讲治家之法：第一起早，第二打扫洁净，第三诚修祭祀，第四善待亲族邻里：凡亲族邻里来家，无不恭敬款接^①，有急必周济之，有讼必排解之^②，有喜必庆贺之，有疾必问，有丧必吊。此四事之外，于读书、种菜等事，尤为刻刻留心。故余近写家信，常常提及书、蔬、鱼、猪四端者,盖祖父相传之家法也。

【注释】

①款接:款待。

②讼:纠纷,争讼。

【译文】

从前我祖父星冈公最讲治家的方法:第一起早,第二打扫洁净,第三虔诚做好祭祀,第四善待亲族邻里:凡亲族邻里来家里,没有不恭敬接待的,有急用钱的一定周济他,有纠纷的一定为他排解,有喜庆之事的一定祝贺他,有病的一定慰问他,有丧事的一定吊唁。这四件事之外,对读书、种菜等事,尤其时时留心。所以我近来写家信,常常提到书、蔬、鱼、猪这四件事,因为这是祖父传下来的家法。

　　尔现在读书无暇,此八事纵不能一一亲自经理,而不可不识得此意。请朱运四先生细心经理①,八者缺一不可。其诚修祭祀一端,则必须尔母随时留心,凡器皿第一等好者留作祭祀之用,饮食第一等好者亦备祭祀之需。凡人家不讲究祭祀,纵然兴旺,亦不久长。至要至要!

【注释】

①朱运四:湘乡曾府黄金堂管家。

【译文】

你现在读书没有闲暇,这八件事即使不能一一亲自经理,但不能不晓得这个意思。请朱运四先生细心经理,八者缺一不可。虔诚做好祭祀这一样,必须由你母亲随时留心,凡是最好的器皿留做祭祀之用,凡是最好的饮食也备祭祀之需。凡是不讲究祭祀的人家,即使兴旺,也不长久。要紧要紧！

　　尔所论看《文选》之法，不为无见。吾观汉魏文人，有二端最不可及：一曰训诂精确，二曰声调铿锵。

【译文】

　　你所谈论的看《文选》的方法，不是没有见地。我看汉魏文人，有两样最不可及：一是训诂精确，二是声调铿锵。

　　《说文》训诂之学，自中唐以后，人多不讲。宋以后说经，尤不明故训。及至我朝巨儒，始通小学。段茂堂、王怀祖两家，遂精研乎古人文字声音之本，乃知《文选》中古赋所用之字，无不典雅精当。尔若能熟读段、王两家之书，则知眼前常见之字，凡唐宋文人误用者，惟"六经"不误，《文选》中汉赋亦不误也。即以尔禀中所论《三都赋》言之，如"蔚若相如，皭若君平"①，以一"蔚"字该括相如之文章②，以一"皭"字该括君平之道德，此虽不尽关乎训诂，亦足见其下字之不苟矣。

【注释】

①蔚若相如，皭（jiào）若君平：晋左思《三都赋》之《蜀都赋》中语。相如，指西汉辞赋大家司马相如。君平，指严君平。唐李善注《文选·三都赋》曰："相如，司马长卿也。君平，严遵也……皆蜀人。君平作《老子指归》。"严遵，字君平，西汉蜀郡人。成帝时，卖卜于成都市，依著龟，与人言利害，得百钱足自养，则闭肆下帘

读《老子》，一生不仕。扬雄少年时从之学。年九十馀卒。著有
《道德真经指归》(《隋书·经籍志》作《老子指归》)，现仅存七卷。
蔚，本义为草木茂盛，引申为有文采。皭，洁白，洁净。唐李善注
《文选·三都赋》："《史记》曰：'屈原浮游于尘埃之外，皭然泥而
不滓者也。'徐广曰：'皭，疏净之貌也。'"

②该括：概括。

【译文】

《说文》训诂之学，自中唐以后，人们多不讲究。宋以后解说经书，
尤其不明白古人的训释。等到我朝大儒，才开始精通文字音韵之学。
段茂堂、王怀祖两家，于是精研古人文字声音的本源，我们才知道《文
选》中古赋所用的字，没有不典雅精当的。你如果能熟读段、王两家之
书，就知道眼前常见的字，凡是唐宋文人误用的，只有"六经"不误，《文
选》中汉赋也不误。就以你信中所谈论的《三都赋》来说，如"蔚若相如，
皭若君平"，用一个"蔚"字概括司马相如的文章，用一个"皭"字概括严
君平的道德，这虽然不尽和训诂相关，也足见他用字一丝不苟。

　　至声调之铿锵，如"开高轩以临山，列绮窗而瞰江"①，
"碧出苌弘之血，鸟生杜宇之魄"②，"洗兵海岛，刷马江洲"③，
"数军实乎桂林之苑，飨戎旅乎落星之楼"等句④，音响节奏，
皆后世所不能及。尔看《文选》，能从此二者用心，则渐有入
理处矣⑤。

【注释】

①开高轩以临山，列绮窗而瞰江：唐李善注《文选·三都赋》之《蜀
都赋》曰："高轩，堂左右长廊之有窗者。张载《鲁灵光殿赋注》
曰：'轩槛，所以开明也。'古诗曰：'交疏结绮窗。'"

②碧出苌弘之血，鸟生杜宇之魄：唐李善注《文选·三都赋》之《蜀都赋》曰："庄周曰：'苌弘死于蜀，藏其血，三年化为碧。'《蜀记》曰：'昔有人姓杜，名宇。王蜀，号曰望帝。宇死，俗说云，宇化为子规。子规，鸟名也。蜀人闻子规鸣，皆曰望帝也。'"苌弘，亦作"苌宏"，字叔，又称"苌叔"。周景王、敬王时刘文公所属大夫。刘氏与晋范氏世为婚姻，在晋卿内讧中，由于帮助了范氏，晋卿赵鞅为此声讨，苌弘因此被杀。传说死后三年，其血化为碧玉。事见《左传·哀公三年》。《庄子·外物》："人主莫不欲其臣之忠，而忠未必信，故伍员流于江，苌弘死于蜀，藏其血三年，化而为碧。"后亦用以借指屈死者的形象。杜宇，传说中古代蜀王，死后化为杜鹃鸟。据《成都记》载："杜宇，又曰'杜主'，自天而降，称望帝，好稼穑，治郫城。后望帝死，其魂化为鸟，名曰杜鹃。"

③洗兵海岛，刷马江洲：唐李善注《文选·三都赋》之《魏都赋》曰："魏武《兵接要》曰：'大将将行，雨濡衣冠，是谓洗兵。'刷，犹饮也，所劣切。刘劭《七华》曰：'漱马河源，游目昆仑。'"

④数军实乎桂林之苑，飨(xiǎng)戎旅乎落星之楼：唐李善注《文选·三都赋》之《吴都赋》曰："吴有桂林苑、落星楼，楼在建邺东北十里。《左传》曰：'以数军实。'《外传》曰：'射(榭)不过讲军实。'郑氏曰：'军所以讨获曰实。'"军实，指军用器械和粮饷。《左传·宣公十二年》："在军，无日不讨军实而申儆之。"晋杜预注："军实，军器。"可指战果。《左传·僖公三十三年》："武夫力而拘诸原，妇人暂而免诸国，堕军实而长寇雠，亡无日矣。"杨伯峻注："军实指秦囚。"《周书·萧詧传》："俘囚士庶，并为军实。"亦指兵戎之事。《国语·楚语上》："榭不过讲军实，台不过望氛祥。"三国吴韦昭注："军实，戎事也。"飨戎旅，以酒食慰劳军队。

⑤入理：领悟道理。

【译文】

　　至于声调的铿锵,如"开高轩以临山,列绮窗而瞰江","碧出苌弘之血,鸟生杜宇之魄","洗兵海岛,刷马江洲","数军实乎桂林之苑,艟戎旅乎落星之楼"等句,音响节奏,都是后世文章所比不上的。你看《文选》,如果能从这两方面用心,那就渐渐有所领悟。

　　作梅先生想已到家①,尔宜恭敬款接。沅叔既已来营,则无人陪往益阳,闻胡宅专人至吾乡迎接②,即请作梅独去可也。尔舅父牧云先生③,身体不甚耐劳,即请其无庸来营。吾此次无信,尔先致吾意,下次再行寄信。此嘱。

【注释】

①作梅:陈鼐(1813—1872),字作梅,号竹湄,清江苏溧阳人。道光二十七年(1847)丁未科进士,与李鸿章、郭嵩焘、帅远燡并称"丁未四君子"。咸丰九年(1859)底入曾国藩幕,任职于秘书处,后又委办粮台事务。同治年间,官至直隶清河道。卒于任,附祀直隶曾国藩专祠。

②胡宅:指胡林翼宅。

③牧云:曾国藩妻兄欧阳柄铨,字牧云。

【译文】

　　陈作梅先生想来已到我家,你要恭敬款待。你沅甫叔既然已经来大营,那就没人陪他去益阳了,听说胡家派专人来我乡迎接,那就请陈作梅一个人去也可以。你舅父欧阳牧云先生,身子骨不太耐劳,就请他不必来大营了。我这次没有信给他,你先代为表达我的意思,下次我再写信寄给他。特此嘱咐。

咸丰十年四月初四日

字谕纪泽：

　　二十七日刘得四到^①，接尔禀。所谓论《文选》俱有所得^②，问小学亦有条理，甚以为慰。

【注释】

　　①刘得四：送信长夫名。

　　②"所谓"句："谓"字似衍。

【译文】

写给纪泽：

　　二十七日刘得四到大营，接到你的信。你所谈论《文选》的话都有心得，就文字音韵方面提问也很有条理，我很欣慰。

　　沅叔于二十七到宿松，初三日由宿至集贤关^①，将尔禀带去矣。余不能悉记，但记尔问"穜""種"二字。此字段茂堂辨论甚晰。"穜"为艺也^②，犹吾乡言栽也、点也、插也。"種"为后熟之禾。《诗》之"黍稷重穋"，《七月》《閟宫》。《说文》作"種穋"。種，正字也；重，假借字也；"穋"与"稑"，异同字也。隶书以"穜""種"二字互易，今人于"耕穜"，概用"種"字矣。

【注释】

　　①集贤关：地名。在今安徽安庆市区。咸丰年间，湘军与太平军曾

　　在此激战。

②艺:种植。

【译文】

　　你沅甫叔于二十七日到宿松,初三日由宿松到安庆集贤关,将你的信带去了。你信的内容我不能都记得,只记得你问"種""種"二字。这二字,段茂堂辨析得最明白。"種"就是艺,就好比我们家乡说栽、说点、说插。"種"是晚熟的庄稼。《诗经》的"黍稷重穋",见《豳风·七月》《鲁颂·閟宫》篇。《说文解字》写作"種稑"。"種",是本字;"重",是假借字;"穋"和"稑",是异体字。隶书将"種""種"二字互相调换,今人于"耕種",一概用"種"字了。

　　吾于训诂、词章二端,颇尝尽心。尔看书若能通训诂,则于古人之故训大义、引伸假借渐渐开悟①,而后人承讹袭误之习可改②;若能通词章,则于古人之文格文气、开合转折渐渐开悟③,而后人硬腔滑调之习可改④。是余之所厚望也。

【注释】

①引伸:亦可写作"引申"。语本《周易·系辞上》:"引而伸之,触类而长之,天下之能事毕矣。"意为延展推广,指由一事一义推延而及他事他义。后成为语言文字学专门术语,指词语由本义引申而成的新义。清江藩《经解入门·说经必先通训诂》:"字有义,义不一。有本义,有引申义,有通借义。"假借:语言文字学专门术语,"六书"之一。谓本无其字而依声托事。汉许慎《说文解字叙》:"假借者,本无其字,依声托事,'令''长'是也。"清段玉裁注:"如汉人谓县令曰令、长……'令'之本义发号也,'长'之本义久远也。'县令''县长'本无字,而由发号、久远之义,引申展转

而为之,是谓假借。"

②承讹袭误:沿袭前人错误。

③文格文气:文章的气格。指诗文的气韵和风格。唐皎然《诗式·
邺中集》:"语与兴驱,势逐情起,作不由意,气格自高。"《旧唐
书·韩愈传》:"常以为自魏晋已还,为文者多拘偶对,而经诰之
指归,迁、雄之气格,不复振起矣。"开合:分合。指诗文结构的铺
展、收合等变化。清沈德潜、周准《明诗别裁集·李梦阳》:"七言
近体,开合动荡,不拘故方,准之杜陵,几于具体。"

④硬腔:腔调生硬。滑调:走调。

【译文】

我对训诂和词章两方面,曾经很用心。你看书如果能通训诂,那对
古人的旧训大义以及引申、假借的用法,便能渐渐有所领悟,就可以改
正后人以讹传讹的坏习气;如果能通词章,那对古人的文章气格及起承
转合的章法,便能渐渐有所领会,就可以改正后人腔调生硬不正的怪习
惯。这是我对你的厚望。

嗣后尔每月作三课,一赋、一古文、一时文,皆交长夫带
至营中。每月恰有三次长夫接家信也。

【译文】

以后你每月作三个练习,一篇赋、一篇古文、一篇时文,都交给长夫
带到大营。每月恰好有三次长夫去接家信。

吾于尔有不放心者二事:一则举止不甚重厚,二则文气
不甚圆适①。以后举止留心一"重"字,行文留心一"圆"字。
至嘱。

【注释】

①圆适：圆融、恰当。

【译文】

我对你有两件事不放心：一是举止不太稳重，二是文气不太圆融。以后你举止要留心一个"重"字，行文要留心一个"圆"字。郑重嘱咐。

咸丰十年四月二十四日

字谕纪泽：

十六日接尔初二日禀并赋二篇，近日大有长进，慰甚。

【译文】

写给纪泽：

十六日接到你初二日的信和两篇赋，你近日文才大有长进，我很欣慰。

无论古今何等文人，其下笔造句，总以"珠圆玉润"四字为主①。无论古今何等书家，其落笔结体，亦以"珠圆玉润"四字为主。故吾前示尔书，专以一"重"字教尔之短，一"圆"字望尔之成也。

【注释】

①珠圆玉润：像珠子一样圆，像玉一样温润。形容文词圆熟流畅。清周济《介存斋论词杂著》："北宋词多就景叙情，故珠圆玉润，四照玲珑。"亦可形容字体、歌声等。

【译文】

不管古今哪个文人,他下笔造句,总是以"珠圆玉润"四字为主。不管古今哪个书法家,他下笔写字,也以"珠圆玉润"四字为主。所以我前此给你的信,专门以一个"重"字教诲你在言行上的不足,一个"圆"字期望你在文章上有所成就。

世人论文家之语圆而藻丽者,莫如徐陵、庾信①,而不知江淹、鲍照则更圆②,进之沈约、任昉则亦圆③,进之潘岳、陆机则亦圆④。又进而溯之东汉之班固、张衡、崔骃、蔡邕则亦圆⑤,又进而溯之西汉之贾谊、晁错、匡衡、刘向则亦圆⑥。至于马迁、相如、子云三人⑦,可谓力趋险奥⑧,不求圆适矣,而细读之,亦未始不圆。至于昌黎,其志意直欲陵驾子长、卿、云三人⑨,戛戛独造⑩,力避圆熟矣;而久读之,实无一字不圆,无一句不圆。

【注释】

①徐:徐陵(507—583),字孝穆,南朝东海郯县(今山东郯城)人。八岁能文,及长,博涉史籍,初仕梁为通直散骑常侍。梁武帝太清二年(548),使魏,值侯景之乱,七年不得归。后归陈,官至吏部尚书、太子少傅。其诗歌骈文辞藻绮丽,与庾信齐名。世称"徐庾体"。有《徐孝穆集》。另编有《玉台新咏》。庾:庾信(513—581),字子山,南北朝时南阳新野(今属河南)人。庾肩吾子。仕梁起家湘东国常侍,累官右卫将军,封武康县侯。侯景陷建康时,庾信奔江陵,奉使聘问西魏,被留不返。进车骑大将军、仪同三司。入周,封临清县子。明帝、武帝皆好文学,并恩礼之。累迁骠骑大将军、开府仪同三司,世称"庾开府"。官至司宗中大

夫,以疾去职。庾信文藻绮艳,与徐陵齐名,世称"徐庾体"。有《庾子山集》。

②江、鲍:江淹、鲍照。见前注。

③沈:沈约(441—513),字休文,南朝吴兴武康(今浙江德清)人。历仕宋、齐、梁三代,在梁代官至尚书令,封建昌县侯。后触怒武帝,受谴,忧虑而卒。死后谥号为隐。在诗的声律上创"四声""八病"之说,对古体诗向律诗的转变起了重要作用。所著《宋书》为"二十四史"之一。明人辑有《沈隐侯集》。任:任昉(460—508),字彦升,南朝乐安博昌(今山东寿光)人。初仕宋为丹阳尹主簿。入齐,为奉朝请,举秀才,拜太学博士,官至司徒右长史。曾与萧衍(梁武帝)等同为竟陵王萧子良西邸八友。萧衍克建邺,以为骠骑记室参军,专主文翰。梁代齐,禅让文诰,多出任昉之手。入梁,历仕黄门侍郎、御史中丞、秘书监,雠校秘阁四部书,确定篇目。后出任新安太守。任昉不事生产,家贫,聚书万馀卷,多异本。以文才见知,时与沈约诗并称"任笔沈诗"。今存《任彦升集》辑本。

④潘:潘岳(247—300),字安仁,西晋荥阳中牟(今河南中牟)人。少年时代即被世人誉为奇童。早辟司空太尉府。举秀才。出为河阳令,转怀县令。杨骏辅政时,引为太傅主簿。杨骏被诛,除名。后累迁为给事黄门侍郎。性轻躁趋利,谄事贾谧,为"二十四友"之首。赵王司马伦执政,潘岳与赵王伦亲信孙秀有宿怨,秀诬以谋反诛之。潘岳善诗赋,是西晋文坛代表作家。与陆机齐名,有"潘江陆海"之称。今存《潘黄门集》辑本。陆:陆机(261—303),字士衡,西晋吴郡吴县(今江苏苏州)人。其祖父陆逊、父亲陆抗,皆为东吴名臣。少领父兵为牙门将。吴亡,退居勤学,作《辩亡论》。晋武帝太康末,与弟陆云入洛,文才倾动一时。仕晋,曾官平原内史,故世称"陆平原"。晋惠帝太安二年

(303)，任后将军、河北大都督，率军讨伐长沙王司马乂，兵败被谗，为成都王司马颖所杀。有《陆士衡集》。陆机诗重藻绘排偶，骈文亦佳，是西晋太康时期文坛代表人物。

⑤班：班固（32—92），字孟坚，东汉扶风安陵（今陕西咸阳东北）人。所著《汉书》，是继《史记》之后中国古代又一部重要史书。班固还是"汉赋四大家"之一，《两都赋》开创了京都赋的范例，列入《文选》第一篇。班固还编撰有《白虎通义》，集经学之大成。张：张衡（78—139），字平子，东汉南阳（今属河南）人。少善属文，通"五经"，贯六艺，尤致思于天文、阴阳、历算。安帝时征拜郎中，迁太史令。顺帝初，复为太史令。后迁侍中。永和初，出为河间相，整法令，有政绩。征拜尚书，卒。创制世界最早以水力转动之浑天仪，并于阳嘉元年（132）制造测定地震之候风地动仪。所著《灵宪》，力图解答天地起源演化，又用距离变化解释行星运行迟疾。又于中国历史上首次正确解释月蚀原因，指出月光为日光之反照。和帝永元间（89—105）作《东京赋》《西京赋》，后又有《思玄赋》等。有辑本《张河间集》。崔：崔骃（？—92），字亭伯，东汉涿郡安平（今河北安平）人。博学通经，善为文，少游太学，与班固、傅毅齐名。尝拟扬雄《解嘲》作《达旨》。和帝时窦宪为车骑将军，辟为掾。窦宪擅权骄恣，崔骃数谏不听。出为长岑长，不赴而归。明人辑有《崔亭伯集》。蔡：蔡邕（132—192），字伯喈，东汉陈留圉（今河南开封）人。少博学，好词章、数术、天文，妙操音律。灵帝时辟司徒桥玄府。任郎中，校书东观，迁议郎。熹平四年（175）与堂溪典等奏定"六经"文字，自书于碑，使工镌刻，立太学门外，世称"熹平石经"。后以上书论朝政缺失，为中常侍程璜陷害，流放朔方。遇赦后，复遭宦官迫害，亡命江海十馀年。董卓专权，召为祭酒，迁尚书，拜左中郎将，封高阳乡侯。卓诛，为司徒王允所捕，自请黥首刖足，续成汉史，不许，死

狱中。有《蔡中郎集》，已佚，今存辑本。

⑥贾：贾谊（前200—前168），世称贾生。曾谪为长沙王太傅，故后世亦称"贾长沙""贾太傅"，西汉初年著名政论家、文学家。代表作有《过秦论》《论积贮疏》等。晁：晁错（前200？—前154），西汉颍川（今河南禹州）人。习申不害、商鞅刑名之术。文帝时，以文学为太常掌故。奉命受今文《尚书》于伏生。累迁太子家令，为太子（即汉景帝）信用，号为智囊。迁中大夫。景帝立，任内史，迁御史大夫。力主削藩，景帝采纳其意见，更定法令，削诸侯枝郡。吴楚七国以"诛晁错，清君侧"为名，举兵反叛。景帝听从袁盎之计，腰斩晁错于东市。匡：匡衡，字稚圭，东海郡承县（今山东枣庄峄城区）人。以说《诗》著称。刘：刘向（前77？—前6），汉朝宗室，原名更生，字子政，西汉楚国彭城（今江苏徐州）人。大量校雠古籍，编著《新序》《说苑》《列女传》等书。

⑦马迁、相如、子云：指司马迁、司马相如、扬雄。

⑧险奥：文风奇崛深奥。

⑨子长、卿、云：指司马迁（字子长）、司马相如（字长卿）、扬雄（字子云）。

⑩戛戛（jiá）独造：形容文章别出心裁，富有独创性。

【译文】

世人评论文学家造语圆润而辞藻华丽，没有比徐陵、庾信更出色的，却不知江淹、鲍照要更加圆润，前到沈约、任昉也圆润，前到潘岳、陆机也圆润。再向前追溯到东汉的班固、张衡、崔骃、蔡邕，也圆润；再向前追溯到西汉的贾谊、晁错、匡衡、刘向，也还是圆润。至于司马迁、司马相如、扬子云三人，可以说力求奇崛深奥，不追求圆融周到；但细读他们的文章，也未必不圆润。至于韩昌黎，他的理想是直接超越司马迁、司马相如、扬子云三人。他写文章，别出心裁，最富创新，力避圆熟；但读他的文章读久了，便觉得实在是没有一个字不圆润，没有一句话不圆融。

尔于古人之文,若能从江、鲍、徐、庾四人之圆,步步上溯,直窥卿、云、马、韩四人之圆①,则无不可读之古文矣,即无不可通之经史矣。尔其勉之! 余于古人之文用功甚深,惜未能一一达之腕下,每歉然不怡耳②。

【注释】

①卿、云、马、韩:指司马相如、扬雄、司马迁、韩愈。

②歉然:不满足貌,惭愧貌。

【译文】

你对古人的文章,如果能从江淹、鲍照、徐陵、庾信四人的圆润,步步上溯,直接看到司马相如、扬雄、司马迁、韩愈四人的圆融,那就没有读不了的古文,也没有通不了的经史了。你要努力啊! 我对古人的文章用功很深,可惜不能一一用文字表达出来,每每不满足不愉快。

江浙贼势大乱①,江西不久亦当震动,两湖亦难安枕②。余寸心坦坦荡荡,毫无疑怖③。尔禀告尔母,尽可放心。人谁不死? 只求临终心无愧悔耳。

【注释】

①江浙贼势大乱:咸丰十年(1860)二月,太平军由皖南窜入浙江,攻陷杭州。闰三月,太平军攻陷江南大营,清军将领张国梁战死,钦差大臣和春受伤而死,两江总督何桂清退走常熟,江浙戒严。

②安枕:安眠。比喻无忧无虑,免于战乱。晋袁宏《后汉纪·光武帝纪二》:"欲平赤眉而后入关,是不守其本而争其末也! 恐国家之守转在函谷,虽卧洛阳,得安枕邪?"宋叶适《上殿札子》:"故内

治柔和,无狡悍思乱之民,不烦寸兵尺铁,可以安枕无事,此其得也。"《明史·兵志三》:"将士疲于奔命,未尝得安枕也。"

③疑怖:疑惧,惶恐。《三国志·魏书·公孙渊传》"渊设甲兵为军陈",南朝宋裴松之注引三国吴韦昭《吴书》:"渊计吏从洛阳还,语渊曰:'使者左骏伯,使皆择勇力者,非凡人也。'渊由是疑怖。"宋韩驹《再次韵兼简李道夫》:"学道无疑怖,忧时有主臣。"

【译文】

江苏和浙江的反贼势力很大,局势大乱;江西不久也会动荡,两湖也难高枕无忧。我内心坦坦荡荡,没有一点儿疑惧恐慌。你告诉你母亲,尽可放心。人谁不会死呢? 只求临死内心没有惭愧和悔恨罢了。

家中暂不必添起杂屋,总以安静不动为妙。

【译文】

家里暂时不必添建杂屋,总之求安静,以不动为好。

咸丰十年十月十六日

字谕纪泽、纪鸿儿:

泽儿在安庆所发各信及在黄石矶、湖口之信①,均已接到。鸿儿所呈拟连珠体寿文②,初七日收到。

【注释】

①黄石矶:地名。也称"黄石",即今安徽东至胜利镇黄石村。清属东流县。在长江南岸,安庆与湖口之间。湖口:地名。即今江西

九江湖口县,地处湖北、安徽、江西三省交界,在长江南岸。

②拟连珠体:文体名。又名"连珠体"。起于汉代,班固、贾逵等皆有作。其体不直说事情,借譬喻委婉表达其意,文辞华丽,历历如贯珠,故名。后人加以扩充,有演连珠、拟连珠、畅连珠、广连珠等称。《文选》专门收有"连珠"类。

【译文】

写给纪泽、纪鸿儿:

　　泽儿在安庆发的几封信及在黄石矶、湖口发的信,都已接到。鸿儿送我的拟连珠体祝寿文,初七日收到。

　　余以初九日出营至黟县查阅各岭①,十四日归营,一切平安。鲍超、张凯章二军②,自廿九、初四获胜后未再开仗。杨军门带水、陆三千馀人至南陵③,破贼四十馀垒,拔出陈大富一军④。此近日最可喜之事。

【注释】

①黟(yī)县:地名。古徽州六县之一,因黟山(黄山)而得名,今属安徽黄山市。

②鲍超(1828—1886):字春霆,清四川奉节(今重庆奉节)人。初从广西提督向荣,后隶湘军水师,以勇敢善战,累擢至参将。咸丰六年(1856)后,改领陆军,所部称"霆军",为湘军主干之一。转战于湖北、江西、安徽、江苏、浙江、广东等省,镇压太平军。官至提督,封子爵。后又与淮军共同镇压捻军。永隆河之战,使东捻军损失甚重。旋称病离军。卒谥忠壮。张凯章:张运兰,字凯章。见前注。

③杨军门:指杨岳斌(1822—1890),原名载福,字厚庵,后更名岳

斌,清湖南善化(今湖南长沙)人。因其时任福建水师提督,故称
"杨军门"(清称"提督"为"军门")。幼善骑射。道光末由行伍补
长沙协外委。咸丰初从曾国藩为水师营官。身经岳州、田家镇、
武汉、九江、安庆、九洑洲等战役,为湘军水师名将。同治初,官
至陕甘总督。同治六年(1867),引疾归。光绪间一度再起,赴台
湾与刘铭传同御法军。卒谥勇悫。南陵:地名。在长江南岸,即
今安徽南陵。清属宁国府,今隶属安徽芜湖。

④陈大富(? —1861):字馀庵,清湖南武陵(今湖南常德武陵区)
人。道光三十年(1850),由行伍补湖北施南协外委,官至皖南镇
总兵。咸丰十一年(1861),在景德镇与太平军交战,中伏投河
死。谥威肃。

【译文】

我在初九日出营,到黟县查阅各岭情况,十四日回营,一切平安。
鲍超、张凯章二军,自二十九、初四两日获胜后不再开仗。杨军门带水、
陆三千馀人到南陵,攻破贼匪营垒四十多座,从虎口救出陈大富一军。
这是近日最可喜的事。

　英夷业已就抚①。余九月六日请带兵北援一疏,奉旨无
庸前往,余得一意办东南之事,家中尽可放心。

【注释】

①英夷业已就抚:指英法联军与恭亲王在京和谈达成停战协议。

【译文】

英国鬼子已经同意停战。我九月六日上疏请带兵北上勤王,奉旨
不用前往,我可以一心一意办理东南剿匪的事,家中大可放心。

　　泽儿看书天分高，而文笔不甚劲挺①，又说话太易②，举止太轻。此次在祁门为日过浅③，未将一"轻"字之弊除尽，以后须于说话走路时刻刻留心。

【注释】

①劲挺：指文笔刚健挺拔。唐刘知几《史通·二体》："寻其此说，可谓劲挺之词乎？"

②太易：指说话太随便。

③祁门：地名。即今安徽祁门，古徽州"一府六县"之一，今隶属于安徽黄山市。

【译文】

　　泽儿看书天分高，但文笔不太刚健挺拔，另外说话太随便，举止太不稳重。这次在祁门待的时间太短，没有将这一个"轻"字的毛病都去掉，以后要在说话走路方面时刻留心。

　　鸿儿文笔劲健①，可慰可喜。此次连珠文，先生改者若干字？拟体系何人主意？再行详禀告我。

【注释】

①劲健：谓艺术风格刚劲雄健。唐司空图《二十四诗品》有"劲健"之目。宋严羽《答吴景仙书》："坡谷诸公之诗，如米元章之字，虽笔力劲健，终有子路未事夫子时气象。"

【译文】

　　鸿儿文笔刚劲雄健，我很欣慰很高兴。这次的连珠文，先生帮改了多少字？用拟连珠体是谁出的主意？下次来信详细告诉我。

银钱、田产，最易长骄气逸气。我家中断不可积钱，断不可买田。尔兄弟努力读书，决不怕没饭吃。至嘱！

【译文】

银钱和田产，最容易增长骄气和逸气。我家万万不可积攒银钱，万万不可买田。你们兄弟两个努力读书，决不怕没饭吃。千万牢记！

澄叔处此次未写信，尔禀告之。

【译文】

澄侯叔那边，这次没写信，你们禀告澄侯叔。

闻邓世兄读书甚有长进①，顷阅贺寿之单帖寿禀，书法清润。兹付银十两，为邓世兄汪汇买书之资。此次未写信寄寅阶先生，前有信留明年教书，仍收到矣②。

【注释】

①邓世兄：指湘乡曾府塾师邓寅阶（皆）之子邓汪汇。传统中国，称同辈友朋之子为"世兄"。邓汪汇（？—1894），清湖南湘乡人。甲午战争期间，以文童身份随湘军出征，战死于牛庄。

②仍：疑当为"应"。

【译文】

听说邓先生的公子读书很有长进，我刚看他写的贺寿单和祝寿帖，书法清新温润。今送银十两，为邓公子邓汪汇买书之用。这次没写信寄给邓寅阶先生，前次有信挽留他明年继续在我家教书，他应该收到信了吧。

咸丰十年十一月初四日

字谕纪泽、纪鸿儿：

　　十月廿九日接尔母及澄叔信，又棉鞋、瓜子二包，得知家中各宅平安。

【译文】

写给纪泽、纪鸿儿：

　　十月二十九日接到你母亲和澄侯叔的信，及棉鞋、瓜子二包，得知家中各宅平安。

　　泽儿在汉口阻风六日，此时当已抵家。"举止要重，发言要讱"①，尔终身须牢记此二语，无一刻可忽也。

【注释】

①讱（rèn）：说话迟钝，发言谨慎。《论语·颜渊》："司马牛问仁。子曰：'仁者，其言也讱。'曰：'其言也讱，斯谓之仁已乎？'子曰：'为之难，言之得无讱乎？'"

【译文】

　　泽儿在汉口被风拦阻六天，这时应当已经到家。"举止要稳重，说话要谨慎"，你要终身牢记这两句话，一时半刻也不能疏忽。

　　余日内平安，鲍、张二军亦平安①。左军廿二日在贵溪获胜一次②，廿九日在德兴小胜一次③。然贼数甚众，尚属可虑。普军在建德④,贼以大股往扑。只要左、普二军站得住,则处处皆稳矣。

【注释】

①鲍、张二军:指鲍超、张运兰二军。

②左军:指左宗棠军。贵溪:地名。清代江西省广信府下属县(现隶属于江西鹰潭)。位于江西省东北部,信江中游,南临福建光泽。

③德兴:地名。清代江西省饶州府下属县,现为江西上饶代管市(县级)。德兴位于赣、浙、皖三省交界处,取"山川之宝,惟德乃兴"之意而定名。

④普军:指普承尧军。普承尧,清云南新平细牙甸(今云南新平平甸乡)人。彝族。道光二十四年(1844)武举,次年中恩科进士,选补为湖南宝庆协中军都司。咸丰、同治年间,普承尧奉命率兵镇压太平军,转战湖北、江西、安徽三省;后入川,镇压太平军石达开部。因军功,授官提督,封号扎萨克阁巴图鲁,为江西九江镇总兵。建德:清池州府县名。后与东流县合并为东至县。

【译文】

我近日平安,鲍超、张运兰二军也平安。左宗棠军二十二日在贵溪获胜一次,二十九日在德兴小胜一次。但贼匪人数太多,还是令人忧虑。普承尧军在建德,贼军派大部队去攻打。只要左宗棠、普承尧二军站得住脚,那就处处都安稳了。

泽儿字天分甚高,但少刚劲之气,须用一番苦工夫,切莫把天分自弃了。

【译文】

泽儿写字天分很高，但缺少刚劲之气，应当下一番苦功夫，千万不要自己把天分浪费了。

家中大小，总以起早为第一义。澄叔处此次未写信，尔等禀之。

【译文】

家中大大小小，总之要以起早作为最要紧的事。澄侯叔那边，我这次没写信，你们禀告他。

咸丰十年十二月二十四日

字谕纪泽：

曾名琮来①，接尔十一月廿五日禀，知十五、十七尚有两禀未到。

【注释】

①曾名琮：不详。疑是送信长夫。

【译文】

写给纪泽：

曾名琮来大营，接到你十一月二十五日来信，得知还有十五、十七两天的信没到。

尔体甚弱，咳吐咸痰，吾尤以为虑，然总不宜服药。药能活人,亦能害人。良医则活人者十之七,害人者十之三;庸医则害人者十之七,活人者十之三。余在乡在外,凡目所见者,皆庸医也。余深恐其害人,故近三年来,决计不服医生所开之方药,亦不令尔服乡医所开之方药。见理极明,故言之极切,尔其敬听而遵行之。

【译文】

你身体很弱,咳吐咸痰,我尤其忧虑,但总还是以不服药为宜。药能救命,也能害人。良医救命占十分之七,害人占十分之三;庸医那可就是害人占十分之七,救命占十分之三。我在家乡和在外边,凡所见到的,都是庸医。我很怕庸医害人,所以近三年来,坚决不服医生开的方药,也不让你服乡下医生开的方药。我道理看得极明白,所以话说得极恳切,你要恭敬听好并遵行。

每日饭后走数千步,是养生家第一秘诀。尔每餐食毕,可至唐家铺一行①,或至澄叔家一行,归来大约可三千馀步。三个月后,必有大效矣。

【注释】

①唐家铺:地名。在曾国藩故宅附近。

【译文】

每天饭后走数千步,是养生家第一秘诀。你每餐吃过后,可以往唐家铺走一趟,或者到澄侯叔家走一趟,来回大约有三千来步。坚持三个月以后,一定有大效果。

尔看完《后汉书》,须将《通鉴》看一遍。即将京中带回之《通鉴》，仿照余法，用笔点过可也。

【译文】

你看完《后汉书》，要将《资治通鉴》看一遍。就拿京城带回的《资治通鉴》，仿照我的方法，用笔圈点一过就可以。

尔走路近略重否？说话略钝否？千万留心。此谕。

【译文】

你最近走路步子稍稍稳重些不？说话稍稍迟钝谨慎些不？千万留心。就说这些。

咸丰十一年正月初四日

字谕纪泽：

腊月廿九日接尔一禀，系十一月十四日送家信之人带回，又由沅叔处送到尔初归时二信，慰悉。

【译文】

写给纪泽：

腊月二十九日接到你一封信，是十一月十四日送家信的人带回来的，又由沅甫叔那边送到你刚回时的两封信，得知情况，我很欣慰。

霞仙先生之令弟仙逝①，余于近日写唁信并寄奠仪②。

尔当先去吊唁。

【注释】

①霞仙:刘蓉(1816—1873),字孟容(一作"孟蓉"),号霞仙,清湖南湘乡人。诸生。咸丰初,佐罗泽南治团练;咸丰四年(1854)入曾国藩幕;咸丰六年(1856)因弟刘蕃战殁而扶榇归养。咸丰十年(1860)佐骆秉章督四川军务,擢知府,未及三年,擒石达开。同治二年(1863)七月任陕西巡抚,后因抗击西捻军不力而被免官。刘蓉与曾国藩相交最久,亦是桐城派古文家,著有《思辨录疑义》《养晦堂文集》等。仙逝:去世、死的婉转说法。

②奠仪:用于祭奠的礼品、礼金。

【译文】

刘霞仙先生的弟弟去世,我会在近日写吊唁信并寄去奠金。你应当先去吊唁。

　　尔问文中雄奇之道①。雄奇以行气为上②,造句次之,选字又次之。然未有字不古雅而句能古雅,句不古雅而气能古雅者;亦未有字不雄奇而句能雄奇,句不雄奇而气能雄奇者。是文章之雄奇,其精处在行气,其粗处全在造句选字也。余好古人雄奇之文,以昌黎为第一,扬子云次之。二公之行气,本之天授③。至于人事之精能④,昌黎则造句之工夫居多,子云则选字之工夫居多。

【注释】

①雄奇:雄伟奇特。可指文风。

②行气:指行文气势。唐司空图《二十四诗品·劲健》:"行神如空,

行气如虹。巫峡千寻,走云连风。"

③天授:上天所授。引申指与生俱有的禀赋。清李渔《闲情偶寄·词曲·词采》:"凡作诗、文、书、画,饮酒,斗棋,与百工技艺之事,无一不具夙根,无一不本天授。"

④人事:人之所为,人力所能及的事。《孟子·告子上》:"虽有不同,则地有肥硗,雨露之养、人事之不齐也。"

【译文】

你问文章雄奇的门道。雄奇最要紧的是行文气势,其次才是造句,再次才是选字。但是从来没有用字不古雅而句子能古雅的,句子不古雅而文气能古雅的;也从来没有用字不雄奇而句子能雄奇的,句子不雄奇而文气能雄奇的。所以文章的雄奇,精髓全在行文气势,粗处全在造句选字。我喜欢古人的文章雄奇,以韩昌黎为第一,扬子云其次。二公的行文气势,根源于与生俱来的天赋。至于人为的用心和技巧,韩昌黎的文章主要体现在造句的功夫上,扬子云的文章则更多体现在选字的功夫上。

尔问叙事志传之文难于行气①,是殊不然②。如昌黎《曹成王碑》《韩许公碑》③,固属千奇万变,不可方物④;即卢夫人之铭、女挐之志⑤,寥寥短篇,亦复雄奇崛强。尔试将此四篇熟看,则知二大二小,各极其妙矣。

【注释】

①志传:指传记一类文字。

②殊不然:根本不是这样。殊,很,甚。

③《曹成王碑》:唐韩愈为唐代曹成王李皋所作碑文,记述其生平大事。《韩许公碑》:唐韩愈为许国公韩弘所作碑文,全称《唐故司

徒兼侍中中书令赠太尉许国公神道碑》。

④不可方物：难以言表，难以具体描述。《国语·楚语下》："民神杂糅，不可方物。"三国吴韦昭注："方，犹别也；物，犹名也。"《明史·冯恩传》："若铉，则如鬼如蜮，不可方物。"

⑤卢夫人之铭：韩愈为其岳母苗氏（河南府法曹参军卢贻之妻）所作墓志铭，全称《唐故河南府法曹参军卢府君夫人苗氏墓志铭》。女挐之志：即《女挐圹铭》，韩愈为其第四女挐所作墓铭。

【译文】

你问到叙事传记之文难以气势取胜，根本不是这样。譬如韩昌黎的《曹成王碑》《韩许公碑》，行文气势千奇万变，固然是难以言表；即便如《河南府法曹参军卢府君夫人苗氏墓志铭》《女挐圹铭》，虽然是没多少字的短篇，文气也是雄奇崛强。你试着将这四篇看熟，就知这两大篇两小篇，各有各的精妙之处。

尔所作《雪赋》，词意颇古雅，惟气势不畅，对仗不工。两汉不尚对仗，潘、陆则对矣①，江、鲍、庾、徐则工对矣②。尔宜从对仗上用工夫。此嘱。

【注释】

①潘、陆：指潘岳、陆机。

②江、鲍、庾、徐：指江淹、鲍照、庾信、徐陵。

【译文】

你所作的《雪赋》，词意很古雅，只是气势不流畅，对仗不工整。两汉不崇尚对仗，潘岳、陆机就对仗了，江淹、鲍照、庾信、徐陵就对仗很工稳了。你应从对仗方面下功夫。特此嘱咐。

咸丰十一年正月十四日

字谕纪泽：

　　尔求钞古文目录，下次即行寄归。尔写字笔力太弱，以后即常摹柳帖亦好①。家中有柳书《玄秘塔》《琅邪碑》《西平碑》各种②，尔可取《琅邪碑》日临百字、摹百字。临以求其神气，摹以仿其间架。每次家信内各附数纸送阅。

【注释】

①柳帖：柳公权的字帖。

②《玄秘塔》：即《玄秘塔碑》。唐武宗会昌元年（841）大达法师建玄秘塔，立碑。裴休撰碑文，柳公权书。楷体。字体遒劲谨严，为柳书代表作。今存陕西西安碑林。《琅邪碑》：即《琅邪普照禅寺碑》。金皇统四年（1144）立。碑文用字集自柳公权楷书"神策君碑"，因碑立于沂州（古琅邪郡），故称《琅邪集柳碑》。《西平碑》：全称《唐故太尉兼中书令西平郡王赠太师李公神道碑铭并序》。碑主为唐西平郡王李晟，故又称《李晟碑》。裴度撰文，柳公权书并篆额。立于唐文宗太和三年（829）。碑高一丈四尺二寸，宽五尺八寸二分，三十四行，行六十一字。现存陕西西安高陵区第一中学校园内。

【译文】

写给纪泽：

　　你请求我抄一个古文目录供学习之用，下次就寄回给你。你写字笔力太弱，以后就常临摹柳公权的帖也好。家里有柳公权书法字帖《玄秘塔碑》《琅邪碑》《西平碑》各种，你可以拿《琅邪碑》，每天临一百字、摹一百字。临写，追求它的精神气象；描摹，仿照它的间架结构。以后每次家信内各附上几页你临摹的字给我看。

《左传注疏》阅毕，即阅看《通鉴》。将京中带回之《通鉴》，仿我手校本，将目录写于面上。其去秋在营带去之手校本，便中仍当送祁门，余常思翻阅也。

【译文】

《左传注疏》看完了，就可以看《资治通鉴》。将从京城带回去的《资治通鉴》，仿照我的手校本，将目录写在书的封面上。去年秋天从军营带回去的手校本，方便的时候仍然要送到祁门，我时常想翻阅。

尔言鸿儿为邓师所赏，余甚欣慰。鸿儿现阅《通鉴》，尔亦可时时教之。尔看书天分甚高，作字天分甚高，作诗文天分略低。若在十五六岁时教导得法，亦当不止于此。今年已廿三岁，全靠尔自己扎挣发愤，父兄师长不能为力。作诗文是尔之所短，即宜从短处痛下工夫。看书写字尔之所长，即宜拓而充之。走路宜重，说话宜迟，常常记忆否？

【译文】

你说鸿儿很受邓寅皆老师欣赏，我很欣慰。鸿儿现在看《资治通鉴》，你也可以时时教他。你看书天分很高，写字天分很高，但诗文天分稍低。如果在十五六岁时教导得法，也应当不止现在这个程度。今年已二十三岁了，就全靠你自己发愤努力，父兄师长使不上什么劲了。写诗作文是你的短板，就应在短板方面痛下功夫。看书写字是你的长项，就应继续开拓发展。走路要稳重，说话要迟缓，常常记得不？

余身体平安,告尔母放心。

【译文】

我身体平安,你禀告你母亲,请她放心。

咸丰十一年正月二十四日

字谕纪泽:

正月十四发第二号家信,亮已收到①。

【注释】

①亮:通"谅",预料,料想。

【译文】

写给纪泽:

正月十四日发的第二号家信,想必已经收到。

日内祁门尚属平安。鲍春霆自初九日在洋塘获胜后①,即追贼至彭泽②。官军驻牯牛岭③,贼匪踞下隅坂④,与之相持,尚未开仗。日内雨雪泥泞,寒风凛冽,气象殊不适人意。

【注释】

①鲍春霆:鲍超,字春霆。见前注。洋塘:地名。疑即今江西鄱阳谢家滩镇杨塘村。

②彭泽:地名。即今江西彭泽。

③牯(gǔ)牛岭:山名,亦是地名。在今江西彭泽太平关乡南部。

④下隅坂:地名。又称"香隅畈",即今安徽东至香隅镇。

【译文】

近日祁门还算平安。鲍春霆自初九日在洋塘获胜后,就跟着贼军追到彭泽。官军驻扎在牯牛岭,贼匪盘踞下隅坂,官军和他们相持,还没开仗。近日雨雪泥泞,寒风凛冽,气象很不让人舒服。

伪忠王李秀成一股①,正月初五日围玉山县②,初八日围广丰县③,初十日围广信府④,均经官军竭力坚守,解围以去。现窜铅山之吴坊、陈坊等处⑤。或由金溪以窜抚、建⑥,或径由东乡以扑江西省城⑦,皆意中之事。

【注释】

①李秀成(1823—1864):原名以文,清广西藤县人。咸丰元年(1851)参加太平军。以骁勇善战,积功升地官正丞相、合天侯。石达开出走,擢为副掌率、合天义,与陈玉成共主军政。咸丰八年(1858),与陈玉成一起在三河之战大败清军。次年,封忠王。咸丰十年(1860),用"围魏救赵"之计,解天京围,破清江南大营。经略苏、常,东攻上海,西援天京。同治三年(1864),困守天京,城陷被俘。有自述数万言,不久被杀。

②玉山县:清代属江西省广信府,今属江西上饶。位于江西省东北部,东邻浙江开化、常山及江山。

③广丰县:清代属江西省广信府,今属江西上饶。位于江西省东北部。

④广信府:元末至清末的行政区划名。治所在今江西上饶信州区。清末广信府辖上饶、玉山、弋阳、贵溪、铅山、广丰、兴安(今江西横峰)七县。

⑤铅山：清代属江西省广信府，今属江西上饶。位于江西省东北部。吴坊：地名。在江西铅山内。疑即湖坊镇。陈坊：地名。今为乡，位于江西铅山西南部，距县城约五十三公里，东与天柱山、港东乡接壤，南毗太源畬族乡，与福建接壤，西接贵溪、弋阳，北邻湖坊镇。

⑥抚、建：指当时江西省下属之抚州、建昌二府。

⑦东乡：地名。清属抚州府，今属江西抚州。位于江西省东部，东与馀江、南与临川、西与进贤、北与馀干、东南与金溪接壤。

【译文】

太平军伪忠王李秀成一支部队，正月初五日围攻玉山县，初八日围攻广丰县，初十日围攻广信府，都因官军竭力坚守，解围而去。现在流窜到铅山的吴坊、陈坊等处。或许从金溪流窜抚州、建昌，或者直接从东乡扑向江西省城，都是意中之事。

余嘱刘养素等坚守抚、建①，而省城亦预筹防守事宜。只要李逆一股不甚扰江西腹地②，黄逆一股不再犯景德镇③，等三、四月间安庆克复，江北可分兵来助南岸，则大局必有转机矣。目下春季必尚有危险迭见，余当谨慎图之，泰然处之。

【注释】

①刘养素：刘于浔（1807—1877），字养素，号于淳，清江西南昌人。道光年间中举，历官清河（治今江苏清江）知县，又升通判。后以丁忧回家。太平军起义后，刘于浔率团勇随军，与太平军作战，并升任知府。咸丰五年（1855），曾国藩在江西督军作战，组建水师，刘于浔被命为水师统领，率军两克樟树镇，从太平军手中夺

回丰城、新淦（今江西新干）、浮梁、抚州、临江和安徽建德县等
地。同治三年（1864），以两千兵力与太平军数万军队昼夜血战，
死守抚州，太平军因将领战死而退走。刘于浔因累战累捷，军功
卓著，被清廷赏"花图萨大巴图鲁"称号，勇武江西称为第一。后
补受甘肃兵备道，擢甘肃按察使。遇缺题奏任奉天布政使，未到
任，因病引退。殁后，光绪四年（1878），江西巡抚奏请，清廷特赠
刘于浔内阁学士衔，从祀张芾、江忠源祠。

②李逆：指李秀成。

③黄逆：指太平军堵王黄文金。

【译文】

我嘱咐刘养素等坚守抚州、建昌，省城也预先筹备防守事宜。只要
反贼李秀成这一支部队不太骚扰江西腹地，反贼黄文金这一支部队不
再进犯景德镇，等三、四月间安庆克复，江北可以分兵来帮助南岸，那军
事大局一定会有转机。眼下春季一定还会经常有危险，我自会谨慎考
虑，泰然对待。

余身体平安，惟齿痛时发。所选古文，已钞目录寄归。
其中有未注明名氏者，尔可查出补注，大约不出《百三名家
全集》及《文选》《古文辞类纂》三书之外①。

【注释】

①《百三名家全集》：即《汉魏六朝百三名家集》。明张溥辑，凡一百
　十八卷，收录自汉贾谊至隋薛道衡共一百零三人作品。

【译文】

我身体平安，只是牙痛时常发作。所选的古文，已经抄好目录寄
回。其中有些未注明作者姓名的，你可以查出来补注上，大约不超出
《汉魏六朝百三名家集》及《文选》《古文辞类纂》三部书范围之外。

　　尔问《左传》解《诗》《书》《易》与今解不合。古人解经，有内传①，有外传。内传者，本义也；外传者，旁推曲衍，以尽其馀义也。孔子系《易》②，"小象"则本义为多，"大象"则馀义为多③。孟子说《诗》，亦本子贡之因贫富而悟切磋、子夏之因素绚而悟礼后④，亦证馀义处为多。《韩诗外传》⑤，尽馀义也。《左传》说经，亦以馀义立言者多。

【注释】

①内传：古代经学家称专主解释经义的书为内传，与广引事例、推演本义的外传相对。

②孔子系《易》：指孔子为《易经》作系辞。

③小象：象，为《易》学术语，即卦象。指《周易》每卦所象征的事物及其爻位等关系。术数家视卦象以测天理、人事。《周易》卦象由六爻组成。《易经》各卦附有《象传》。又分"小象""大象"。小象，是说明每卦各爻的文辞。《周易·乾》："潜龙勿用，阳在下也。"唐孔颖达疏："自此以下至'盈不可久'，是夫子释六爻之象辞，谓之'小象'。"大象，是以卦象为根据来解释各卦的文辞。《周易·乾》："象曰：'天行健，君子以自强不息。'"唐孔颖达疏："此大象也。十翼之中第三翼，总象一卦，故谓之'大象'。"

④子贡之因贫富而悟切磋：语本《论语·学而》："子贡曰：'贫而无谄，富而无骄，何如？'子曰：'可也。未若贫而乐，富而好礼者也。'子贡曰：'《诗》云："如切如磋，如琢如磨"，其斯之谓与？'子曰：'赐也，始可与言《诗》已矣。告诸往而知来者。'"子贡因向孔子请教贫富自处之道而领悟君子修德当如治玉之切磋琢磨。子夏之因素绚而悟礼后：语本《论语·八佾》："子夏问曰：'巧笑倩兮，美目盼兮，素以为绚兮。何谓也？'子曰：'绘事后素。'曰：'礼

后乎?'子曰:'起予者商也,始可与言《诗》已矣。'"子夏因向孔子请教素与绚(多彩,绚烂)之关系而领悟到礼后于仁。

⑤《韩诗外传》:西汉今文经学派韩诗学派著作,共三百六十则,内容或为轶事,或为道德说教、伦理规范,每则都引用一句《诗经》做结论。其性质并非解释《诗经》,而是引用《诗经》。

【译文】

你问到《左传》注解《诗经》《尚书》《周易》与今人的注解不合。古人解经,有内传,有外传。内传,是本义;外传,可就是向各方面推衍,引申挖掘各种意思。孔子为《易经》作系辞,解说"小象",多是本义;解说"大象",可就是发挥引申居多了。孟子解说《诗经》,也是本着《论语》子贡因请教贫富而领会君子修德、子夏因请教素和绚的关系而领悟到礼后于仁的方法原则,也是引申发挥居多。《韩诗外传》,尽是引申发挥。《左传》解释经书,也是以引申发挥来立论居多。

袁舆生之二百金①,余去年曾借松江二百金送季仙九先生②,此项只算还袁宅可也。树堂先生送尔三百金③,余当面言只受百金。尔写信寄营酬谢,言受一璧二云云④,余在营中备二百金,并尔信函交冯可也。

【注释】

①袁舆生:即袁榆生。曾国藩长女曾纪静之夫袁秉桢,字榆生(或作"榆笙""舆生")。系袁芳瑛之子。

②松江:此处代指松江知府袁芳瑛。季仙九:季芝昌(1791—1861),字云书,号仙九,清江苏江阴人。道光十二年(1832)进士,历任山东学政、浙江学政、山西巡抚、户部侍郎、闽浙总督等职。

③树堂:冯卓怀,字树堂,清湖南长沙人。道光十九年(1839)解元,
　榜名作"槐",更名卓怀。曾官四川万县知县。冯卓怀与曾国藩
　交好,曾经做过曾国藩儿子曾纪泽的私塾老师。曾国藩驻兵祁
　门时,冯卓怀又放弃四川万县县令职位,投其麾下充任幕僚。后
　因事不合受曾国藩当众斥责,毅然离去。

④受一璧二:接受一百两银子归还二百两银子。璧,璧还。

【译文】

袁炅生的二百两银子,我去年曾从松江袁府借二百两银子送季仙
九先生,这笔钱只算是还给袁家。冯树堂先生送你三百两银子,我当面
说只接受一百两。你写信到军营答谢,就说接受一百两归还二百两,我
在营中准备二百两银子,和你的信函一起交给冯先生就可以。

　　此字并送澄叔一阅,此次不另作书矣。

【译文】

这封信送呈澄侯叔,请他一阅,这次不另外给他写信了。

咸丰十一年二月十四日

字谕纪泽、纪鸿儿:

　　得正月廿四日信,知家中平安。

【译文】

写给纪泽、纪鸿儿:

　　接到正月二十四日的来信,得知家中平安。

　　此间军事,自去冬十一月至今,危险异常,幸皆化险为夷。目下惟左军在景德镇一带十分可危,馀俱平安。余将以十七日移驻东流、建德①。

【注释】

①东流、建德:皆为清池州府县名。后并为一县,即今安徽池州东至。

【译文】

这边的军事情形,自去年冬天十一月至今,异常危险,幸亏都已化险为夷。眼下只有左宗棠一军在景德镇一带十分危险,其馀的都平安。我将在十七日移驻东流、建德。

　　付回银八两,为我买好茶叶陆续寄来。

【译文】

托专人带回去银子八两,替我买好茶叶,陆续寄来。

　　下手竹茂盛①,屋后山内仍须栽竹,复吾父在日之旧观。余七年在家芟伐各竹②,以倒厅不光明也③。乃芟后而黑暗如故,至今悔之,故嘱尔重栽之。

【注释】

①下手:亦作"下首",习惯上称右边的位置为下手。

②七年:指咸丰七年(1857)。芟(shān)伐:砍伐。

③倒厅:传统住宅,皆坐北朝南。东西为厢房,北屋为正屋住人,南屋称"倒厅"(因其与正房朝向相反,故名)。

【译文】

　　我家下首竹子茂盛,屋后山内仍要栽竹子,恢复我父亲在世时的景观。我咸丰七年在家砍伐各处竹子,是因为倒厅不够光亮。竹子砍了之后,竟然和以前一样黑暗,到现在还后悔,所以嘱咐你们重新栽上。

　　"劳"字、"谦"字,常常记得否?

【译文】

　　"劳"字、"谦"字,常常记得不?

咸丰十一年三月十三日

字谕纪泽、纪鸿儿:

　　接二月廿三日信,知家中五宅平安①,甚慰甚慰。

【注释】

①五宅:咸丰十年(1860),曾国潢搬新居修善堂,黄金堂留给曾国藩一家居住。从此,曾国藩、曾国潢、曾国华、曾国荃、曾国葆兄弟五家,各居一宅,是为"五宅"。曾国华一家住白玉堂,曾国藩一家住黄金堂,曾国潢一家住修善堂,曾国荃一家住敦德堂,曾国葆一家住有恒堂。

【译文】

写给纪泽、纪鸿儿:

　　接到二月二十三日的来信,得知家里五宅平安,很欣慰很欣慰。

　　余以初三日至休宁县①,即闻景德镇失守之信②。初四日写家书,托九叔处寄湘,即言此间局势危急,恐难支持,然犹意力攻徽州或可得手③,即是一条生路。

【注释】

①休宁:地名。古徽州下属六县之一,今属安徽黄山市。

②景德镇失守:咸丰十一年(1861)二月三十日,太平军攻陷景德镇,清总兵陈大富阵亡。

③犹意:仍以为。

【译文】

　　我初三日到休宁县,就听说景德镇失守的消息。初四日写家书,托九叔那边寄回湖南,就说这边局势危急,恐怕难以支持,但仍然想猛力攻打徽州或许能够得手,就是一条生路。

　　初五日进攻,强中、湘前等营在西门挫败一次①。十二日再行进攻,未能诱贼出仗。是夜二更,贼匪偷营劫村,强中、湘前等营大溃。凡去廿二营,其挫败者八营,强中三营、老湘三营、湘前一、震字一②。其幸而完全无恙者十四营,老湘六、霆三、礼二、亲兵一、峰二③。与咸丰四年十二月十二日夜贼偷湖口水营情形相仿。此次未挫之营较多,以寻常兵事言之,此尚为小挫,不甚伤元气。

【注释】

①强中、湘前:皆为湘军营号,原属李续宾部。强中营营官李义训,湘前营营官朱品隆。

②老湘、震字:与“强中”“湘前”一样,皆为湘军营号。湘军中,王鑫

　　所率的一支,称老湘营,震字营营官马复震。

　③霆、礼、亲兵、峰:亦为湘军营号。霆营,为鲍春霆(超)部;礼营,
　　疑为多礼堂(隆阿)部,峰字营营官王钤峰(文瑞)。

【译文】

　　初五日进攻,强中、湘前等营在西门打了一次败仗。十二日再次进攻,没能引诱贼军出壕打仗。这天夜里二更,贼匪偷袭我们的营盘,强中、湘前等营大溃败。一共去了二十二个营,溃败的有八营,强中营三个、老湘营三个、湘前营一个、震字营一个。侥幸而完全无恙的有十四营,老湘营六个、霆营三个、礼营二个、亲兵营一个、峰字营两个。和咸丰四年十二月十二夜贼匪偷袭湖口水营情形相仿。这次没损失的营比较多,拿寻常军事来说,这还是小损失,不太伤元气。

　　目下值局势万紧之际,四面梗塞,接济已断,加此一挫,军心尤大震动。所盼望者,左军能破景德镇、乐平之贼①,鲍军能从湖口迅速来援,事或略有转机,否则不堪设想矣。

【注释】

　①乐平:地名。清代江西省饶州府下属县,今隶属江西景德镇。地
　　处江西省东北部,因南临乐安河、北接平林而得名。

【译文】

　　眼下正当局势万分紧张之际,四面被包围梗塞,接济已经断了,加上这一挫败,军心震动尤其大。只盼望左宗棠一军能攻破景德镇、乐平的贼军,鲍超一军能从湖口迅速赶来支援,形势或许稍稍会有转机,否则不堪设想。

　　余自从军以来,即怀见危授命之志①。丁、戊年在家抱

病②,常恐溘逝牖下③,渝我初志④,失信于世。起复再出⑤,意尤坚定。此次若遂不测,毫无牵恋。自念贫窭无知⑥,官至一品⑦,寿逾五十,薄有浮名,兼秉兵权⑧,忝窃万分⑨,夫复何憾!

【注释】

①见危授命:在危难关头,勇于献身。《论语·宪问》:"见利思义,见危授命,久要不忘平生之言,亦可以为成人矣。"朱子《集注》:"授命,言不爱其生,持以与人也。"《论语·子张》:"士见危致命,见得思义。"朱子《集注》:"致命,谓委致其命,犹言授命也。"

②丁、戊年:指丁巳、戊午二年,即咸丰七年(1857)和八年(1858)。期间,曾国藩因父丧丁忧在家。

③溘(kè)逝:忽然逝世。牖(yǒu)下:窗下。亦借指寿终正寝。《诗经·召南·采蘋》:"于以奠之? 宗室牖下。"汉郑玄笺:"牖下,户牖间之前。"《左传·哀公二年》:"毕万,匹夫也。七战皆获,有马百乘,死于牖下。"晋杜预注:"死于牖下,言得寿终。"

④渝我初志:违背我的初心。渝,本义水由净变污,引申为改变。

⑤起复:指服父母丧,期满后重出做官。

⑥贫窭(jù)无知:贫贱无知。

⑦官至一品:曾国藩时任两江总督,品级为从一品。

⑧秉:手握。

⑨忝(tiǎn)窃:谦言辱居其位或愧得其名。

【译文】

我自从主持军务以来,就怀抱危难时刻为国捐躯的志向。丁巳、戊午两年在家养病,常常害怕会突然死在家里,有违初心,对世人失信。再次出山,意志更加坚定。这次如果真有什么不测,毫无牵挂。我想我自己贫贱无知,却官至一品,寿过五十,还有些浮名,手握兵权,已经是万分惭愧,哪里还有什么可遗憾的!

惟古文与诗二者用力颇深，探索颇苦，而未能介然用之[1]，独辟康庄[2]。古文尤确有依据，若遽先朝露[3]，则寸心所得，遂成《广陵之散》[4]。作字用功最浅，而近年亦略有入处。三者一无所成，不无耿耿[5]。

【注释】

[1]介然：特异。《汉书·律历志上》："铜为物之至精……介然有常，有似于士君子之行。"唐颜师古注："介然，特异之意。"

[2]康庄：四通八达的大道。

[3]先朝露：谓生命比朝露消失得还快。形容死得过早。唐李德裕《张辟疆论》："若平、勃二人溘先朝露，则刘氏之业必归吕宗。"

[4]《广陵之散》：《广陵散》，琴曲名。三国魏嵇康善弹此曲，秘不授人。后遭谗被害，临刑索琴弹之，曰："《广陵散》于今绝矣。"见《晋书·嵇康传》。后亦称事无后继、已成绝响者为《广陵散》。《北齐书·徐之才传》："长子林，字少卿，太尉司马。次子同卿，太子庶子。之才以其无学术，每叹云：'终恐同《广陵散》矣。'"

[5]耿耿：烦躁不安，心事重重。《诗经·邶风·柏舟》："耿耿不寐，如有隐忧。"《楚辞·远游》："夜耿耿而不寐兮，魂茕茕而至曙。"宋洪兴祖补注："耿耿，不安也。"

【译文】

只是我在古文和诗两方面用功很深，探索很苦，却没能一展身手，在这两方面开辟出大道。古文尤其有把握、有所本，如果现在就死了，那我内心的体会，就真成《广陵散》了。写字方面用功最少，近年也稍稍入门。这三方面一无所成，内心不能不有所不安。

至行军本非余所长，兵贵奇而余太平，兵贵诈而余太直,岂能办此滔天之贼①？即前此屡有克捷②,已为侥幸,出于非望矣③。

【注释】

①滔天:弥漫天际。形容水势极大。《尚书·尧典》:"汤汤洪水方割,荡荡怀山襄陵,浩浩滔天。"比喻罪恶、灾祸或权势等极大。《尚书·尧典》:"静言庸违,象恭滔天。"孔传:"言共工……貌象恭敬而心傲很若漫天。"

②克捷:克敌制胜。东汉末曹操《请爵荀彧表》:"守尚书令荀彧,自在臣营,参同计画,周旋征伐,每皆克捷,奇策密谋,悉皆共决。"

③非望:犹言未曾期望。汉王粲《出妇赋》:"既侥幸兮非望,逢君子兮弘仁。"晋陶潜《杂诗》之八:"代耕本非望,所业在田桑。"

【译文】

至于领兵打仗,本不是我的长处,兵法讲究奇而我太平稳,兵法讲究诈而我太耿直,哪里能够消灭这气焰滔天的长毛贼？就算在这之前打了多次胜仗,已经是侥幸,超出期望值了。

尔等长大之后,切不可涉历兵间①。此事难于见功,易于造孽,尤易于贻万世口实②。余久处行间,日日如坐针毡③。所差不负吾心、不负所学者④,未尝须臾忘爱民之意耳。近来阅历愈多,深谙督师之苦⑤。尔曹惟当一意读书⑥,不可从军,亦不必作官。

【注释】

①涉历:涉及,经历。

②口实:指被经常议论的(话柄)。《尚书·仲虺之诰》:"成汤放桀

于南巢,惟有惭德,曰:'予恐来世以台为口实。'"孔传:"恐来世论道我放天子常不去口。"

③如坐针毡:《晋书·杜锡传》:"性亮直忠烈,屡谏愍怀太子,言辞恳切,太子患之。后置针着锡常所坐处毡中,刺之流血。"后以"如坐针毡"比喻心神不定,坐立不安。

④差:差强人意,尚能让人满意。

⑤深谙(ān):熟知。

⑥尔曹:你们。

【译文】

你们长大之后,万万不能涉及军事。这件事难以看见功劳,容易造孽,尤其容易在历史长河中遭人非议。我处在这军队里,一天天如坐针毡。还算差强人意,不违初心、不负平生所学的是,一刻都没有忘记爱民的心意。近来阅历更多,深知带兵的苦。你们只应该一心读书,不能从军,也不必做官。

吾教子弟不离"八本""三致祥"①。八者曰:读古书以训诂为本,作诗文以声调为本,养亲以得欢心为本②,养生以少恼怒为本,立身以不妄语为本,治家以不晏起为本③,居官以不要钱为本,行军以不扰民为本。

【注释】

①致祥:导致(带来)吉祥。

②养亲:奉养父母。

③晏起:晚起。

【译文】

我教育子弟离不开"八本"和"三致祥"。"八本"是:读古书以讲明训诂词义为根本,作诗文以声调铿锵为根本,奉养父母以得到他们的欢心为根本,养生以少恼怒为根本,立身以不乱说话为根本,治家以不晚起为根本,做官以不要钱为根本,领兵以不骚扰百姓为根本。

三者曰:孝致祥,勤致祥,恕致祥。吾父竹亭公之教人,则专重"孝"字。其少壮敬亲,暮年爱亲,出于至诚。故吾纂墓志,仅叙一事。

【译文】

"三致祥"是:孝顺带来吉祥,勤劳带来吉祥,宽恕带来吉祥。我父亲竹亭公教育人,专门强调一个"孝"字。他年轻时侍奉父母恭敬,晚年爱护亲人,都是出于至诚之心。所以我为他写墓志,就只说这一件事。

吾祖星冈公之教人,则有八字、三不信。八者曰:考、宝、早、扫、书、蔬、鱼、猪①。三者:曰僧巫,曰地仙②,曰医药,皆不信也。

【注释】

①考、宝、早、扫、书、蔬、鱼、猪:曾国藩在咸丰十年(1860)闰三月二十九日与澄侯书中说:"余与沅弟论治家之道,一切以星冈公为法。大约有八字诀,其四字即上年所称'书、蔬、鱼、猪'也,又四字则曰'早、扫、考、宝'。早者,起早也。扫者,扫屋也。考者,祖先祭祀,敬奉显考、王考、曾祖考,言考而妣可该也。宝者,亲族邻里,时时周旋,贺喜吊丧,问疾济急。星冈公常曰:'人待人,无价之宝也。'"

②地仙:看坟地吉凶的风水先生。

【译文】

我祖父星冈公教育人,有八个字和三不信。八个字是:考、宝、早、扫、书、蔬、鱼、猪。三不信:一是僧巫,二是地仙,三是医药,都不信。

处兹乱世,银钱愈少,则愈可免祸;用度愈省①,则愈可养福。尔兄弟奉母,除"劳"字"俭"字之外,别无安身之法。吾当军事极危,辄将此二字叮嘱一遍②,此外亦别无遗训之语,尔可禀告诸叔及尔母。无忘。

【注释】

①用度:费用,开支。《逸周书·大匡》:"〔王〕问罢病之故、政事之失、刑罚之戾、哀乐之尤、宾客之盛、用度之费。"《汉书·食货志上》:"其后用度不足,独复盐铁官。"

②辄(zhé):即,就。

【译文】

生在这个乱世,银钱越少,就越能免祸;花销越省,就越能养福。你们兄弟奉养母亲,除了"劳"和"俭"字之外,再没有什么安身立命的根本方法。我在军事形势极危险时,就将这两个字叮嘱一遍,此外也再没有什么遗训了,你们可以禀告各位叔叔和你们的母亲。不要忘了。

咸丰十一年四月初四日　东流县

字谕纪泽:

三月卅日建德途次接澄侯弟在永丰所发一信①,并尔将去省时在家所留之禀。尔到省后所寄一禀,却在廿八日先到也。

【注释】

①途次:旅途中的住宿处。亦指半路上。次,停留。引申为停留之
 处。永丰:地名。即今湖南娄底双峰县永丰镇,离曾国藩故里荷
 叶塘不远,清属湘乡县。

【译文】

写给纪泽:

三月三十日我在建德途中接到澄侯弟在永丰寄出的一封信,以及
你将要去省城时在家里写的一封信。你到省城后寄的一封信,却在二
十八日先已收到。

余于廿六日自祁门拔营起行,初一日至东流县。鲍军
七千馀人于廿五日自景德镇起行,三十日至下隅坂。因风
雨阻滞,初三日始渡江,即日进援安庆,大约初八、九可到。

【译文】

我在二十六日从祁门拔营启程,初一日到东流县。鲍超一军七千
多人在二十五日从景德镇启程,三十日到下隅坂。因被风雨阻拦而滞
留,初三日才开始渡江,当天进援安庆,大约初八、初九日能到。

沅弟、季弟在安庆稳守十馀日,极为平安。朱云岩带五
百人①,廿四日自祁门起行,初二日已至安庆助守营濠②,家
中尽可放心。

【注释】

①朱云岩:朱品隆(1811—1866),字云岩,清湖南宁乡人。湘军将
 领。初随罗泽南,后隶李续宾。咸丰八年(1858)曾国藩复出,朱

品隆改隶麾下领亲兵营。后统湘前七营,转战安徽,同治初于皖南战区屡立军功,积功至衢州镇总兵。同治五年(1866)六月卒于家,年五十六。

②濠:同"壕"。

【译文】

沅甫弟和季洪弟在安庆防守十多日,很平安。朱云岩带领的五百人,二十四日从祁门启程,初二日已经到安庆帮助防守营盘战壕,家里尽可放心。

此次贼救安庆,取势乃在千里以外①。如湖北则破黄州②,破德安③,破孝感④,破随州、云梦、黄梅、蕲州等属⑤;江西则破吉安⑥,破瑞州、吉水、新淦、永丰等属⑦。皆所以分兵力,亟肆以疲我⑧,多方以误我。贼之善于用兵,似较昔年更狡更悍。吾但求力破安庆一关,此外皆不遽与之争得失⑨。转旋之机⑩,只在一二月可决耳。

【注释】

①取势:借以取得好的形势或局面。

②黄州:府名。地当今湖北黄冈。北周将置于黄城镇(今黄陂东)的南司州改名为黄州,隋改名永安郡,唐更名黄州,宋元明清皆名黄州,但所辖范围时有改变。明嘉靖四十二年(1563),黄州府始辖黄冈、麻城、黄陂、罗田、黄安、蕲水、广济、黄梅八县和蕲州一州。清代基本沿袭明制。民国元年(1912)始废黄州府。

③德安:清代府名。属湖北布政使司,隶汉黄德道,府治在今湖北安陆。元明清德安府领五县一州,即安陆、应山、孝感、应城、云梦和随州。

④孝感:清县名。今为湖北孝感市孝感区。

⑤随州:地名。因西周封国随得名。今为湖北省下辖地级市,位于湖北省北部,素有"汉襄咽喉""鄂北明珠"之称。云梦:地名。在湖北省中部偏东。宋以来属德安府,今隶于湖北孝感。黄梅:地名。清属黄州府,今隶于湖北黄冈。位于长江中游北岸、大别山尾南缘,鄂、皖、赣三省交界,南临长江黄金水道,扼八方之要衢,自古称"七省通衢""鄂东门户"。蕲州:州名。地当今湖北黄冈蕲春县。明清时期为黄州府下属州。民国元年(1912),废黄州府,改蕲州为蕲春县。

⑥吉安:地名。古称"庐陵""吉州",元初取"吉泰民安"之意改称"吉安"。明太祖壬寅年(1362),置吉安府,府治庐陵(在今江西吉安吉州区、青原区、吉安县),领庐陵、永丰(今江西永丰)、万安(县治在今江西万安韶口乡附近)、龙泉(今江西遂川)、永宁(县治在今江西井冈山新城镇)五县和吉水(今江西吉水)、安福(今江西安福)、太和(今江西泰和)、永新(今江西永新)四州。清末辖庐陵(县治在今江西吉安市区)、太和、吉水(今江西吉水)、永丰、安福(今江西安福)、龙泉、万安、永新(今江西永新)、永宁共八县;莲花(今江西莲花)一散厅。民国废府。现为江西省地级市,位于江西省中部,罗霄山脉中段,赣江中游。

⑦瑞州:古州府名。地当今江西高安。明洪武二年(1369)改瑞州路为瑞州府,府治高安县(在今江西高安)。明初领高安、上高(今江西上高)二县,新昌(今江西宜丰新昌镇)一州。清末领高安、新昌、上高三县。民国废。吉水:地名。地处江西省中部。清属吉安,今隶属于江西吉安。因赣江与恩江合行洲渚间,形若"吉"字,由此得名。新淦(gàn):地名。即今江西新干,也叫"新赣"("淦"通"赣"),古称"上淦"。清属临江府,今隶吉安。永丰:地名。位于江西省中部。清属吉安府,今隶吉安。

⑧亟肄(jí yì)：紧急达成(某一目标)。

⑨遽(jù)：立刻，马上。

⑩转旋：扭转，挽回。

【译文】

这次贼军救援安庆，取势都在千里以外。譬如在湖北攻破黄州，攻破德安，攻破孝感，攻破随州、云梦、黄梅、蕲州等地；在江西攻破吉安，攻破瑞州、吉水、新淦、永丰等地。都是为了分散我军兵力，力求拖垮我军，从各个方面引诱误导我军。贼匪善于用兵，似乎比前些年更狡猾更强悍。我军只求用力攻破安庆这一关，此外都不着急和他争得失。扭转局面的机会，在一两个月内就可以出结果。

　　乡间早起之家，蔬菜茂盛之家，类多兴旺。晏起无蔬之家，类多衰弱。尔可于省城菜园中用重价雇人至家种蔬，或二人亦可。其价若干，余由营中寄回。此嘱。

【译文】

　　乡下早起的人家，蔬菜茂盛的人家，大都兴旺。晚起没有蔬菜的人家，大多衰败。你可以在省城的菜园用重价雇一个人来家种菜，或者雇两个人也可以。价钱需要多少，我从大营寄回家。特此嘱咐。

咸丰十一年六月二十四日

字谕纪泽：

　　六月廿日唐介科回营①，接尔初三日禀并澄叔一函，具悉一切。

【注释】

①唐介科：送信长夫名。咸丰十一年（1861）六月二十一日曾纪泽
　　与父书提及此人，写作"唐界科"。

【译文】

写给纪泽：

　　六月二十日唐介科回大营，接到你初三日的信以及澄侯叔的一封
信，知悉一切情况。

　　今年彗星出于北斗与紫微垣之间①，渐渐南移，不数日
而退出右辅与摇光之外②，并未贯紫微垣，亦未犯天市也③。
占验之说④，本不足信。即有不祥，或亦不大为害。

【注释】

①紫微垣：星官名。"三垣"之一。中国古代为认识星辰和观测天
　　象，把若干颗恒星多少不等地组合起来，一组称一个星官。众星
　　官中，"三垣"（紫微垣、太微垣、天市垣）和"二十八宿"占有重要
　　地位。紫微垣有星十五颗，分两列，以北极为中枢，成屏藩状。
　　见唐丹元子《步天歌》。《史记·天官书》中亦有与之相当的星
　　官，唯名称、星数不同。《宋史·天文志二》："紫微垣东蕃八星，
　　西蕃七星，在北斗北，左右环列，翊卫之象也。一曰大帝之坐，天
　　子之常居也，主命、主度也。"古人讲天人对应，认为紫微垣象征
　　天子。
②右辅：指紫微垣右垣七星，包括右枢、少尉、上辅、少辅、上卫、少
　　卫、上丞。摇光：星名。北斗七星的第七星。也称"瑶光""招
　　遥"。《汉书·司马相如传下》："悉征灵圉而选之兮，部署众神于
　　摇光。"唐颜师古注引张揖曰："摇光，北斗杓头第一星。"
③天市：星名。《史记·天官书》："东北曲十二星曰旗。旗中四星

曰天市。"唐张守节《正义》:"天市二十三星,在房、心东北,主国市聚交易之所,一曰天旗。明则市吏急,商人无利;忽然不明,反是。市中星众则岁实,稀则岁虚。荧惑犯,戮不忠之臣。彗星出,当徙市易都。客星入,兵大起;出之,有贵丧也。"

④占验之说:占验,指根据星象云气来占卜国家大事的吉凶。中国古代占星家认为彗星贯穿紫微垣,主天子有难;彗星侵入天市,是有兵灾将迁都之象。

【译文】

今年彗星出现在北斗和紫微垣之间,渐渐向南移动,没几天就退出右垣和摇光之外,并没有贯穿紫微垣,也没有侵犯天市。占星家的说法,本来不值得相信。就算有不吉利,或者也不会是什么大危害。

省雇园丁来家,宜废田一二丘①,用为菜园。吾现在营课勇夫种菜②,每块土约三丈长,五尺宽,窄者四尺馀宽,务使芸草及摘蔬之时③,人足行两边沟内,不践菜土之内。沟宽一尺六寸,足容便桶④。大小横直,有沟有浍⑤,下雨则水有所归,不使积潦伤菜⑥。

【注释】

①丘:指用田塍隔开的水田。

②课:教,督责。

③芸草:锄草。芸,通"耘"。

④便桶:粪桶。浇菜施肥所用。

⑤浍(kuài):田间小沟。《尚书·益稷》:"予决九川距四海,浚畎浍距川。"汉郑玄注:"畎浍,田间沟也。"

⑥积潦(lǎo):成灾的积水,洪涝。

【译文】

从省城雇园丁来家里，应废去水田一二块，用作菜园。我现在在大营教兵勇长夫种菜，每块土大约三丈长，五尺宽，窄的四尺多宽，务必让人在锄草和摘菜的时候，脚走在两边沟里，不踩踏菜地。沟宽一尺六寸，足以放下粪桶。大小横直，都有水沟，下雨的时候水就有汇流之处，不让积水伤到蔬菜。

四川菜园极大，沟浍终岁引水长流，颇得古人井田遗法。吾乡一家园土有限，断无横沟，而直沟则不可少。吾乡老农虽不甚精，犹颇认真，老圃则全不讲究①。我家开此风气，将来荒山旷土，尽可开垦种百谷杂蔬之类。如种茶，亦获利极大。吾乡无人试行，吾家若有山地，可试种之。

【注释】

①老圃：有经验的菜农。《论语·子路》："樊迟请学稼，子曰：'吾不如老农。'请学为圃，曰：'吾不如老圃。'"三国魏何晏《集解》："树菜蔬曰圃。"

【译文】

四川的菜园非常大，水沟长年引水灌溉，很得古人井田遗留下来的方法。我们家乡每户人家菜园地面积有限，绝没有横沟，但直沟还是不能少。我们家乡老农夫技术虽不太精良，但做事还算认真，种菜园可就是完全不讲究。我家开这风气，将来荒山旷土，都可以开垦出来，种各种谷物和菜蔬。如果种茶，获利也很大。我家乡没有人试着去做，我家如果有山地，可以试着种。

　　尔前问《说文》中逸字①，今将贵州郑子尹所著二卷寄尔一阅②。渠所补一百六十五文③，皆许书本有之字，而后世脱失者也。其子知同又附考三百字④，则许书本无之字，而他书引《说文》有之，知同辨为不当有者也。尔将郑氏父子书细阅一遍，则知叔重原有之字⑤，被传写逸脱者，实已不少。

【注释】

①逸字：指脱字。胡朴安《中国文字学史》第三编：“经典相承之字，偏旁所从，及注义及序例中之字，而不见于部中者，学者谓之逸字。”

②郑子尹：郑珍（1806—1864），字子尹，号柴翁，清贵州遵义人。道光十七年（1837）举人，选荔波县训导。咸丰间告归。同治初补江苏知县，未行而卒。学宗许慎、郑玄，精通文字、音韵之学，熟悉古代宫室冠服制度。有《仪礼私笺》《轮舆私笺》《说文逸字》《说文新附考》《巢经巢经说》《巢经巢集》等。

③渠：他。

④知同：郑知同（1831—1890），字伯更，斋名漱芳，清贵州遵义人。郑珍子。幼从父学。无意功名。曾入张之洞幕。张之洞任两广总督时，设广雅书局，郑知同出任总纂。治学以许慎、郑玄为依归，造诣精湛深邃，小学成就尤高。著有《说文正异》《说文述许》《说文商议》《说文伪字》《经义慎思篇》《愈愚录》《隶释订文》《楚辞通释解诂》《转注考》《漱芳斋文稿》和《屈庐诗稿》等。

⑤叔重：许慎（约58—约147），字叔重，东汉汝南召陵（今河南漯河）人。少博学经籍。曾仕郡功曹，举孝廉，历任洨长、太尉南阁祭酒。师事贾逵，受古文经，为马融所重，时称“五经无双许叔重”。作《说文解字》并叙目共十五篇，为我国最早文字学专著，创按部

首列字体例,集古文经学训诂之大成。又著《五经异义》,已佚,有辑本。

【译文】

你前次问《说文解字》一书中的脱字,现将贵州郑子尹所著的《说文逸字》二卷寄给你一阅。他所补的一百六十五个字,都是许慎原书本来有的字,而在后世传抄刻写时脱去了。他的儿子郑知同又继续考订了三百个字,是许慎原书本没有的字,但其他书引用《说文》时有,郑知同考订这些系不应当有的。你将郑氏父子的书仔细阅读一遍,就知道许慎原书有的字,被传写逸脱掉的,实在不少。

纪渠侄近写篆字①,甚有笔力,可喜可慰,兹圈出付回。尔须教之认熟篆文,并解明偏旁本意。渠侄、湘侄要大字横匾②,余即日当写就付归,寿侄亦当付一匾也③。

【注释】

①纪渠:曾纪渠(1848—1897),乳名科三,系曾国潢次子,出继曾国葆为后。

②湘侄:曾纪湘(1849—1870),字耀衡,乳名科九,系曾国潢第三子。

③寿侄:曾纪寿(1855—1930),字岳松,乳名鼎三,系曾国华次子。

【译文】

纪渠侄儿近来写篆字,很有笔力,我很感欣喜安慰,现在圈出来寄回。你要教他将篆文认熟,并解释明白偏旁的本意。纪渠、纪湘两位侄儿要大字横匾,我会立即写好让人带回去,也会带一副大字横匾给纪寿侄儿。

家中有李少温篆贴《三坟记》《栖先茔记》^①，亦可寻出呈澄叔一阅。澄弟作篆字间架太散，以无贴意故也。邓石如先生所写篆字《西铭》《弟子职》之类^②，永州杨太守新刻一套^③，尔可求郭意城姻叔拓一二分^④，俾家中写篆者有所摹仿。

【注释】

①李少温：李阳冰，字少温，唐京兆云阳（今陕西泾阳）人。郡望赵郡（今河北赵县）。肃宗乾元中任缙云令，有政声，秩满迁为当涂令。族侄李白来依，亟出诗文稿若干，请为编集作序。后赴京任将作少监，代宗大历十四年（779）任国子丞。李阳冰工书，篆书独步一时。《三坟记》：唐大历二年（767）立碑，李季卿撰文，李阳冰篆书。碑文记述李季卿三位兄长的生平事迹。碑两面刻字，阳面十三行，阴面十一行，满行二十字。原石早佚，现存于西安碑林中的《三坟记》是宋代重新刻过的碑石。《栖（qiān）先茔记》：唐大历二年（767）立碑，李季卿撰文，李阳冰篆书。碑文叙述李季卿迁其父李适坟的原委。碑文十四行，满行二十六字。现存西安碑林。栖，同"迁"。

②邓石如（1743—1805）：本名琰，字顽伯，号完白山人，又号笈游山人，清安徽怀宁人。少好篆刻。客居金陵梅镠家八年，尽摹所藏秦汉以来金石善本。遂工四体书，尤长于篆书，以秦李斯、唐李阳冰为宗，稍参隶意，称为神品。有《完白山人篆刻偶存》。《西铭》：北宋理学家张载著。原为《正蒙·乾称篇》的一部分。张载曾录《乾称篇》的《砭愚》和《订顽》两部分，分别悬挂于书房的东、西两牖。程颐见后，将《砭愚》改称《东铭》、《订顽》改称《西铭》。"民胞物与"四字，即出于《西铭》。《弟子职》：古籍名。记弟子事

师、受业、馈馔、洒扫、执烛坐作、进退之礼。《汉书·艺文志》著录,题为管仲作。后世学者认为系战国时稷下学者托名管仲所作,文字颇有汉人附益。

③永州杨太守:指时任湖南永州知府的杨翰。杨翰(1812—1879),字伯飞,号海琴,又号樗盦,别号息柯居士、九愚居士,清直隶宛平(今北京)人。道光二十五年(1845)进士。咸丰间官至湖南辰沅永靖兵备道。善画山水,工书法,喜考据。蓄书盈万卷、金石文字千种。有《粤西得碑记》《褒遗草堂集》。

④郭意城:指郭崑焘。见前"郭二姻叔"注。

【译文】

家里有李阳冰篆书字帖《三坟记》和《栖先茔记》,也可以找出来送呈澄侯叔一阅。澄侯弟写篆字间架太散,是因为不像帖上的字的缘故。邓石如先生所写的篆书作品《西铭》《弟子职》等,永州太守杨翰新近刻过一套,你可以请求郭意城姻叔拓一两份,让家里写篆书的人有所模仿。

家中有褚书《西安圣教》《同州圣教》①,尔可寻出寄营,《王圣教》亦寄来一阅②。如无裱者,则不必寄也。

【注释】

①《西安圣教》:即《雁塔圣教序》,亦称《慈恩寺圣教序》,唐代褚遂良的楷书代表作。唐高宗永徽四年(653)立石,凡二石,两块碑石分别镶嵌在大雁塔底层南门两侧的两个砖龛之中,两碑碑额、碑文书写左右对称,两碑共一千四百六十三字。上碑为序碑,全称《大唐三藏圣教序》,位于塔底层南面券门西侧砖龛内,唐太宗李世民撰文,碑文二十一行,行四十二字,由右而左写刻;下碑为序记碑,全称《大唐皇帝述三藏圣教序记》,位于塔底层南面券门

东侧砖龛内,唐高宗李治撰文,碑文二十行,行四十字,由左而右
写刻。《同州圣教》:褚遂良书《圣教序》,在古同州(今陕西大荔)
金塔寺内尚有一块内容完全一样的刻石,称"同州圣教"。碑立
于唐高宗龙朔三年(663),距褚遂良去世已五年。实据《雁塔圣
教序》翻刻。末尾三十字非褚遂良书。
②《王圣教》:即《招提寺圣教序》,亦称《大唐二帝圣教序碑》,碑立
于唐高宗显庆二年(657)。王行满书,沈道元刻石,阳文篆额,碑
文正书,高2.44米、宽1.04米。此碑原在河南偃师府店镇古招
提寺。乾隆二十五年(1760)移置县学。后被砸毁,仅馀碑首及
约三分之一的碑身,收存在偃师商城博物馆内。

【译文】

家里有褚遂良书法字帖《西安圣教序》和《同州圣教序》,你可以找
出来寄到大营,王行满的《圣教序》帖也寄给我一阅。如果没有装裱好,
就不用寄了。

《汉魏六朝百三家集》,京中一分,江西一分,想俱在家,
可寄一部来营。

【译文】

《汉魏六朝百三名家集》,在京城时买过一部,在江西时收过一部,
想必都在家里,可以寄一部来大营。

余疮疾略好,而癣大作,手不停爬,幸饮食如常。

【译文】

我的疮疾稍微好些了,但癣病大发作,手要不停地爬痒,幸亏饮食

还是老样子。

安庆军事甚好，大约可克复矣。

【译文】

安庆军事形势很好，大约能攻克收复。

此次未写信与澄叔，尔将此呈阅，并问澄弟近好。

【译文】

这次没有写信给澄侯叔，你将此信呈他一阅，并问他近好。

咸丰十一年七月十四日①

字谕纪泽：

尔前寄所临《书谱》一卷，余比送徐柳臣先生处②，请其批评。初七日接渠回信，兹寄尔一阅。

【注释】

①本篇，传忠书局本系年在咸丰十一年(1861)，恐不确。似当系年在咸丰九年(1859)为宜。因为曾国藩咸丰九年在江西南昌，而徐柳臣(徐思庄)乃江西龙南人，以在乡官绅身份，与曾国藩颇有来往。又篇中刘世兄当为江西士绅刘养素(刘于浔)之子。若此篇系在咸丰十一年，则曾国藩人在安徽东流，与徐柳臣及刘养素之子恐相见不便。又曾国藩在咸丰九年三月二十三日写给曾纪

泽的信里说："尔可学《书谱》，请徐柳臣一看。"与此篇相呼应。
又，本篇云："十三日晤柳臣先生，渠盛称尔草字可以入古，又送
尔扇一柄，兹寄回。刘世兄送《西安圣教》，兹与手卷并寄回。"曾
纪泽咸丰九年七月廿五夜禀父书则云："《圣教序》等事均到，折
扇殆非徐翁自书，其世兄之书，故神似尔。"（据《湘乡曾氏文献》，
台湾学生书局1965版）两相对照，知本篇作于咸丰九年无疑。

②比：近日。徐柳臣：见前注。

【译文】

写给纪泽：

你前回寄的临写《书谱》一卷，我近日送到徐柳臣先生那边，请他批
评指正。初七日接到他的回信，现在寄给你一阅。

十三日晤柳臣先生，渠盛称尔草字可以入古，又送尔扇
一柄，兹寄回。刘世兄送《西安圣教》①，兹与手卷并寄回，
查收。

【注释】

①刘世兄：疑指刘养素（刘于浔）的儿子。

【译文】

十三日见到徐柳臣先生，他盛赞你的草书可以和古人的字放在一
起，又送给你折扇一柄，现在寄回。刘家公子送的《西安圣教》帖，现在
和手卷一起寄回，记得查收。

尔前用油纸摹字，若常常为之，间架必大进。欧、虞、
颜、柳四大家①，是诗家之李、杜、韩、苏②，天地之日星江河
也。尔有志学书，须窥寻四人门径。至嘱至嘱。

【注释】

①欧、虞、颜、柳：指唐代书法家欧阳询、虞世南、颜真卿、柳公权。

②李、杜、韩、苏：李白、杜甫、韩愈、苏轼。

【译文】

　　你前些日子用油纸摹写字帖，如果能常常这样做，间架结构一定会大有长进。书法方面欧阳询、虞世南、颜真卿、柳公权这四位大家，就是诗人中的李白、杜甫、韩愈、苏轼，好比天地间的日星江河。你有志学书，必须研究这四大家的方法路径。千万记住千万记住。

咸丰十一年七月二十四日

字谕纪泽：

　　前接来禀，知尔钞《说文》，阅《通鉴》，均尚有恒，能耐久坐，至以为慰。

【译文】

写给纪泽：

　　日前接到你的来信，知道你抄《说文解字》，看《资治通鉴》，都还能坚持，能耐心久坐，我感到很欣慰。

　　去年在营，余教以"看、读、写、作"四者阙一不可①。尔今阅《通鉴》，算"看"字工夫；钞《说文》，算"读"字工夫。尚能临帖否？或临《书谱》，或用油纸摹欧、柳楷书，以药尔柔弱之体。此"写"字工夫，必不可少者也。

【注释】

①阙（quē）：缺。

【译文】

去年在大营，我曾教诲你"看、读、写、作"四者缺一不可。你现在读《资治通鉴》，算是"看"这一门功夫；抄《说文解字》，算是"读"这一门功夫。还能临帖不？或者临写《书谱》，或者用油纸摹写欧阳询、柳公权的楷书，来纠正你字体柔弱的毛病。这就是"写"这一门功夫，决不能少。

　　尔去年曾将《文选》中零字碎锦分类纂钞，以为属文之材料①，今尚照常摘钞否？已卒业否②？或分类钞《文选》之词藻，或分类钞《说文》之训诂。尔生平作文太少，即以此代"作"字工夫，亦不可少者也。

【注释】

①属（zhǔ）文：撰写文章。

②卒业：完成学业。

【译文】

你去年曾将《文选》中的零字碎锦分类摘抄，作为写文章的材料，现在还坚持照常摘抄不？已经抄完了吗？或者分类摘抄《文选》的词藻，或者分类摘抄《说文解字》的训诂。你平时写文章太少，就用这代替"作"这门功夫，也是不能少的。

　　尔十馀岁至二十岁虚度光阴，及今将"看、读、写、作"四字逐日无间①，尚可有成。

【注释】

①无间：不中断。

【译文】

你十多岁至二十岁虚度光阴，现在将"看、读、写、作"四门每天坚持不中断，还可以指望有所成就。

　　尔语言太快，举止太轻，近能力行"迟""重"二字以改救否？

【译文】

你说话太快，举止太轻，近来能力行"迟""重"两个字以纠正不？

　　此间军事平安。援贼于十九、廿、廿一日扑安庆后濠①，均经击退。廿二日自巳刻起至五更止猛扑十一次②，亦竭力击退。从此当可化险为夷，安庆可望克复矣。

【注释】

①后濠：湘军围城，一般修两道战壕。靠近城墙、防止城里敌军冲出来的，称"前壕"。离城墙较远、防止敌人援军冲进来的，称"后壕"。濠，同"壕"。

②巳刻：上午九时至十一时。

【译文】

这边军事平安。贼匪的援军在十九、二十、二十一日攻打安庆后壕，都被我军击退。二十二日从巳刻起到五更天止，猛烈攻打十一次，也被我军竭力击退。从此应当可以化险为夷，安庆有望攻克收复了。

余癣疾未愈,每日夜手不停爬,幸无他病。皖南有左、张①,江西有鲍②,均可放心。目下惟安庆较险,然过廿二之风波,当无虑也。

【注释】

①左、张:指左宗棠、张运兰。

②鲍:指鲍超。

【译文】

我癣疾还没好,每天夜里手要不停爬痒,幸亏没有别的病。皖南有左宗棠和张运兰,江西有鲍超,都可以放心。眼下只有安庆比较危险,但扛过了二十二日的风波,应当没什么可忧虑的了。

咸丰十一年八月二十四日

字谕纪泽:

八月廿日胡必达、谢荣凤到①,接尔母子及澄叔三信,并《汉魏百三家》《圣教序》三帖②。廿二日谭在荣到③,又接尔及澄叔二信,具悉一切。

【注释】

①胡必达、谢荣凤:送信长夫名。

②《圣教序》三帖:即六月二十四日写给曾纪泽的信中提到的褚遂良《雁塔圣教序》《同州圣教序》,及王行满的《招提寺圣教序》。

③谭在荣:送信长夫名。

【译文】

写给纪泽：

八月二十日胡必达、谢荣凤到大营，接到你母子及澄侯叔的三封信，以及《汉魏六朝百三名家集》《圣教序》字帖三种。二十二日谭在荣到营，又接到你和澄侯叔的两封信，知悉一切情况。

蔡迎五竟死于京口江中①，可异可悯，兹将其口粮三两补去②，外以银廿两赈恤其家③。朱运四先生之母仙逝，兹寄去奠仪银八两。蕙姑娘之女一贞于今冬发嫁④，兹付去奁仪十两⑤。家中可分别妥送。

【注释】

①蔡迎五：或作"蔡宁五"，送信长夫名。京口：古城名。在今江苏镇江。209年，孙权将首府自吴（苏州）迁此，称为京城。211年迁治建业后，改称京口镇。为古代长江下游的军事重镇。

②口粮：军队、官府按人头发给士兵、夫役的食粮。宋司马光《涑水记闻》卷十一："保州云翼兵士，旧有特支口粮。"亦指薪饷。《二十年目睹之怪现状》第九十九回："但是你每月的口粮都给了我，你自己一个钱都没了，如何过得？"

③赈恤：以钱物救济贫苦或受灾的人。

④蕙姑娘：指曾国藩之妹曾国蕙。曾纪泽喊她姑娘。南方方言，喊"姑姑"作"姑娘"。一贞：王待聘与曾国蕙的女儿。

⑤奁仪：送亲友嫁女的财物或礼金。

【译文】

蔡迎五竟死在京口江中，真是意想不到又令人悲伤，现将他的口粮钱三两银子补发下去，另外拿二十两银子给他家人做抚恤金。朱运四先生的母亲去世,现寄去奠仪钱八两银子。你蕙姑娘的女儿一贞今年冬天出嫁,现寄去送贺礼钱十两银子。家里分别送去为妥。

　　大女儿择于十二月初三日发嫁,袁家已送期来否①? 余向定妆奁之资二百金②,兹先寄百金回家制备衣物,馀百金俟下次再寄。其自家至袁家途费暨六十侄女出嫁奁仪③,均俟下次再寄也。

【注释】

①送期:俗称"送日子"。旧俗结婚之前,男家请算命先生挑选吉日后送交女家。

②向:向来,一向。妆奁:女子梳妆用的镜匣等物。亦指嫁妆。

③六十:曾国藩侄女乳名。疑为曾国潢次女,嫁葛承霖为妻。

【译文】

　　大女选在十二月初三日出嫁,袁家已送日子来没有? 我一向规定嫁女儿用二百两银子做嫁妆,现在先寄一百两银子回家置办衣物,剩下的一百两银子等下次再寄。从家里到袁家的路费以及六十侄女出嫁要送的礼金,都等下次再寄。

　　居家之道,惟崇俭可以长久。处乱世尤以戒奢侈为要义。衣服不宜多制,尤不宜大镶大缘①,过于绚烂。尔教导诸妹,敬听父训,自有可久之理。

【注释】

①大镶大缘:指衣物做过多装饰。镶、缘,镶边、缘饰。

【译文】

居家过日子，只有崇尚节俭才是长久之道。身处乱世尤其要以戒除奢华为第一要紧事。衣服不宜多置办，镶边和缘饰尤其不宜太多，不宜太过绚烂。你教导几位妹妹，恭敬地听取为父的训导，过日子自然有长久的道理。

牧云舅氏书院一席①，余已函托寄云中丞②。沅叔告假回长沙，当面再一提及，当无不成。

【注释】

①书院一席：曾国藩妻兄欧阳牧云托曾国藩谋衡阳书院教席，曾国藩七月十四日致信同年湖南巡抚毛寄云（毛鸿宾），求为留意。

②寄云中丞：指时任湖南巡抚的毛寄云。清称"巡抚"为"中丞"。毛鸿宾（1811—1867），字翊云，又字寄云，号菊隐，山东历城人。与曾国藩同为道光十八年（1838）进士，交情甚笃，历任监察御史、给事中、湖南巡抚、两广总督等职。

【译文】

你舅舅欧阳牧云谋求衡阳书院讲席之事，我已经写信给湖南巡抚毛寄云中丞，托他留意。你沅甫叔请假回家，路过长沙，会当面和他再次提及，应当不会不成功。

余身体平安。廿一日成服哭临①，现在三日已毕。疮尚未好，每夜搔痒不止，幸不甚为害。满叔近患疟疾②，廿二日全愈矣。

【注释】

①成服：旧时丧礼大殓之后，亲属按照与死者关系的亲疏穿上不同的丧服，叫"成服"。《礼记·奔丧》："唯父母之丧，见星而行，见星而舍。若未得行，则成服而后行。"哭临：帝后死丧，集众定时举哀叫"哭临"。《史记·孝文本纪》："毋发民男女哭临宫殿。宫殿中当临者，皆以旦夕各十五举声；礼毕罢，非旦夕临时，禁毋得擅哭。"咸丰帝驾崩于咸丰十一年（1861）七月十六日，曾国藩于八月十八日接奉哀诏，设次于安庆城中，率文武官员成服哭临。

②满叔：小叔。湖南方言，称兄弟姊妹中最小的为"满"。

【译文】

我身体平安。二十一日为大行皇帝成服哭临，现在三日已毕。疮疾还没好，每天夜里不停地搔痒，幸亏不太为害。你小叔近日患疟疾，二十二日已经痊愈。

此次未写澄叔信，尔将此呈阅。

【译文】

这次没有给你澄侯叔写信，你将这封信呈他一阅。

咸丰十一年九月初四日

字谕纪泽：

接尔八月十四日禀并日课一单、分类目录一纸。日课单批明发还。

【译文】

写给纪泽：

接到你八月十四日的信及日课单一份、分类目录一页。日课单，我批阅好了寄还给你。

目录分类，非一言可尽。大抵有一种学问，即有一种分类之法；有一人嗜好，即有一人摘钞之法。若从本原论之，当以《尔雅》为分类之最古者。

【译文】

目录分类，不是一句话就能说清楚的。大概有一种学问，就有一种分类的方法；有一种个人嗜好，就有一种个人摘抄的方法。如果从根本和源头上讲，应当以《尔雅》为分类法中最古老的。

天之星辰，地之山川鸟兽草本，皆古圣贤人辨其品汇①，命之以名。《书》所称大禹主名山川②，《礼》所称黄帝正名百物是也③。物必先有名，而后有是字，故必知命名之原，乃知文字之原。

【注释】

①品汇：事物的品种类别。

②大禹主名山川：语本《尚书·吕刑》："禹平水土，主名山川。"孔传："禹治洪水，山川无名者主名之。"意思是说大禹治水，凡是没有名字的山川，都分别命名。

③黄帝正名百物：语本《礼记·祭法》："黄帝正名百物，以明民共财，颛顼能修之。"

【译文】

天上的星辰,地上的山川、鸟兽和草本,都是古代圣贤辨认它们的品种类别,为它们命名。《尚书》说大禹治水并给山川命名,《礼记》说黄帝为万物取正式的名字,说的便是这个。万物一定先有这个名称,然后才有这个字,所以必须明白命名的缘由,才懂文字的本源。

舟车弓矢、俎豆钟鼓①,日用之具,皆先王制器以利民用。必先有器,而后有是字,故又必知制器之原,乃知文字之原。

【注释】

①俎(zǔ)豆:俎和豆。古代祭祀、宴飨时盛食物用的两种礼器。亦泛指各种礼器。

【译文】

舟车弓箭、俎豆钟鼓,日用品,都是先王为了方便百姓使用而制作的器物。一定先有这个器物,然后才有这个字,所以又必须明白制作器物的本源,才懂文字的本源。

君臣上下、礼乐兵刑①,赏罚之法,皆先王立事以经纶天下②。或先有事而后有字,或先有字而后有事,故又必知万事之本,而后知文字之原。

【注释】

①礼乐:礼仪和音乐。古代帝王常用兴礼乐为手段以求达到尊卑有序、远近和合的统治目的。《礼记·乐记》:"乐也者,情之不可变者也;礼也者,理之不可易者也。乐统同,礼辨异。礼乐之说,

管乎人情矣。"唐孔颖达疏："乐主和同，则远近皆合；礼主恭敬，则贵贱有序。"

② 经纶：整理丝缕、理出丝绪和编丝成绳，统称"经纶"。引申为筹划治理国家大事。《周易·屯》："云雷，屯，君子以经纶。"唐孔颖达疏："经，谓经纬；纶，谓纲纶。言君子法此屯象有为之时，以经纶天下，约束于物。"《中庸》第三十二章："唯天下至诚，为能经纶天下之大经，立天下之大本，知天地之化育。"

【译文】

君臣上下等级，礼仪、音乐、军事、刑罚等门类，奖赏和惩罚的法律，都是先王为管理天下人而确定的事务。或者先有某事而后有某字，或者先有某字而后有某事，所以又必须明白万事的本源，然后才懂文字的本源。

此三者，物最初，器次之，事又次之。三者既具，而后有文词。

【译文】

这三样，物件排最前，器具排其次，事务排最末。三样都具备了，然后有词语。

《尔雅》一书，如释天、释地、释山、释水、释草木、释鸟兽虫鱼，物之属也；释器、释宫、释乐，器之属也；释亲，事之属也；释诂、释训、释言，文词之属也。

【译文】

《尔雅》一书，如释天、释地、释山、释水、释草、释木、释鸟、释兽、释虫、释鱼等篇,是讲万物之类的;释器、释宫、释乐,是讲器具之类的;释亲,是讲人事之类的;释诂、释训、释言,是讲词语之类的。

《尔雅》之分类,惟属事者最略①;后世之分类,惟属事者最详。事之中又判为两端焉:曰虚事,曰实事。虚事者,如经之"三礼"②,马之"八书"③,班之"十志"④,及"三通"之区别门类是也⑤。实事者,就史鉴中已往之事迹分类纂记⑥,如《事文类聚》《白孔六帖》《太平御览》及我朝《渊鉴类函》《子史精华》等书是也⑦。

【注释】

①属事:说事物,将相类的事物放在一起。

②三礼:指《仪礼》《周礼》《礼记》三部经书。

③马之"八书":指汉司马迁《史记》的中《礼》《乐》《律》《历》《天官》《封禅》《河渠》《平准》八书。其内容是关于对古代社会的经济、政治、文化各个方面的专题记载和论述。其后正史皆称"志"。《史记·太史公自序》:"礼乐损益,律历改易,兵权山川鬼神,天人之际,承敝通变,作八书。"南朝梁刘勰《文心雕龙·史传》:"八书以铺政体。"

④班之"十志":指汉班固《汉书》中的《律历》《礼乐》《刑法》《食货》《郊祀》《天文》《五行》《地理》《沟洫》《艺文》十志,性质与《史记》之"八书"相同,其内容是关于对古代社会的经济、政治、文化各个方面的专题记载和论述。

⑤三通:唐杜佑《通典》、宋郑樵《通志》、元马端临《文献通考》的合称。清钮琇《觚賸续编·三通》:"人而不读'三通',安得谓之通?三通者,杜佑《通典》、郑樵《通志》、马端临《文献通考》也。"

⑥史鉴："二十三史"及《资治通鉴》。亦可泛指各种史书。

⑦《事文类聚》：类书名。宋祝穆编撰，仿《艺文类聚》《初学记》等书体例，搜集古今纪事暨诗文，合编成书，供查检典故之用。共一百七十卷，分前、后、别、续四集。后，元富大用续编新集三十六卷、外集十五卷；祝渊续编遗集十五卷。《白孔六帖》：类书名。唐白居易采摘经籍中典故词语，分门别类，汇辑成《白氏经文事类》一书，凡三十卷。是书一名《六帖》。得名说法不一。唐代考试制度，以六科取士，试题叫"帖"，此书供考生应试之用，故名"六帖"。一说，本书共六册，每册版心标有帖一至六等字，因而取名"六帖"。北宋孔传仿《白氏六帖》体例，辑唐五代诸籍，续作《六帖新书》，又称《后六帖》，三十卷。南宋末年两书合刊，以《白帖》为主，将《孔帖》各类附入其下，分为一百卷。取白、孔二姓为名，故名《白孔六帖》。《太平御览》：类书名。宋太宗时翰林学士李昉等人辑撰成书，共一千卷，分五十五门，是百科全书性质的类书。该书的编纂工作，始于宋太宗太平兴国二年（977）三月，完成于太平兴国于八年（984）十月。初名《太平总类》，宋太宗诏改今名。与同时编纂的史学类书《册府元龟》、文学类书《文苑英华》、小说类书《太平广记》，合称为"宋四大书"。

【译文】

《尔雅》的分类，讲人事的部分最简单；后世的分类，讲人事的部分最详细。人事之中又可分为两类：一虚事，一实事。虚事，如经中的"三礼"，《史记》的"八书"，《汉书》的"十志"，以及"三通"等书分列的门类就是。实事，是根据"二十三史"和《资治通鉴》等正史中记载的过去事迹加以分类记录，如《事文类聚》《白孔六帖》《太平御览》及我朝《渊鉴类函》《子史精华》等书就是。

尔所呈之目录，亦是钞摘实事之象，而不如《子史精华》

中目录之精当。余在京藏《子史精华》，温叔于廿八年带回①，想尚在白玉堂②，尔可取出核对，将子目略为减少。

【注释】

①廿八年：指道光二十八年（1848）。

②白玉堂：曾氏老宅，曾国藩出生处，位于今湖南双峰荷叶镇大坪村白杨坪。

【译文】

你送呈我过目的目录，也像是在抄摘实事，却不如《子史精华》的目录精确恰当。我在京城收藏有《子史精华》一书，温甫叔在道光二十八年带回家了，想必还在白玉堂，你可以取出来核对，将子目录稍稍减少一些。

后世人事日多，史册日繁，摘类书者，事多而器物少，乃势所必然。尔即可照此钞去，但期与《子史精华》规模相仿，即为善本。其末附"古语鄙谚"①，虽未必无用，而不如径摘钞《说文》训诂，庶与《尔雅》首三篇相近也。

【注释】

①古语鄙谚：曾纪泽摘抄的一个目录门类。古语，指古代词语。鄙谚，指乡间俗语。

【译文】

后世人事越来越多，史册越来越繁杂，摘抄编撰类书，人事多而器物少，也是势所必然。你可以照这方法抄下去，只要最后能和《子史精华》的规模差不多，就是好书了。你的摘抄目录最末附的"古语鄙谚"，虽然未必没用，但不如直接摘抄《说文解字》的训诂，还差不多可以和《尔雅》前三篇相近。

余亦思仿《尔雅》之例钞纂类书，以记日知月无忘之效①，特患年齿已衰，军务少暇，终不能有所成。或余少引其端②，尔将来继成之可耳。

【注释】

①日知月无忘：语本《论语·子张》："子夏曰：'日知其所亡，月无忘其所能，可谓好学也已矣。'"朱子《集注》："亡，读作'无'。好，去声。亡，无也。谓己之所未有。"意谓每天知道自己所不懂的知识，每月不忘记自己学会的本领。

②少引其端：稍微开个头。

【译文】

我也想仿照《尔雅》的体例摘抄编纂类书，以期达到学习新知识不忘旧学问的目的，只是担心年纪大了，军务又忙，缺少闲暇，最终不能做成事。或者我先稍稍开个头，你将来接着做成也可以。

余身体尚好，惟疮久不愈。沅叔已拔营赴庐江、无为州①。一切平安。

【注释】

①庐江：地名。清属庐州府，今隶属于安徽合肥。无为州：地名。位于安徽中南部，在长江北岸，清为州，属庐州府；今为县，隶属于安徽芜湖。

【译文】

我身体还好，只是疮疾许久不好。你沅甫叔已拔营启程，赶赴庐江和无为州。一切平安。

胡宫保仙逝①,是东南大不幸事,可伤之至!

【注释】

①胡宫保:指湖北巡抚胡林翼,因官太子少保而称"宫保"。胡林翼
(1812—1861),字贶生,号润芝(亦写作"润之"),又号咏芝,清湖
南益阳人。湘军重要将领。道光十六年(1836)进士,先后充会
试同考官、江南乡试副考官,历任安顺、镇远、黎平知府及贵东
道,咸丰四年(1854)迁四川按察使,次年调湖北按察使,升湖北
布政使、署巡抚。抚鄂期间,注意整饬吏治,引荐人才,协调各方
关系,支援曾国藩率领湘军与太平军作战。咸丰十一年(1861)
病卒,谥文忠。胡林翼与曾国藩、李鸿章、左宗棠并称为"中兴四
大名臣"。宫保,是太子太保、少保的通称。明代习惯上尊称太
子太保为宫保,清代则用以称太子少保。仙逝:死的婉词。此处
指胡林翼在本年八月二十六日病逝于湖北武昌。

【译文】

胡宫保去世,是东南半边天的大损失,太让人伤心了!

紫兼豪营中无之①。兹付笔廿支、印章一包,查收。蓝
格本下次再付。

【注释】

①紫兼豪:指笔锋由紫豪(紫色兔毛)与羊豪合制而成的毛笔。中
国传统工艺,用两种以上的豪制笔,称"兼豪"。豪,通"毫"。

【译文】

紫兼毫毛笔大营中没有。今托人带去毛笔二十支、印章一包,记得
查收。蓝格本,下次再带去。

澄叔处尚未写信，将此送阅。

【译文】

澄侯叔那边还没有写信，你将此信呈他一阅。

咸丰十一年九月二十四日

字谕纪泽：

　　昨见尔所作《说文分韵解字凡例》①，喜尔今年甚有长进。因请莫君指示错处②。莫君名友芝③，字子偲，号郘亭，贵州辛卯举人④，学问淹雅⑤。丁未年在琉璃厂与余相见⑥，心敬其人。七月来营，复得晤谈⑦。其学于考据、词章二者皆有本原，义理亦践修不苟⑧。兹将渠批订尔所作之凡例寄去⑨，余亦批示数处。

【注释】

①《说文分韵解字凡例》：曾纪泽所作，拟对《说文解字》中的字按韵部重新分类并作解释。凡例，晋杜预《春秋经传集解序》："其发凡以言例，皆经国之常制，周公之垂法，史书之旧章。"又《左传·隐公七年》："凡诸侯同盟，于是称名，故薨则赴以名，告终称嗣也，以继好息民，谓之礼经。"晋杜预注："此言凡例，乃周公所制礼经也。"后因以"凡例"指体制、章法或内容大要，今多指书前说明本书内容或编纂体例的文字。

②因：传忠书局刻本作"固"，据手迹改。

③莫友芝（1811—1871）：字子偲，号郘亭，晚号眲叟，清贵州独山

（今隶属于黔南布依族苗族自治州）人。莫与俦子。道光十一年（1831）举人。家世传业，通文字训诂之学，与郑珍俱为西南大师。工诗。尤工真行篆隶书。咸丰间以知县用，弃官，游江南，客曾国藩幕，与学者张文虎、张裕钊等校雠经史。有《郘亭知见传本书目》《郘亭诗钞》《遵义府志》《声韵考略》等。

④辛卯：指道光十一年（1831）。

⑤淹雅：学问渊博典正。

⑥丁未：指道光二十七年（1847）。琉璃厂：地名。即今北京琉璃厂。清代即为著名文化用品集散地。

⑦邑（chàng）谈：畅谈。邑，通"畅"。

⑧践修：履行和修治。《尚书·微子之命》："尔惟践修厥猷，旧有令闻。"《左传·文公元年》："践修旧好，要结外援。"

⑨批订：批阅改订。

【译文】

写给纪泽：

日前见到你所作的《说文分韵解字凡例》，很高兴你今年大有长进。我专门请了莫先生指示错误之处。莫先生，名友芝，字子偲，号郘亭，贵州人，是辛卯科举人，学问渊博雅正。丁未年在琉璃厂和我相识，我很敬重他。他七月来大营，再次得以畅谈。他的学问在考据、词章两方面都有本有源，义理方面也努力践行，一丝不苟。现将他批阅改订过的你所作凡例寄回去，我也批示了几处。

又，寄银百五十两，合前寄之百金，均为大女儿于归之用①。以二百金办奁具②，以五十金为程仪③，家中切不可另筹银钱，过于奢侈。遭此乱世，虽大富大贵，亦靠不住，惟"勤""俭"二字可以持久。

【注释】

①于归:出嫁。《诗经·周南·桃夭》:"之子于归,宜其室家。"朱子
《集传》:"妇人谓嫁曰归。"清马瑞辰《通释》:"《尔雅》:'于,曰
也。''曰'读若'聿','聿''于'一声之转。'之子于归',正与'黄
鸟于飞''之子于征'为一类。于飞,聿飞也;于征,聿征也;于归,
亦聿归也。又与《东山》诗'我东曰归'、《采薇》诗'曰归曰归'同
义,'曰'亦'聿'也。于、曰、聿,皆词也。"

②奁具:指嫁妆。

③程仪:路费。亦称"程敬"。旧时赠送旅行者的财礼。

【译文】

又,寄银子一百五十两,加上此前寄的一百两,都做大女出嫁的费
用。用二百两办嫁妆,用五十两做路费,家中万万不可另外筹钱,过于奢
侈。生逢乱世,即便大富大贵,也靠不住,只有"勤""俭"二字可以持久。

> 又,寄丸药二小瓶①,与尔母服食。

【注释】

①丸药:圆粒形成药的通称。

【译文】

又,寄丸药两小瓶,给你母亲服用。

> 尔在家常能早起否?诸弟妹早起否?说话迟钝、行路
> 厚重否?宜时时省记也。

【译文】

你在家里能常常早起不?弟弟妹妹们能早起不?你能说话迟钝、

走路稳重不？要时时反省和记得。

咸丰十一年十月二十四日

字谕纪泽：

　　初四日接尔二十六号禀。所刻《心经》①，微有《西安圣教》笔意②。总要养得胸次博大活泼③，此后更富有长进也。尔去年看《诗经注疏》已毕否？若未毕，自当补看。不可无恒耳。讲《通鉴》，即以我过笔者讲之亦可④。将来另购一部，尔照我之样，过笔一次可也。

【注释】

①《心经》：佛教经典《般若波罗蜜多心经》的简称。因篇幅短，颇受书法家喜爱。

②《西安圣教》：即褚遂良《雁塔圣教序》。见前注。

③胸次：胸间。亦指胸怀。《庄子·田子方》："行小变而不失其大常也，喜怒哀乐不入于胸次。"

④过笔：动过笔，用笔圈点过。

【译文】

写给纪泽：

　　初四日接到你二十六号信。所刻写的《心经》，有些褚遂良《雁塔圣教序》的用笔意思。一个人，总要养得胸怀博大活泼，以后才有大长进。你去年已经将《诗经注疏》看完了没有？如果没有看完，自然应当补看完。不能没有恒心。讲读《资治通鉴》，就用我动笔圈点过的那本讲也可以。将来再买一部，你可以照我的样，动笔圈点一次。

咸丰十一年十二月十四日

字谕纪泽：

接沅叔信，知二女喜期①。陈家择于正月二十日入赘②，澄叔欲于乡间另备一屋。余意即在黄金堂成礼③，或借曾家坳头行礼④，三朝后仍接回黄金堂⑤。想尔母子与诸叔已有定议矣。

【注释】

①二女：曾国藩次女曾纪耀(1843—1881)，字仲坤，嫁陈源兖之子陈松生(陈远济)为妻。喜期：婚嫁办喜事的日期。

②陈家：指陈松生(陈远济)家。陈源兖之子陈松生(陈远济)幼小时曾在曾国藩家养育，长大后与曾国藩次女曾纪耀结为夫妻。入赘：男子就婚于女家并成为其家庭成员，俗称"上门女婿"。

③成礼：此指完婚，举行婚礼仪式。

④曾家坳(ào)头：地名。在黄金堂对面，系曾府产业，建有房屋，相当于黄金堂的别院。坳，指山间平地。

⑤三朝(zhāo)：旧时婚后或出生后第三日均称"三朝"。宋吴自牧《梦粱录·嫁娶》："三日，女家送冠花、彩段、鹅蛋……并以茶饼鹅羊果物等合送去婿家，谓之送三朝礼也。"

【译文】

写给纪泽：

接到你沅甫叔的信，得知二女办喜事的日期。陈家选在正月二十日入赘，你澄侯叔想在乡间另外准备一间屋子。我的意思是就在黄金堂举行婚礼仪式，或者先借曾家坳头的房屋办一下仪式，三朝后仍接回黄金堂。想必你们母子和几位叔叔已经有方案了。

　　兹寄回银二百两，为二女奁资。外五十金，为酒席之资，俟下次寄回。亦于此次寄矣。

【译文】

　　今寄回银子二百两，为二女办嫁妆。另外五十两银子，做办酒席的费用，等下次寄回家。也在这次寄回。

　　浙江全省皆失。贼势浩大，迥异往时气象。鲍军在青阳^①，亦因贼众兵单，未能得手。徽州近又被围。余任大责重，忧闷之至！

【注释】

　　①青阳：地名。在今安徽南部。清属池州府，今隶池州市。

【译文】

　　浙江全省都失陷了。贼军声势浩大，和往年的气象大不相同。鲍超一军在青阳，也因为敌我众寡悬殊，不能得手。徽州最近又被围困。我担子重、责任大，忧闷到极点！

　　疮癣并未少减，每当痛痒极苦之时，常思与尔母子相见。因贼氛环逼，不敢遽接家眷。又以罗氏女须嫁^①，纪鸿须出考^②，且待明春察看。如贼焰少衰，安庆无虞^③，则接尔母带纪鸿来此一行，尔夫妇与陈婿在家照料一切。若贼氛日甚，则仍接尔来此一行。明年正、二月，再有准信。

【注释】

①罗氏女：曾国藩的三女儿曾纪琛（1844—1912），字凤如，嫁罗泽
南之子罗允吉为妻。

②出考：出门参加考试。

③无虞：没有忧患，太平无事。《尚书·毕命》："四方无虞，予一人
以宁。"

【译文】

疥癣并没有稍稍减轻，每当痛痒太苦的时候，常常想和你们母子见面。因贼军气焰太盛环环紧逼，不敢急着接家眷。又因三女要出嫁，纪鸿要出门考试，且等明年春天看具体情形。如果贼军气焰稍稍减弱，安庆太平无事，就接你母亲带纪鸿来这边走一趟，你夫妇和陈女婿在家照料一切。如果贼军气焰日益嚣张，就仍接你来这边走一趟。明年正月或二月，再有准信。

纪鸿县府各考①，均须请邓师亲送②。澄叔前言纪鸿至书院读书，则断不可。

【注释】

①县府各考：指县试、府试，即县一级和府一级的各种考试。

②邓师：指曾府塾师邓寅皆。

【译文】

纪鸿参加县府各级考试，都必须请邓寅皆老师亲自送考。澄侯叔上次说送纪鸿到书院读书，万万不可。

前蒙恩赐遗念衣一、冠一、搬指一、表一①，兹用黄箱送回，宣宗遗念衣一、玉佩一，亦可藏此箱内②。敬谨尊藏。此嘱。

【注释】

①遗念衣：指在人死后分送给亲友做纪念的衣物。此处指皇帝死后分送给大臣做纪念的衣物。搬指：即扳指。用翠、玉做成的戴于右手大拇指上的装饰品。

②宣宗：清道光帝，庙号宣宗。

【译文】

前此蒙圣恩赐给遗念衣一件、帽子一顶、扳指一个、表一块，今用黄箱送回家，宣宗皇帝的遗念衣一件、玉佩一块，也可收藏在这个箱子里。恭敬谨慎地收好。特此叮嘱。

同治元年正月十四日

字谕纪泽：

　　正月十三、四，连接尔十二月十六、廿四两禀，又得澄叔十二月廿二日一缄，备悉一切。尔诗一首，阅过发回。

【译文】

写给纪泽：

　　正月十三日和十四日，接连收到你十二月十六日、二十四日两封信，又收到你澄侯叔十二月二十二日的一封信，详细得知一切情况。你的一首诗，我已批阅寄回。

　　尔诗笔远胜于文笔①，以后宜常常为之。余久不作诗而好读诗，每夜分辄取古人名篇高声朗诵②，用以自娱。今年亦当间作二三首③，与尔曹相和答，仿苏氏父子之例④。

【注释】

①诗笔：写诗的文笔，即诗才。

②夜分：夜半。《韩非子·十过》："昔者卫灵公将之晋，至濮水之上，税车而放马，设舍以宿，夜分而闻鼓新声者而说之，使人问左右，尽报弗闻。"《后汉书·光武帝纪下》："〔帝〕数引公、卿、郎、将讲论经理，夜分乃寐。"唐李贤注："分，犹半也。"

③间：偶尔。

④苏氏父子：指北宋苏洵、苏轼、苏辙父子。

【译文】

你作诗的才华远胜过写文章，以后应常常作。我许久不作诗但喜欢读诗，每天夜半取古人的名篇高声朗诵，用来自娱。今年也应当偶或写二三首诗，与你们相和答，仿照北宋三苏父子的例子。

　　尔之才思，能古雅而不能雄骏①，大约宜作五言，而不宜作七言。余所选十八家诗，凡十厚册，在家中，此次可交来丁带至营中。尔要读古诗，汉魏六朝取余所选曹、阮、陶、谢、鲍、谢六家②，专心读之，必与尔性质相近。

【注释】

①雄骏：.谓气势雄伟，不同凡响。《明史·李文忠传》："通晓经义，为诗歌雄骏可观。"清戴名世《自订时文全集·序》："韩公者，即故大宗伯慕庐先生，是时适以雄骏古雅之文登高第。"

②曹、阮、陶、谢、鲍、谢六家：指曹植、阮籍、陶渊明、谢灵运、鲍照、谢朓六人。

【译文】

你的才思，能古雅而不能雄骏，大概适合作五言诗，而不适合作七言诗。我所选的十八家诗,共十厚册,在家中,这次可交给来送信的兵丁带到军营。你要读古诗,汉魏六朝取我所选的曹植、阮籍、陶渊明、谢灵运、鲍照、谢朓六家的诗,专心地读,一定和你性质相近。

至于开拓心胸,扩充气魄,穷极变态①,则非唐之李、杜、韩、白,宋金之苏、黄、陆、元八家②,不足以尽天下古今之奇观③。尔之质性,虽与八家者不相近,而要不可不将此八人之集悉心研究一番,实"六经"外之巨制④,文字中之尤物也⑤。

【注释】

①穷极变态:形容诗文变化多姿,穷尽所有可能。

②李、杜、韩、白:指李白、杜甫、韩愈、白居易。苏、黄、陆、元:指苏轼、黄庭坚、陆游、元好问。

③奇观:罕见的景象,奇异少见的事情。汉王充《论衡·别通》:"人之游也,必欲入都,都多奇观也。"

④巨制:杰作,巨著。多用以称誉别人的作品。又多与"鸿篇"连用。

⑤尤物:此指稀有、绝美之物。宋陆游《跋韩晋公子母犊》:"予平生见三尤物:王公明家韩幹散马,吴子副家薛稷小鹤及此子母牛是也。"

【译文】

至于说到境界方面能开拓心胸、扩充气魄、千变万化,那就是除了唐代的李白、杜甫、韩愈、白居易,宋金两代的苏轼、黄庭坚、陆游、元好问八家之外,不足以尽天下古今的奇观了。你的质性,虽然和这八家不相近,但不能不将这八个人的诗集悉心研究一番,实在是"六经"之外的杰作,文字中的精品。

　　尔于小学粗有所得,深用为慰①。欲读周汉古书,非明于小学,无可问津②。余于道光末年,始好高邮王氏父子之说③,从事戎行④,未能卒业,冀尔竟其绪耳⑤。

【注释】

①用:以。

②问津:语本《论语·微子》:“长沮、桀溺耦而耕,孔子过之,使子路问津焉。”意谓询问渡口,即问路。

③高邮王氏父子:指王念孙、王引之。

④戎行:指军旅。

⑤竟其绪:接着做完。竟,完。绪,开头,开端。

【译文】

　　你对文字音韵之学稍有所得,我很感欣慰。想要读周代和汉代的古书,如果不懂文字音韵方面的学问,就不得其门而入。我在道光末年,开始喜欢高邮王氏父子的学问,从事军务,不能完成学业,希望你能接着我做好。

　　余身体尚可支持,惟公事太多,每易积压。癣痒迄未甚愈。家中索用银钱甚多,其最要紧者,余必付回。

【译文】

　　我身体还能支持,只是公事太多,常常容易积压。癣痒至今还没大好。家里索用银钱太多,其中最要紧的款项,我一定让人带回。

京报在家^①，不知系报何喜？若节制四省^②，则余已两次疏辞矣。此等空空体面，岂亦有喜报耶？

【注释】

①京报：指从京城来的向科举中试或升官者家庭报喜的人。

②节制四省：指节制江苏、安徽、江西、浙江四省军政事务。

【译文】

京城报喜的人到家，不知道是报什么喜？如果是节制江苏、安徽、江西、浙江四省军政，我已经两次上疏辞谢了。这种空头名誉，怎么也会有人报喜呢？

同治元年二月十四日

字谕纪泽：

二月十三日接正月廿三日来禀并澄侯叔一信，知五宅平安。二女正月廿日喜事诸凡顺遂，至以为慰。

【译文】

写给纪泽：

二月十三日接到你正月二十三日来信及澄侯叔一封信，得知家里五宅平安。二女正月二十日办喜事，一切顺利，非常欣慰。

此间军事如恒。徽州解围后贼退不远，亦未再来犯。左中丞进攻遂安^①，以为攻严州、保衢州之计^②。鲍春霆顿兵青阳,近未开仗。洪叔在三山夹收降卒三千人③,编成四营。沅叔初七日至汉口,十五后当可抵皖。李希帅初九日至安庆④,三月初赴六安州。多礼堂进攻庐州⑤,贼坚守不出。上海屡次被贼扑犯,洋人助守,尚幸无恙。

【注释】

①左中丞:指时任浙江巡抚的左宗棠。遂安:清代县名。属严州府,后与淳安县合并,成为今浙江杭州淳安县的一部分。

②严州:明清时期州府名。属浙江省。府治建德,辖建德、寿昌、桐庐、分水、淳安、遂安六县。衢州:元明清时期州府名。治所在西安县,下辖西安(今浙江衢州柯城区和衢江区)、龙游、江山、常山、开化共五县。民国废。地当今浙江衢州,位于浙江省西部,历史上一直是闽、浙、赣、皖四省边际交通枢纽和物资集散地,素有"四省通衢、五路总头"之称。

③洪叔:指曾国葆(1829—1862),派名传履,字季洪,曾家五兄弟年最幼者。咸丰九年(1859)因悲愤其兄国华战殁于三河镇,加入湘军作战,且改名为贞干,改字事恒。同治元年(1862)因操劳过度病逝于南京雨花台湘军大营内。三山夹:地名。即今安徽芜湖三山镇。

④李希帅:李续宜(1822—1863),字克让,号希庵,清湖南湘乡人。湘军将领。浙江布政使李续宾之弟。咸丰初以文童从李续宾镇压太平军,转战江西、湖北、安徽,官至安徽巡抚。

⑤多礼堂:多隆阿(1817—1864),字礼堂,清满洲正白旗人,呼尔拉特氏。咸丰三年(1853)以骁骑校从胜保镇压太平天国北伐军。后从都兴阿转战湖北、安徽,协同曾国藩军作战,屡立战功。同治元年(1862)督办陕西军务,官至西安将军。死谥忠武。

【译文】

　　这边军事和往常一样。徽州解围之后,贼军撤退不远,也没有再来进犯。左中丞率军进攻遂安,为攻打严州、保卫衢州做准备。鲍春霆率军驻扎青阳,最近没有开仗。你季洪叔在三山夹收编降军三千人,编成四个营。沅甫叔初七日到汉口,十五日以后应当可以抵达皖城。李希庵大帅初九日到安庆,三月初赶往六安州。多礼堂进攻庐州,贼军坚守城池,不出战。上海屡次被贼军进犯攻打,洋人帮着守卫,幸好还没什么问题。

　　余身体平安。今岁间能成寐,为近年所仅见。惟圣眷太隆①,责任太重,深以为危。知交有识者亦皆代我危之,只好刻刻谨慎,存一临深履薄之想而已②。

【注释】

①圣眷太隆:指皇帝的关怀和希望过重。

②临深履薄:语本《诗经·小雅·小旻》:"战战兢兢,如临深渊,如履薄冰。"谓面临深渊,脚踏薄冰。后因以"临深履薄"喻谨慎戒惧。

【译文】

　　我身体平安。今年偶能睡个好觉,这是近年来所仅见的。只是皇上对我太过关怀,寄予厚望,责任太重,我很有危机感。好朋友中有见识的,也都替我忧虑重重,只能时时刻刻小心谨慎,心里常常想着"战战兢兢,如临深渊,如履薄冰"。

　　今年县考在何时①?鸿儿赴考,须请寅师往送。寅师父子一切盘费②,皆我家供应也。

【注释】

①县考：即县试。清代由县官主持的考试。取得出身的童生，由本
　县廪生保结后才能报名赴考。约考五场，试八股文、试帖诗、经
　论、律赋等。事实上第一场录取后即有参加上一级府试资格。

②盘费：路费花销。

【译文】

今年县考具体在什么时候？鸿儿赶考，要请邓寅皆老师去送。寅
皆老师父子的一切路费开销，都由我家供应。

同治元年三月十四日

字谕纪泽：

三月十三日接尔二月廿四日安禀并澄叔信，具悉五宅
平安。

【译文】

写给纪泽：

三月十三日接到你二月二十四日的信及澄侯叔的信，知悉家里五
宅平安。

尔至葛家送亲后①，又须至浏阳送陈婿夫妇②，又须赶回
黄宅送亲③，又须接办罗氏女喜事。今年春夏，尔在家中，比
余在营更忙。然古今文人学人，莫不有家常琐事之劳其身，
莫不有世态冷暖之撄其心④。尔现当家门鼎盛之时，炎凉之
状不接于目，衣食之谋不萦于怀⑤，虽奔走烦劳，犹远胜于寒

士困苦之境也。

【注释】

①葛家：指葛罜山家。葛封泰，字罜山，亦作"亦山"，曾为荷叶塘曾
府私塾先生。其姊嫁曾国藩弟曾国华为妻。曾国潢次女（乳名
六十）嫁葛罜山之子葛承霖为妻。

②浏阳：地名。即今湖南浏阳。曾国藩二女婿陈松生（陈远济）家
住浏阳。

③黄宅：曾国藩侄女（乳名七十）夫家，在湘乡县城。

④撄其心：扰乱心神。

⑤萦于怀：牵挂于心。

【译文】

你到葛家送亲后，又要到浏阳送陈婿夫妇，又要赶回黄宅送亲，又
要接手办理三女出嫁罗家的喜事。今年春天和夏天，你在家里，比我在
军营更忙。然而古今文人学者，谁无家常琐事劳累筋骨，谁无世态炎凉
扰乱心神。你现在正当家门鼎盛之时，眼里看不见世态炎凉，心里不用
想怎样谋生，虽然奔走烦劳，但远比贫寒士人的困苦境地好很多。

　　尔母咳嗽不止，其病当在肺家①。兹寄去好参四钱五
分、高丽参半斤②。好者如试之有效，当托人到京再买也。
余近久不吃丸药，每月两逢节气，服归脾汤三剂③。迩来渴
睡甚多，不知是好是歹。

【注释】

①肺家：中医称肺为肺家。

②四钱五分：0.45两。钱、分，均为传统度量衡单位。十钱为一两，

十分为一钱。高丽参：朝鲜半岛产出的红参。

③归脾汤：中医方剂名。补药，具有益气补血、健脾养心之功效。

【译文】

你母亲咳嗽不止，她的病应该在肺部。今寄去上好人参四钱五分、高丽参半斤。好人参试服如果有效，我会托人到京城再买。我近来很长时间不吃丸药了，每逢一个月内的两次节气，服用归脾汤三剂。近来渴睡很多，不晓得是好是歹。

军事平安。鲍公于初七日在铜陵获一大胜仗①。少荃坐火轮船于初八日赴上海②，其所部六千五百人当陆续载去。希庵所派救颍州之兵③，颍郡于初五日解围。

【注释】

①鲍公：指鲍超。铜陵：地名。即今安徽铜陵。

②少荃：李鸿章，字少荃。同治元年（1862），上海士绅雇洋人火轮，接李鸿章淮军赴上海驻守。

③希庵：李续宜，号希庵。颍州：清代州府名。领一州（亳州）六县（阜阳、颍上、霍邱、涡阳、太和、蒙城）。

【译文】

军事平安。鲍超初七日在铜陵打了一个大胜仗。李少荃在初八日坐火轮船赶赴上海，他部下的六千五百人应当陆续用轮船运去。李希庵派军队救援颍州，颍州在初五日解围。

第三女于四月廿二日于归罗家，兹寄去银二百五十两，查收。

【译文】

三女在四月二十二出嫁罗家，今寄去银子二百五十两，望查收。

　餘不详。即呈澄叔一阅。此嘱。

【译文】

其餘的不详细说了。此信，你呈给澄侯叔一阅。特此嘱咐。

同治元年四月初四日

字谕纪泽：

　　连接尔十四、廿二日在省城所发禀，知二女在陈家，门庭雍睦①，衣食有资②，不胜欣慰③。

【注释】

①雍睦：和睦。晋袁宏《后汉纪·孝桓皇帝纪》："古之君臣，必观其所易，而闲其所难，故上下恬然，莫不雍睦。"南朝陈徐陵《晋陵太守王励德政碑》："家门雍睦，孝友为风，上交不谄，下交不渎。"

②有资：供给有保障，不缺乏。

③不胜：无比，非常。

【译文】

写给纪泽：

　　连续收到你十四日和二十二日在省城寄的信，得知二女在陈家家庭和睦，丰衣足食，无比欣慰。

　　尔累月奔驰酬应，犹能不失常课，当可日进无已①。人生惟有常是第一美德。余早年于作字一道，亦尝苦思力索，终无所成。近日朝朝摹写，久不间断，遂觉月异而岁不同。可见年无分老少，事无分难易，但行之有恒，自如种树畜养，日见其大而不觉耳②。

【注释】

①无已：不停止，没有止境。

②"自如"二句：曾国藩此二句语本《汉书·枚乘传》："种树畜养，不见其益，有时而大。"畜养，指饲养牲口。《韩非子·难二》："务于畜养之理，察于土地之宜，六畜遂，五谷殖，则入多。"

【译文】

你好几个月在外面奔波应酬，还能不耽误日常功课，应当日日能长进没有止境。人生在世，只有能够坚持是第一美德。我早年对写字这门技术，也曾经用心思索，最终却没有成就。近来天天临摹写字，坚持很久，从不间断，便觉得每个月都不一样每年字都不同。可见年龄不分老幼，事情不分难易，只要坚持去做，自然都像种树和养牲口一样，每天看它长大却不觉得。

　　尔之短处在言语欠钝讷①，举止欠端重，看书能深入而作文不能峥嵘②。若能从此三事上下一番苦工，进之以猛，持之以恒，不过一二年，自尔精进而不觉③。言语迟钝，举止端重，则德进矣；作文有峥嵘雄快之气，则业进矣。

【注释】

①钝讷(nè)：言语迟钝木讷。

②峥嵘(zhēng róng)：本义为山峰高峻，亦用以形容文采卓越，不同寻常。

③自尔：自然。

【译文】

你的短处在说话欠迟钝，举止欠稳重，看书能深入但写文章没有气势。如果能从这三件事上下一番苦功夫，勇猛精进，持之以恒，也就一两年时间，自然会在不知不觉间有大进步。说话迟钝，举止端重，就是德行有进步；写文章有卓越不平凡的气象，就是学业有进步。

　　尔前作诗，差有端绪①，近亦常作否？李、杜、韩、苏四家之七古②，惊心动魄，曾涉猎及之否？

【注释】

①差有：颇有。端绪：头绪。

②李、杜、韩、苏：李白、杜甫、韩愈、苏轼。

【译文】

你前些日子写的诗，很有些头绪条理，最近也常常写不？李白、杜甫、韩愈、苏轼四家的七古诗，惊心动魄，你曾涉猎阅读过没？

　　此间军事，近日极得手。鲍军连克青阳、石埭、太平、泾县四城①。沅叔连克巢县、和州、含山三城②，暨铜城闸、雍家镇、裕溪口、西梁山四隘③。满叔连克繁昌、南陵二城④，暨鲁港一隘⑤。现仍稳慎图之，不敢骄矜。

【注释】

①石埭(dài)：地名。即今安徽石台。清属池州府，今隶属于安徽池

州。太平：即太平府，清州府名。在安徽南部，下辖三县（当涂、
芜湖、繁昌），府治在当涂（今属安徽）。泾县：地名。在安徽南
部，清属宁国府，今隶属安徽宣城。

②巢县：地名。即今安徽巢湖。清属庐州府，今隶属安徽合肥。和
州：清代直隶州名。即今安徽和县。清属安庐滁和道，今隶属安
徽马鞍山。含山：地名。在安徽，位于长江北岸。清属直隶州和
州，今隶属安徽马鞍山。

③铜城闸：地名。即今安徽含山铜城闸镇。雍家镇：地名。即今安
徽和县雍镇。裕溪口：著名港口，古称"濡须口"，因濒临裕溪河
（濡须河）入江口而得名。今属安徽芜湖鸠江区。西梁山：位于
安徽和县县城南三十六公里，俯临大江，与芜湖东梁山夹江对
峙，合称"天门山"。

④繁昌：地名。在安徽南部，位于长江南岸。清属太平府，今隶属
安徽芜湖。

⑤鲁港：地名。即今安徽芜湖鲁港镇。

【译文】

这边的军事，近日很顺利。鲍超一军接连攻克青阳、石埭、太平、泾县四座城池。你沅叔甫一军接连攻克巢县、和州、含山三座城池，以及铜城闸、雍家镇、裕溪口、西梁山四处关隘。你小叔接连攻克繁昌、南陵两座城池，以及鲁港一处关隘。现在仍然稳妥谨慎地来谋划，不敢骄傲自满。

余近日疮癣大发，与去年九、十月相等。公事丛集①，竟日忙冗②，尚多积阁之件③。所幸饮食如常，每夜安眠或二更三更之久④，不似往昔彻夜不寐，家中可以放心。

【注释】

①丛集：聚集，汇集。三国魏嵇康《琴赋》："珍怪琅玕，瑶瑾翕艳。

丛集累积，夋衍于其侧。"

②竟日：终日，整日。忙冗：忙碌。

③积阁：累积耽搁。阁，搁置，停辍。

④二更三更：约相当于4—6小时。旧时自黄昏至拂晓一夜间，分为甲、乙、丙、丁、戊五段，谓之"五更"。又称"五鼓"。

【译文】

我近日疮癣大发作，和去年九、十月情况差不多。公事汇集，终日繁忙，还有很多累积耽搁的文件要处理。幸好饮食还和平常一样，每天夜里能睡两三个时辰的好觉，不像从前整夜睡不着，家里可以放心。

此信并呈澄叔一阅，不另致也。

【译文】

这封信送呈你澄侯叔一阅，不另外给他写信了。

同治元年四月二十四日

字谕纪泽、纪鸿：

今日专人送家信，甫经成行①，又接王辉四等带来四月初十之信②，尔与澄叔各一件，藉悉一切③。

【注释】

①甫：方，刚刚。成行：起行，动身。

②王辉四：未详。当为送信长夫。

③藉悉：借以知悉。

【译文】

写给纪泽、纪鸿：

今日专人送家信，才出发，又接到王辉四等带来的四月初十日的信，你和澄侯叔的各一封，得以知道家里一切情况。

尔近来写字，总失之薄弱，骨力不坚劲①，墨气不丰腴，与尔身体向来轻字之弊正是一路毛病。尔当用油纸摹颜字之《郭家庙》、柳字之《琅邪碑》《玄秘塔》②，以药其病。日日留心，专从"厚重"二字上用工。否则字质太薄，即体质亦因之更轻矣。

【注释】

①骨力：指书画诗文刚健雄劲的风格。《晋书·王献之传》："时议者以为羲之草隶，江左中朝莫有及者，献之骨力远不及父，而颇有媚趣。"

②《郭家庙》：即《郭公庙碑铭》，全称《有唐故中大夫使持节寿州诸军事寿州刺史上柱国赠太保郭公庙碑铭》，唐代宗李豫隶书题额，颜真卿撰并书，署广德二年（764）十一月二十一日立。《琅邪碑》：见前注。《玄秘塔》：见前注。

【译文】

你近来写字，总是失之于薄弱，骨力不坚劲，墨气不丰腴，和你身体举动一向不厚重正是一个毛病。你应当用油纸摹写颜真卿书法作品中的《郭家庙碑》、柳公权书法作品中的《琅邪碑》《玄秘塔碑》，来治这个毛病。日日用心，专门从"厚重"二字上下功夫。不然的话，字的质地太薄弱，体质也会随着更轻弱。

人之气质，由于天生，本难改变，惟读书则可变化气质①。古之精相法②，并言读书可以变换骨相③。欲求变之之法，总须先立坚卓之志④。即以余生平言之，三十岁前最好吃烟，片刻不离，至道光壬寅十一月廿一日立志戒烟⑤，至今不再吃。四十六岁以前作事无恒，近五年深以为戒，现在大小事均尚有恒。即此二端，可见无事不可变也。尔于"厚重"二字，须立志变改。古称"金丹换骨"⑥，余谓立志即丹也。此嘱。

【注释】

①变化气质：语本宋张载《语录》："为学大益，在自求变化气质。"在宋明理学概念范畴中，"气质"指一个人先天的各方面特征，只有通过读书和修身来改变。

②精相法：此指精通相法的人。相法，指通过观察面相体态等以卜吉凶贵贱的方法。汉王符《潜夫论·相列》："人之相法，或在面部，或在手足，或在行步，或在声响。"

③骨相：指人的体格面相。古人迷信，认为可据此卜测吉凶贵贱。唐韩愈《韶州留别张端公使君》诗："久钦江总文才妙，自叹虞翻骨相屯。"

④坚卓：坚贞卓越。

⑤道光壬寅：指道光二十二年（1842）。

⑥金丹换骨：道教术语。指服用仙丹，可以改换骨相。

【译文】

人的气质，因为是天生的，本来难以改变，只有读书能改变气质。古代精通相法的人，也说读书可以更换骨相。想求改变骨相的方法，总要先树立坚贞卓越的志向。就以我这辈子的经历来说吧，三十岁前最好吃烟，片刻不离，至道光壬寅年十一月二十一日立志戒烟，至今不再吃烟。四十六岁以前做事不能坚持，最近五年深以为戒，现在大小事都还能坚持。仅此二端，足以说明没有什么事是不能改变的。你在"厚重"二字方面，必须立志改变。古人说"金丹换骨"，我说立志就是金丹。特此嘱咐。

同治元年五月十四日

字谕纪泽：

　　接尔四月十九日一禀，得知五宅平安。

【译文】

写给纪泽：

　　接到你四月十九日的一封信，得知家里五宅平安。

　　尔《说文》将看毕，拟先看各经注疏，再从事于词章之学。余观汉人词章，未有不精于小学训诂者，如相如、子云、孟坚[①]，于小学皆专著一书[②]。《文选》于此三人之文，著录最多。余于古文，志在效法此三人并司马迁、韩愈五家。以此五家之文，精于小学训诂，不妄下一字也。

【注释】

①相如、子云、孟坚：指司马相如、扬雄（字子云）、班固（字孟坚）。

②于小学皆专著一书：指司马相如作《凡将》篇、扬雄作《仓颉训纂》篇、班固作《续仓颉训纂》篇。《汉书·艺文志》云："《史籀篇》者，周时史官教学童书也，与孔氏壁中古文异体。《苍颉》七章者，秦

丞相李斯所作也;《爰历》六章者,车府令赵高所作也;《博学》七章者,太史令胡母敬所作也;文字多取《史籀篇》,而篆体复颇异,所谓秦篆者也。是时始造隶书矣,起于官狱多事,苟趋省易,施之于徒隶也。汉兴,闾里书师合《苍颉》《爰历》《博学》三篇,断六十字以为一章,凡五十五章,并为《苍颉篇》。武帝时司马相如作《凡将篇》,无复字。元帝时黄门令史游作《急就篇》,成帝时将作大匠李长作《元尚篇》,皆《苍颉》中正字也。《凡将》则颇有出矣。至元始中,征天下通小学者以百数,各令记字于庭中。扬雄取其有用者以作《训纂篇》,顺续《苍颉》,又易《苍颉》中重复之字,凡八十九章。臣复续扬雄作十三章,凡一百二章,无复字,六艺群书所载略备矣。”

【译文】

你《说文解字》即将看完,打算先看各种经书的注疏,再在词章之学方面下功夫。我看汉人词章,没有不精通文字音韵训诂之学的,例如司马相如、扬子云、班孟坚,在文字训诂方面都专门写过一本书。《文选》对这三位的文章,选录最多。我在古文方面立志效法这三位及司马迁、韩愈五家。因为这五家的文章,精于文字训诂,一个字都不乱用。

　　尔于小学既粗有所见,正好从词章上用功。《说文》看毕之后,可将《文选》细读一过。一面细读,一面钞记,一面作文以仿效之。凡奇僻之字,雅故之训[①],不手钞则不能记,不摹仿则不惯用。

【注释】

①雅故:古代传下来的雅正的训释。《汉书·叙传下》:“函雅故,通古今,正文字,惟学林。”唐颜师古注引张晏曰:“包含雅训之故,

及古今之语。"

【译文】

你在文字学方面既然稍有见识,正好从词章方面用功。《说文解字》看完之后,可以仔细读一遍《文选》。一面仔细阅读,一面摘抄记忆,一面模仿着写文章。凡是罕见生僻的字,自古传承的雅正训释,不动手摘抄就记不住,不动笔模仿就用不惯。

自宋以后,能文章者不通小学[1];国朝诸儒,通小学者又不能文章。余早岁窥此门径,因人事太繁,又久历戎行,不克卒业,至今用为疚憾[2]。尔之天分,长于看书,短于作文。此道太短,则于古书之用意行气[3],必不能看得谛当[4]。目下宜从短处下工夫,专肆力于《文选》[5],手钞及摹仿二者皆不可少。待文笔稍有长进,则以后诂经读史[6],事事易于着手矣。

【注释】

①通:传忠书局刻本讹作"过",今据手迹改正。

②用:以。疚憾:愧疚、遗憾。"疚"字,传忠书局刻本讹作"疾",据手迹改。

③用意:立意。汉陆贾《新语·道基》:"伎巧横出,用意各殊。"宋陈鹄《耆旧续闻》卷二:"学文须熟看韩、柳、欧、苏,先见文字体式,然后更考古人用意下句处。"

④谛当:确当,恰当。《景德传灯录·兴阳清让禅师》:"僧问:'大通智胜佛十劫坐道场,佛法不现前,不得成佛道时如何?'师曰:'其问甚谛当。'"

⑤肆力:尽力。《后汉书·承宫传》:"(承宫)后与妻子之蒙阴山,肆

力耕种。"晋陆机《辨亡论下》："是以忠臣竞尽其谟,志士咸得
肆力。"

⑥诂经:训释经典,犹读经、解经。

【译文】

自宋以后,能写文章的,不精通小学;本朝诸位大儒,精通小学的又
不能写文章。我早年在这方面略窥门径,但因为人事太繁,又久在军
中,不能完成学业,至今愧疚遗憾。你的天分,长于看书,短于写文章。
写文章方面太不擅长,那对古书的立意及行文特点,就一定不能看得很
精当。眼下应在短处下功夫,专门在《文选》一书上用力,手抄摘录及模
仿作文两方面,都不可少。等到文笔稍稍有长进,那以后再读经史古
籍,就事事都容易入手了。

此间军事平顺。沅、季两叔,皆直逼金陵城下。兹将沅
信二件寄家一阅。惟沅、季两军进兵太锐,后路芜湖等处空
虚,颇为可虑。余现筹兵补此瑕隙^①,不知果无疏失否。

【注释】

①瑕隙:指可乘的间隙,嫌隙。《宋书·范泰传》："近者东寇纷扰,
皆欲伺国瑕隙。"

【译文】

这边军事平安顺利。你沅甫叔和季洪叔两军,都直逼金陵城下。
先将你沅甫叔的两封信寄回家供你一阅。只是你沅甫叔和季洪叔两军
进兵太快,后路芜湖等地空虚,很令人忧虑。我现在筹集军兵弥补这个
空隙,不晓得是否果真没有疏忽。

余身体平安,惟公事日繁,应复之信积阁甚多,馀件尚

能料理,家中可以放心。

【译文】

我身体平安,只是公事日益繁忙,应该回复的信耽搁积压太多,其他事情还能搞定,家里可以放心。

此信送澄叔一阅。余思家乡茶叶甚切,迅速付来为要。

【译文】

这封信呈送你澄侯叔一阅。我很想念家乡的茶叶,迅速寄来要紧。

同治元年五月二十四日

字谕纪泽:

二十日接家信,系尔与澄叔五月初二所发。廿二日又接澄侯衡州一信①,具悉五宅平安,三女嫁事已毕。

【注释】

①衡州:衡阳的古称。历史上曾有衡州府,大致覆盖现在湖南省的衡阳、常山和耒阳等地。

【译文】

写给纪泽:

二十日接到家信,是你和澄侯叔五月初二日寄的。二十二日又接到你澄侯书在衡州发的一封信,获悉家里五宅平安,三女出嫁的事情已经完毕。

尔信极以袁婿为虑①，余亦不料其遽尔学坏至此②。余即日当作信教之，尔等在家却不宜过露痕迹。人所以稍顾体面者，冀人之敬重也；若人之傲惰鄙弃业已露出，则索性荡然无耻，拚弃不顾③，甘与正人为仇，而以后不可救药矣。我家内外大小，于袁婿处礼貌均不可疏忽。若久不悛改④，将来或接至皖营，延师教之亦可。大约世家子弟，钱不可多，衣不可多，事虽至小，所关颇大。

【注释】

①袁婿：指曾国藩的大女婿袁榆生。咸丰十一年（1861）十二月初六日曾纪泽禀父书中有云："惟榆生日趋浮荡，声名颇坏，为可念尔。"

②遽（jù）尔：突然，忽然。

③拚弃：同"摈弃"，犹放浪。《南齐书·卞彬传》："彬颇饮酒，摈弃形骸。"

④悛（quān）改：悔改。《后汉书·儒林传上》："假使所非实是，则固应悛改。"《魏书·太宗纪》："刺史守宰，率多逋慢，前后怠惰，数加督罚，犹不悛改。"

【译文】

你信里很忧虑袁女婿的事情，我也没想到他突然学坏到这个地步。我即日会写信教育他，但你们在家不宜太过露痕迹。一个人之所以要顾惜脸面，是希望得到别人的尊重；如果一个人遭人唾弃的事情已经败露，就会索性放荡无耻，不再顾及面子，甘心和正人君子做对头，以后就无可救药了。我家里里外外大大小小，对袁女婿礼貌方面都不能疏忽。如果他长时间不改，将来或者接到安庆军营，专门请老师教他也可以。大概世家子弟，银钱不能多，衣服不能多，银钱和衣服虽然是很小的事情,但影响到的方面太大。

　　此间各路军事平安。多将军赴援陕西①,沅、季在金陵孤军无助,不无可虑。湖州于初三日失守②。鲍攻宁国③,恐难遽克。安徽亢旱④,顷间三日大雨⑤,人心始安。

【注释】

①多将军:指多隆阿。同治元年(1862)督办陕西军务,官封西安将军。

②湖州:地名。即今浙江湖州。清为府,今为地级市。

③宁国:清州府名。下辖宣州(首县)、宁国、泾县、旌德、南陵等县。地处安徽省东南部,是皖南山区之咽喉。

④亢旱:大旱。《后汉书·杨赐传》:"夫女谒行则谗夫昌,谗夫昌则苟苴通,故殷汤以之自戒,终济亢旱之灾。"

⑤顷间:近来,近日。

【译文】

　　这边各路军事平安。多礼堂将军赴援陕西,你沅甫、季洪两位叔叔在金陵城下孤军无助,让人忧虑。湖州在初三日失守。鲍超一军攻打宁国府,恐怕难以很快攻克。安徽大旱,近来下了三天大雨,人心才安定。

　　谷即在长沙采买,以后澄叔不必罣心①。此次不另寄澄信,尔禀告之。此嘱。

【注释】

①罣(guà)心:同"挂心"。

【译文】

稻谷就在长沙采购，以后澄侯叔不用操心。这次不另外给你澄侯叔寄信，你禀告他。要记得。

同治元年五月二十七日

字谕纪鸿：

前闻尔县试幸列首选，为之欣慰。所寄各场文章，亦皆清润大方①。

【注释】

①清润：清丽温润。南朝梁钟嵘《诗品》卷下："祐诗猗猗清润，弟祀明靡可怀。"

【译文】

写给纪鸿：

前不久听说你县试名列榜首，我很欣慰。寄来的几场考试文章，也都清丽温润大方得体。

昨接易芝生先生十三日信①，知尔已到省。城市繁华之地，尔宜在寓中静坐，不可出外游戏征逐②。兹余函商郭意城先生，在于东征局兑银四百两③，交尔在省为进学之用。印卷之费④，向例两学及学书共三分⑤，尔每分宜送钱百千。邓寅师处谢礼百两，邓十世兄送银十两⑥，助渠买书之资。馀银数十两，为尔零用及略添衣物之需。

【注释】

①易芝生：易良翰，字芝生，清湖南湘乡人。罗泽南弟子，曾为荷叶塘曾府塾师。

②征逐：语本唐韩愈《柳子厚墓志铭》："今夫平居里巷相慕悦，酒食游戏相征逐，诩诩强笑语以相取下。"尤指酒肉朋友互相邀请吃喝玩乐。

③在于：在，于。《曾国藩家训》中有数处"在于"连用，可见不是衍文，而是行文习惯。东征局：湖南巡抚骆秉章应曾国藩之请，在长沙成立的专门为湘勇东征筹饷的服务部门，由郭崑焘、李瀚章领衔负责。兑银：此指支取银两。

④印卷之费：清代科举，乡试、会试皆设有印卷官，负责印卷之事。童试，亦须印考卷，多由府学、县学学书为之。生员入学之后，须付给两学及学书礼金，谓之印卷费。

⑤两学：指府学、县学教官。学书：犹今之文书、秘书。

⑥邓十世兄：指邓寅皆子，长随其父邓寅皆在荷叶塘曾府私塾读书。

【译文】

日前接到易芝生先生十三日的信，得知你已经到了省城。城市是繁华热闹的地方，你应当在屋里静坐，不能外出游戏玩乐。我现在写信给郭意城先生，在东征局支取银子四百两，交给你在省城作进学费用。办印卷的费用，惯例是两学教官和学书共三份，你每份应送钱百千。邓寅皆老师那边送谢礼银一百两，送邓公子银子十两，资助他做买书之用。剩下数十两银子，作为你零用和略添几件衣物的费用。

凡世家子弟，衣食起居无一不与寒士相同，庶可以成大器。若沾染富贵气习，则难望有成。吾忝为将相，而所有衣服不值三百金。愿尔等常守此俭朴之风，亦惜福之道也。

【译文】

凡是世家子弟,衣食住行没有一样不和贫寒士子相同的,差不多有望能成大器。如果沾染上富贵习气,就很难希望他有成就。我忝为将相,但所有衣服加起来不值三百两银子。希望你们坚守这种俭朴作风,这也是惜福的一个法子。

其照例应用之钱,不宜过啬。谢廪保二十千①,赏号亦略丰②。谒圣后③,拜客数家,即行归里。今年不必乡试,一则尔工夫尚早,二则恐体弱难耐劳也。此谕。

【注释】

①廪保:科举考试制度术语。明清时期,童生应学政院试,例须所谓身家清白,无刑丧过犯,由廪生证明盖戳,名曰"廪保"。廪保有二:一曰认保,由考童自觅;二曰派保,依生员补廪之先后,与考童应州县试录取之名次,由学官派保。至学政点名时,廪生自呼某保,予以承认。

②赏号:打赏。赏给底下人每人一份的东西或钱。

③谒圣:明清科举时代,童生考取秀才后,由教官率领到孔庙行礼,称"谒圣"。

【译文】

按照惯例要花的钱,不应过于吝啬。答谢廪保钱二十千,打赏底下人也应稍丰厚一些。拜谒过孔圣人庙之后,拜访几家重要的客人,就启程回家。今年不必去参加乡试,一来你工夫还早,二来怕你身子骨弱,难以耐劳。就说这些。

同治元年七月十四日

字谕纪泽：

　　曾代四、王飞四先后来营^①，接尔二十日、廿六日两禀，具悉五宅平安。

【注释】

①曾代四、王飞四：二人皆为送信勇夫。馀不详。

【译文】

写给纪泽：

　　曾代四、王飞四先后来到军营，接到你二十日、二十六日两封信，知悉家中五宅平安。

　　和张邑侯诗^①，音节近古^②，可慰可慰。五言诗若能学到陶潜、谢朓一种冲淡之味、和谐之音^③，亦天下之至乐，人间之奇福也。

【注释】

①和诗：酬答他人诗作而写诗，称"和诗"。有的同韵，有的不同韵。和，唱和。张邑侯：指时任湘乡县令的张培仁。张培仁，清广西贺县人。进士。咸丰十一年（1861）九月至同治二年（1863）三月，同治三年（1864）十二月至同治六年（1867）二月，两任湘乡县令。邑侯，是县令的雅称。

②音节：指诗歌的文气节奏。宋严羽《沧浪诗话·诗辨》："诗之法有五：曰体制，曰格力，曰气象，曰兴趣，曰音节。"

③陶潜（365？—427）：本名渊明，字元亮，晋宋之际浔阳柴桑（今江
　　西九江）人。晋大司马陶侃曾孙。起家州祭酒，不堪吏职，辞归。
　　复为镇军参军、建威参军、彭泽令。郡遣督邮至，陶潜不愿为五
　　斗米折腰，安帝义熙二年（406），即去官隐居，赋《归去来兮辞》以
　　明志。义熙末，征著作佐郎，不就。自以曾祖晋世宰辅，耻复屈
　　身后代，入南朝宋，不肯复仕。更名潜。所著文章，皆题年月。
　　义熙以前，书晋代年号；南朝宋以后，唯书甲子。躬耕自资，嗜
　　酒，善为诗文。私谥靖节。今存《陶渊明集》辑本。谢朓（tiǎo，
　　464—499）：字玄晖，南朝齐陈郡阳夏（今河南太康）人。少好学，
　　文章清丽。起家豫章王太尉行参军。以文才为随王萧子隆所赏
　　爱。与沈约、王融等同为竟陵王萧子良西邸八友。萧鸾（明帝）
　　辅政，以为骠骑谘议，领记室，掌中书诏诰。齐明帝立，迁南东海
　　太守。东昏侯永元元年（499），遭始安王萧遥光诬陷，死狱中。
　　善草隶，长五言诗，为永明体代表人物，世称"小谢"。有《谢宣城
　　集》，后人有辑本。冲淡：指诗歌语言质朴，意境闲适恬静。唐司
　　空图《二十四诗品》专立"冲淡"一品。宋胡仔《苕溪渔隐丛话后
　　集·陶靖节》："渊明诗所不可及者，冲淡深粹，出于自然。"

【译文】

　　你唱和张县令的诗，音节和古人相近，很是欣慰。五言诗如果能学
到陶潜和谢朓的那一种韵味冲淡、音节和谐的风格，也是天下最快乐的
事，人间的稀有福分了。

　　尔既无志于科名禄位，但能多读古书，时时哦诗作字，
以陶写性情①，则一生受用不尽。第宜束身圭璧②，法王羲
之、陶渊明之襟韵潇洒则可③，法嵇、阮之放荡名教则不
可耳④。

【注释】

①陶写：谓怡悦情性，消愁解闷。南朝宋刘义庆《世说新语·言语》："谢太傅语王右军曰：'中年伤于哀乐，与亲友别，辄作数日恶。'王曰：'年在桑榆，自然至此，正赖丝竹陶写。恒恐儿辈觉，损欣乐之趣。'"

②第宜：只宜。束身：约束自己，谓不放纵。《后汉书·卓茂传》："（光武帝）乃下诏曰：'前密令卓茂，束身自修，执节淳固，诚能为人所不能为。'"圭璧：比喻高尚的人品。汉冯衍《奏记邓禹》："且大将军之事，岂得珪（圭）璧其行，束修其心而已哉！"

③王羲之（303—361，一说 321—379）：字逸少，东晋琅邪临沂（今山东临沂）人。王导从子。郗鉴婿。起家秘书郎。迁右军将军、会稽内史。世称"王右军"。与王述不和，辞官，居会稽山阴，游山水，修服食，世事五斗米道。工书法，初从卫夫人学。后博采众长，精研体势。草书学张芝，正书学钟繇。一变汉魏质朴书风，创造新体，自成一家。与钟繇并称"钟王"，后世尊为"书圣"。

④嵇、阮：指魏晋名士嵇康和阮籍。放荡名教：指放浪形骸，不守礼教约束。放荡，指行为放纵，不受约束。《晋书·王长文传》："少以才学知名，而放荡不羁，州府辟命皆不就。"名教，指以正名定分为主的封建礼教。晋袁宏《后汉纪·孝献皇帝纪》："夫君臣父子，名教之本也。"三国魏嵇康《释私论》："矜尚不存乎心，故能越名教而任自然。"

【译文】

你既然无意于功名禄位，只要能多读古书，时时吟诗写字，陶冶性情，那也是一生受用不尽。只是应当洁身自好，学习王羲之、陶渊明的胸襟潇洒；可不能学嵇康、阮籍放浪形骸，做名教的罪人。

希庵丁艰①，余即在安庆送礼，写四兄弟之名，家中似可不另送礼。或鼎三侄另送礼物亦无不可②，然只可送祭席、挽幛之类③，银钱则断不必送。尔与四叔父、六婶母商之④。希庵到家之后，我家须有人往吊，或四叔，或尔去皆可，或目下先去亦可。

【注释】

①希庵丁艰：指李续宜（希庵）为母守丧。其母萧氏太夫人卒于本年（即1862）六月十六日。

②鼎三：曾国华次子曾纪寿，乳名鼎三。因其与李续宾之女有婚约，与李家关系更近一层，所以可以另外再送礼。

③祭席：旧时丧礼，灵堂须搭棚，棚面或有细席包裹。亲友送做丧仪的细席，称"祭席"。挽幛：题有挽词的整幅绸布，挂在灵堂。

④四叔父：指曾国藩的弟弟曾国潢。族中行四。六婶母：指曾国华的妻子，亦即鼎三（曾纪寿）的母亲。

【译文】

李希庵母亲去世，我就在安庆送礼，写我家四兄弟的名字，家中似可不另外再送礼。或者鼎三侄另外送礼，也无不可，但只能送祭席、挽幛之类，银钱就万万不必送了。你和四叔父、六婶母商量。李希庵到家之后，我家必须有人前往吊唁，或者四叔或者你去都可以，或者现在先去也可以。

近年以来，尔兄弟读书，所以不甚耽阁者，全赖四叔照料大事，朱金权照料小事①。兹寄回鹿茸一架、袍褂料一付，寄谢四叔；丽参三两、银十二两，寄谢金权；又袍褂料一付，补谢寅皆先生。尔一一妥送。

【注释】

①朱金权：荷叶塘曾府黄金堂管家，即朱运四。

【译文】

近年以来，你们兄弟读书，之所以不太耽搁，全靠四叔照料家中大事，朱金权帮着照料小事。现在寄回鹿茸一架、袍褂料一付，答谢四叔；寄高丽参三两、银子十二两，答谢朱金权；另寄袍褂料一付，补谢邓寅皆先生。你一一稳妥送到。

家中贺喜之客①，请金权恭敬款接，不可简慢②。至要至要。

【注释】

①贺喜之客：指前来曾府黄金堂祝贺曾国藩幼子曾纪鸿考中秀才的亲友。

②简慢：轻忽怠慢。

【译文】

前来家中祝贺纪鸿考中秀才的客人，请朱金权恭敬款待，不可怠慢。至要至要。

贤五先生请余作传①，稍迟寄回。此次未写复信，尔先告之。

【注释】

①贤五：不详，待考。

【译文】

贤五先生让我作传，我稍迟寄回去。这次没给他写回信，你先告诉他。

家中有殿板《职官表》一书①，余欲一看，便中寄来。钞本《国史·文苑》《儒林传》尚在否？查出禀知。此嘱。

【注释】

①殿板《职官表》：指武英殿刊本《钦定历代职官表》。清乾隆帝命多罗质郡王永瑢、多罗仪郡王永璇、武英殿大学士阿桂等人领衔奉敕编纂，四库全书馆总纂官纪昀等人续纂。是书仿照《唐六典》，以清朝官制为主轴纲领，其下分列三代至明朝之历代官制建置，援引文献以考证沿革、比较异同，每个官署部门或官职各列出一表，并将清代职官所设名称、员额、品级、职掌记明于各表标题之下。

【译文】

家中有武英殿板《职官表》一书，我想看，方便的时候寄来。抄本《国史·文苑》《儒林传》还在不？你查出来，写信告诉我。嘱咐这些。

同治元年八月初四日

字谕纪泽：

接尔七月十一日禀并澄叔信，具悉一切。鸿儿十三日自省起程，想早到家。

【译文】

写给纪泽：

接到你七月十一日的信以及澄侯叔的信，知悉家中一切情况。鸿儿十三日从省城启程，想来早已到家。

　　此间诸事平安。沅、季二叔在金陵亦好,惟疾疫颇多。前建清醮①,后又陈龙灯、狮子诸戏②,仿古大傩之礼③,不知少愈否?

【注释】

①清醮(jiào):谓道士设坛祈祷平安。

②陈:设。龙灯:指舞龙灯(仿龙形所制的灯),中国民间传统节日最流行的娱乐游戏。狮子:此指舞狮子。

③大傩(nuó):古时在岁末举行的一种祭祀活动,戴面具而进行仪式性舞蹈,以驱除瘟疫。《吕氏春秋·季冬纪》:"命有司大傩,旁磔,出土牛,以送寒气。"汉高诱注:"大傩,逐尽阴气,为阳导也。今人腊岁前一日击鼓驱疫,谓之逐除,是也。"此处指举行傩戏仪式,以驱除瘟疫,非岁末。

【译文】

　　这边各方面都平安。你沅甫叔和季洪叔在金陵也好,只是军队里得传染病的人很多。先前请道士设坛祈祷,后来又请人舞龙灯、舞狮子,仿效古代大傩驱邪的仪式,不晓得传染病会不会稍稍好些儿?

　　鲍公在宁国招降童容海一股①,收用者三千人,馀五万人悉行遣散,每人给钱一千。鲍公办妥此事,即由高淳东坝会剿金陵②。

【注释】

①童容海:即洪容海。本姓洪,入太平军后,改姓童,清安徽无为人。石达开部将。咸丰七年(1857)随石达开出走。十年

（1860），率部脱离石达开。同治元年（1862）与李秀成会合，转战浙江，累封至保王。后在广德降清，复姓洪。次年随鲍超破宁国府，升总兵。

②高淳：清为县名。属江宁府，今为江苏南京高淳区。东坝：地名。即今江苏南京高淳区东坝镇，位于苏、皖交界处，素为南京的南大门。

【译文】

鲍超在宁国府招降童容海一支部队，收用三千人，其馀五万人都遣散回家，每人发给大钱一千。鲍超办完这事，就由高淳东坝前往金陵会师剿匪。

希帅由六安回省，初三已到。久病之后，加以忧戚[1]，气象黑瘦[2]，咳嗽不止，殊为可虑。本日接奉谕旨，不准请假回籍，赏银八百，饬地方官照料[3]。圣恩高厚，无以复加，而希帅思归极切，现其病象，亦非回籍静养，断难痊愈。渠日内拟自行具折陈情也[4]。

【注释】

①忧戚：忧愁烦恼。《墨子·尚贤中》：“是以美善在上，而所怨谤在下，宁乐在君，忧戚在臣。”《庄子·让王》：“君固愁身伤生，以忧戚不得也。”

②气象：此指人的精神面貌。

③饬（chì）：饬令，命令。

④渠：他。具折：备拟奏折。陈情：（向朝廷）陈述衷情，一般是为了养亲或守丧，而辞官待在家里。

【译文】

　　李希庵大帅由六安回安徽省城安庆,初三日已经到了。病了太久之后,加上忧愁悲伤,面相黑瘦,咳嗽不止,很让人担忧。本日接到圣旨,不准请假回乡,赏给银子八百两,饬令地方官照料一切事宜。皇上的恩德如天高如地厚,再没有更好的待遇了,但李希庵大帅特别想回家,现在他的病情,也是不回家乡静养,万万难以痊愈的。他这几天打算自己上奏折向朝廷陈诉苦衷。

　　尔所作《拟庄》三首①,能识名理②,兼通训诂,慰甚慰甚。余近年颇识古人文章门径,而在军鲜暇③,未尝偶作,一吐胸中之奇。尔若能解《汉书》之训诂,参以《庄子》之诙诡④,则余愿偿矣。至行气为文章第一义,卿、云之跌宕⑤,昌黎之倔强,尤为行气不易之法⑥,尔宜先于韩公倔强处揣摩一番。

【注释】

①《拟庄》:曾纪泽所写文章名,为模拟《庄子》文章而作,故名。

②识名理:能辨析事物名称和道理的是非同异。

③鲜(xiǎn)暇:缺少空闲。鲜,少。

④诙诡:诙谐奇诡,荒诞怪异。

⑤卿、云:指司马相如(字长卿)和扬雄(字子云)。跌宕:亦写作“跌荡”,指文笔、笔法豪放,富于变化。《朱子语类》卷一百二十五:“《庄子》跌荡,《老子》收敛。”

⑥不易之法:(应当遵从)不可改变的法则。

【译文】

　　你所写的《拟庄》三首,能辨识名物和事理,同时也通训诂,我非常欣慰。我近年很明白一些古人的文章门径,但在军中缺少闲暇时间,没能偶尔创作几首,展现胸中的奇思妙想。你如果能理解《汉书》的训诂,写文章时再加进《庄子》的诙谐奇诡风格,那我的愿望就实现了。行气是写文章最要紧的事情,司马相如、扬雄的跌宕变化,韩昌黎的倔强不平,尤其是文章行气不可改易的法则,你应当先在韩愈的倔强不平风格方面仔细领会一番。

　　京中带回之书,有《谢秋水集》^①,名文洊,国初南丰人。可交来人带营一看。

【注释】

①《谢秋水集》:清代文人谢文洊(jiàn)的文集。谢文洊(1615—1681),字秋水,号约斋,明末清初江西南丰人。诸生。年二十馀,入广昌之香山,阅佛书。既而治王阳明之学。四十岁后,转而一意治程朱之学。辟程山学舍于城西,以"尊洛"为堂名。有《程山集》《左传济变录》。

【译文】

京城中带回来的书,有《谢秋水集》,名文洊,本朝初年南丰人。可以交给来营送信的人带到军营,我要看。

　　澄叔处未另作书,将此呈阅。

【译文】

澄侯叔那边没有另外写信,你将这封信呈他一阅。

同治元年闰八月二十四日

字谕纪泽：

　　日内未接家信，想五宅平安为慰。

【译文】

写给纪泽：

　　近日没有收到家信，料想家里五宅平安。

　　此间近状如常。各军士卒多病，迄未少愈。甘子大至宁国一行①，归即一病不起。许吉斋座师之世兄名敬身号藻卿者②，远来访我，亦数日物故③。幸杨、鲍两军门皆有转机④，张凯章闻亦少瘥⑤。三公无他故，则大局尚可为也。沅叔营中病者亦多。沅意欲奏调多公一军回援金陵。多公在秦⑥，正当紧急之际，焉能东旋？且沅、季共带二万馀人，仅保营盘，亦无请援之理。惟祝病卒渐愈，禁得此次风浪，则此后普成坦途矣。

【注释】

①甘子大：甘晋，字子大，清江西奉新人。道光二十一年（1841）进士，官至礼部主事，藏书家，曾赠曾国藩《剑南集》。曾国藩咸丰中征江西时，请其经管粮台。

②许吉斋：许乃安，字吉斋，号退庐，清钱塘（今浙江杭州）人。道光十二年（1832）进士，改庶吉士，授编修，历官兰州知府，署兰州

道。座师：明清两代举人、进士对主考官的尊称。清顾炎武《生员论中》："生员之在天下，近或数百千里，远或万里，语言不同，姓名不通，而一登科第，则有所谓主考官者，谓之座师。"曾国藩道光十四年（1834）乡试中举，许乃安为乡试副主考。

③物故：死亡。《汉书·苏武传》："前以降及物故，凡随武还者九人。"唐颜师古注："物故谓死也，言其同于鬼物而故也。一说，不欲斥言，但云其所服用之物皆已故耳。"清王先谦补注引宋祁曰："物，当从南本作'殁'，音没。"《三国志·蜀书·刘璋传》："瑁狂疾物故。"南朝宋裴松之注："魏臺访'物故'之义，高堂隆答曰：'闻之先师：物，无也；故，事也；言无复所能于事也。'"

④杨、鲍两军门：指福建水师提督杨岳斌、浙江提督鲍超。

⑤少瘥（chài）：稍稍病愈。

⑥秦：指陕西。

【译文】

这边近况还是老样子。各军士兵大多得病，迄今还未稍稍好转。甘子大去了宁国一趟，回来后就一病不起。许吉斋座师名敬身号藻卿的公子，远道前来看我，也没过几天就死了。辛亏杨岳斌、鲍超两位军门情况都有好转，张凯章也听说病情稍好一些。这三位没大毛病，那大局就还可以维持。你沅甫叔营中病的人也多。他想上奏调请多隆阿一军回援金陵。多隆阿在陕西，局势正在紧急关头，怎么能回师东下？况且沅甫、季洪两位共带两万多兵，仅仅防守营盘，也没有请求援助的道理。只有祝愿生病的士兵渐渐好起来，禁得起这次风浪，那以后遇到什么情况就都是坦途了。

　　李希庵于闰八月廿三日安庆开行①，奔丧回里②。唐义渠即于是日到皖③。两公于余处皆以长者之礼见待④，公事毫无掣肘⑤。余亦推诚相与⑥，毫无猜疑。皖省吏治，或可渐有起色。

【注释】

①开行：启动行程。

②奔丧：《礼记》有《奔丧》篇，唐孔颖达疏："案郑《目录》云，名曰《奔丧》者，以其居他国，闻丧奔归之礼。"古代凡闻君、亲、尊长之丧，从外地赶往吊唁或料理丧事均称"奔丧"。

③唐义渠：唐训方（1810—1877），字义渠，清湖南常宁人。道光二十年（1840）举人。咸丰间从曾国藩镇压太平军，转战鄂、赣、皖等省，累擢至安徽巡抚。后坐事降官，旋任直隶布政使。乞假归，不复出。

④以长者之礼见待：意谓视为长者，处处尊重。

⑤掣肘：《吕氏春秋·具备》："宓子贱治亶父，恐鲁君之听谗人，而令己不得行其术也。将辞而行，请近吏二人于鲁君，与之俱至于亶父。邑吏皆朝，宓子贱令吏二人书。吏方将书，宓子贱从旁时掣摇其肘；吏书之不善，则宓子贱为之怒。吏甚患之，辞而请归……鲁君太息而叹曰：'宓子以此谏寡人之不肖也。'"后因以"掣肘"谓从旁牵制。

⑥推诚：以赤诚之心相待。《淮南子·主术训》："块然保真，抱德推诚，天下从之，如响之应声，景之象形。"《魏书·高祖纪下》："凡为人君，患于不均，不能推诚御物。"相与：相处。

【译文】

李希庵闰八月二十三日在安庆启程，回乡奔丧。唐义渠即在当天到安庆。他们两位都以长者之礼待我，公事方面没半点儿掣肘。我也以赤诚之心待他们，没有半点儿猜疑。安徽省的行政，或许渐渐能好起来。

余近日癣疾复发，不似去秋之甚。眼蒙则逐日增剧，夜间几不复能看字。老态相催，固其理也。

【译文】

我近来癣疾又发作了，但不像去年秋天那样厉害。眼睛发昏，则日益加剧，夜间几乎不再能看字。老境相逼，理当如此。

同治元年九月十四日

字谕纪泽：

接尔闰月禀，知澄叔尚在衡州未归，家中五宅平安，至以为慰。

【译文】

写给纪泽：

接到你闰八月的信，得知澄侯叔在衡州还没返回，家中五宅平安，很是欣慰。

此间连日恶风惊浪①，伪忠王在金陵苦攻十六昼夜，经沅叔多方坚守，得以保全。伪侍王初三、四亦至②，现在金陵之贼数近二十万，业经守二十日，或可化险为夷。兹将沅叔初九、十与我二信寄归外，又有大夫第信③，一慰家人之心。

【注释】

①恶风惊浪：形容形势危急、处境艰险。

②伪侍王：指太平天国侍王李世贤。

③大夫第：曾国荃在湘乡的宅第，是竹亭公祠、敦德堂、修善堂的统

　称。位于今双峰荷叶镇大坪村雷家湾。

【译文】

这边连日险象环生，伪忠王李秀成在金陵苦攻我军十六个昼夜，经你沅甫叔多方坚守，我方营盘得以保全。伪侍王李世贤初三、四日也到了，现在金陵一地的贼军人数有近二十万，我军已经坚守二十日，或许能化险为夷。现将你沅甫叔初九和初十给我的两封信寄回家以外，又有寄到大夫第的家信，可以安慰一下家人挂念之心。

鲍春霆移扎距宁郡城二十里之高祖山①，虽病弁太多②，十分可危；然凯军在城主守，春霆在外主战，或足御之。惟宁国县城于初六日失守，恐贼猛扑徽州、旌德、祁门等城③，又恐其由间道径窜江西④，殊可深虑。

【注释】

①宁郡城：指宁国府府治所在地。高祖山：即今安徽宁国汪溪镇高

　山。同治元年（1862），湘军鲍超部曾驻扎此地，与太平军相持。

②弁：士兵。

③旌德：地名。在安徽南部，清属宁国府，今隶属安徽宣城。

④间（jiàn）道：小道。

【译文】

鲍春霆移军驻扎在离宁国府郡城二十里的高祖山，虽然得病的士兵太多，十分危险；但张凯章一军在城里主守，鲍春霆一军在外主战，

或许可以抵挡敌军。只是宁国县城在初六日失陷，担心贼军会猛扑徽州、旌德、祁门等城，又怕贼军会由小路直接流窜到江西，让人深深忧虑。

余近日忧灼迥异寻常，气象与八年春间相类，盖安危之机关系太大，不仅为一己之身名计也。但愿沅、霆两处幸保无恙，则他处尚可徐徐补救。

【译文】

我近来忧虑焦灼，和往常大不一样，气象和咸丰八年春天很像，因为这边的安危对全局影响太大，不仅仅是为我一己的身家性命和名誉考虑。但愿沅甫和鲍春霆两处能平安无事，那其他地方还能慢慢补救。

此信送澄叔一阅，不详。

【译文】

这封信送呈你澄侯叔一阅，其他就不详细说了。

同治元年十月初四日

字谕纪泽：

旬日未接家信，不知五宅平安如常否？

【译文】

写给纪泽：

十来天没接到家信，不晓得家中五宅是否平安如常？

此间军事，金柱关、芜湖及水师各营①，已有九分稳固可靠；金陵沅叔一军，已有七分可靠；宁国鲍、张各军，尚不过五分可靠。此次风波之险，迥异寻常，余忧惧太过，似有怔忡之象②，每日无论有信与无信，寸心常若皇皇无主③。前此专虑金陵沅、季大营或有疏失，近日金陵已稳，而忧皇战栗之象不为少减④，自是老年心血亏损之症。欲尔再来营中省视，父子团聚一次。一则或可少解怔忡病症，二则尔之学问亦可稍进。或今冬起行，或明年正月起行，禀明尔母及澄叔行之。尔在此住数月归去，再令鸿儿来此一行。

【注释】

①金柱关：关名。在安徽当涂西。是南京东面屏障，为兵家必争之地。咸丰、同治年间，清军与太平军为争夺金柱关，曾数番激战。

②怔忡：中医病名。因受惊吓，患者心脏跳动剧烈的一种症状。犹今之心脏病。宋朱熹《乞宫观札子》：“熹旧有心气之疾，近因祷雨备灾，忧惧怵迫，复尔发动，怔忡炎燥，甚于常时。”

③皇皇：惶恐貌，彷徨不安貌。《礼记·檀弓上》：“既葬，皇皇如有望而弗至。”《孟子·滕文公下》：“孔子三月无君则皇皇如也。”皇，通“惶”。

④忧皇：亦作“忧惶”，忧愁惶恐。《后汉书·皇后纪上·明德马皇后》：“今数遭变异，谷价数倍，忧惶昼夜，不安坐卧。”战栗：因恐惧、寒冷或激动而颤抖。《论语·八佾》：“使民战栗。”朱子《集

注》:"战栗,恐惧貌。"

【译文】

此间军事,金柱关、芜湖和水师各营盘,已较稳固可靠;金陵你沅甫叔一军,已有七分把握;宁国鲍超、张凯章各军,还没有五分把握。这次风波的险况,和平常大不一样,我忧虑担心太过,似有心跳过速的迹象,每天不管有消息还是没有消息,内心常常惶恐不安,六神无主。前些时候专门担心金陵你沅甫叔和季洪叔的大营有什么疏忽,近来金陵形势已稳定,但忧愁惶恐、坐卧不安并不因此稍稍缓解,自然是老年心血亏损的症状。想你再来大营看望我,父子团聚一次。一来或许能稍稍缓解我的心跳过速的病症,二来你的学问也可以稍有进步。或者今年冬天起行,或者明年正月起行,你禀告你母亲和澄侯叔之后再办。你在这住几个月回去,再让鸿儿来这里走一趟。

　　寅皆先生明年定在大夫第教书,鸿儿随之受业①。金二外甥有志向学②,尔可带之来营。馀详日记中。此谕。

【注释】

①受业:从师学习。《孟子·告子下》:"(曹)交得见于邹君,可以假馆,愿留而受业于门。"《史记·孔子世家》:"孔子不仕,退而修诗、书、礼、乐,弟子弥众,至自远方,莫不受业焉。"

②金二外甥:王金二,曾国藩外甥。疑即王叶亭(王镇墉),乃王率五与曾国蕙所生之子。

【译文】

邓寅皆先生明年确定在你沅甫叔府上大夫第教书,鸿儿跟他后面读书。金二外甥有志向学,你可带他来大营。其馀详见日记。就说这些。

同治元年十月十四日

字谕纪泽：

　　十月初十日接尔信与澄叔九月廿日县城发信，具悉五宅平安，希庵病亦渐好，至以为慰。

【译文】

写给纪泽：

　　十月初十日接到你的信以及澄侯叔九月二十日从县城寄出的信，知悉家里五宅平安，李希庵的病情也渐渐好转，非常欣慰。

　　此间军事，金陵日就平稳，不久当可解围。沅叔另有二信，余不赘告。

【译文】

　　这边军事，金陵日益平稳，不久应当能解围。你沅甫叔另外有两封信，我就不赘述了。

　　鲍军日内甚为危急。贼于湾沚渡过河西①，梗塞霆营粮路。霆军当士卒大病之后，布置散漫，众心颇怨，深以为虑。鲍若不支，则张凯章困于宁国郡城之内，亦极可危。如天之福，宁国亦如金陵之转危为安，则大幸也。

【注释】

①湾沚:镇名。又名"沚津"。位于青弋江畔,今为安徽芜湖湾沚区。河西:当指青弋江西岸。

【译文】

鲍超一军近来很是危急。贼匪在湾沚渡过河西,堵塞鲍超军的粮食补给路线。鲍超一军正当士兵大病之后,安排布置得很散漫,大家颇有怨气,让人深深忧虑。鲍超一军如果支持不住,那张凯章被困在宁国郡城之内,就也很危险。如果老天保佑,宁国也像金陵一样转危为安,那就是大幸了。

尔从事小学《说文》,行之不倦,极慰极慰。小学凡三大宗:言字形者,以《说文》为宗。古书惟大、小徐二本①,至本朝而段氏特开生面②,而钱坫、王筠、桂馥之作亦可参观③。言训诂者,以《尔雅》为宗。古书惟郭注邢疏④,至本朝而邵二云之《尔雅正义》、王怀祖之《广雅疏证》、郝兰皋之《尔雅义疏》⑤,皆称不朽之作。言音韵者,以《唐韵》为宗⑥。古书惟《广韵》《集韵》⑦,至本朝而顾氏《音学五书》乃为不刊之典⑧,而江慎修、戴东原、段茂堂、王怀祖、孔巽轩、江晋三诸作⑨,亦可参观。尔欲于小学钻研古义,则三宗如顾、江、段、邵、郝、王六家之书,均不可不涉猎而探讨之。

【注释】

①大、小徐二本:指《说文解字》大徐本和小徐本。大徐指徐铉,小徐指徐锴。兄弟二人先仕于南唐,后归宋。徐铉于宋太宗雍熙年间奉旨校定《说文解字》,世称"大徐本"。大徐本是《说文解字》最为通行的版本,学界称《说文解字》如不加说明,均指大徐

本。大徐本有《四部丛刊》影印宋本。原本为汲古阁书，后归王
昶，又归陆心源，今归日本东京静嘉堂文库。大徐宋本还有清代
复刻本，以孙星衍《平津馆丛书》原刻本为善。同治间番禺陈昌
治复刻孙星衍本，改为一篆一行，检索最便，有中华书局影印本。
徐锴所作《说文解字系传》，是最早的《说文》注本，世称"小徐
本"。小徐本除《四部丛刊》影印述古堂抄本外，以清代祁隽藻翻
刻影印宋本最善。

②段氏：指段玉裁，著有《说文解字注》。

③钱坫（1744—1806）：字献之，号十兰，清江苏嘉定（今上海嘉定
区）人，钱大昕之侄。乾隆时以副贡游关中，以直隶州州判官于
陕西。长于训诂、舆地之学。工小篆。著有《史记补注》一百三
十卷、《诗音表》一卷、《车制考》一卷、《论语后录》五卷、《尔雅释
义》十卷、《十经文字通正书》十四卷、《说文斠诠》十四卷、《新斠
注地理志》十六卷、《汉书十表注》十卷、《圣贤冢墓志》十二卷。
王筠（1784—1854）：字贯山，号菉友，清山东安丘人。道光元年
（1821）举人。官山西宁乡知县。博涉经史，尤长于《说文》。有
《说文句读》《说文释例》，折衷桂馥、段玉裁诸家之说，删繁举要，
学者称为善本。又有《说文系传校录》《文字蒙求》《毛诗重言》
《夏小正正义》《禹贡正字》《四书说略》等。桂馥（1733—1802，一
说1736—1805）：字冬卉，号未谷，清山东曲阜人。乾隆五十五年
（1790）进士，选云南永平知县，卒于官。生平治《说文》四十年，
融会诸经，以经义与《说文》相疏证，又用《玉篇》《广韵》校之，成
《说文义证》。又绘许慎以下诸家为《说文系统图》。题书室为十
二篆师精舍。另有《缪篆分韵》《札朴》《晚学集》等。

④郭注邢疏：指《尔雅》一书的晋郭璞注和北宋邢昺疏。

⑤邵二云：邵晋涵（1743—1796），字与桐，号二云，又号南江，清浙
江馀姚人。乾隆三十年（1765）举人，三十六年（1771）进士，入四

库全书馆任编修，主持《四库全书·史部》的编撰工作。乾隆五十六年（1791）擢侍讲学士，充文渊阁直阁事。邵晋涵长于史学，对历代艺文志、目录之学有深研，四库总目史部提要多出其手，另著有《旧五代史考异》；亦长于经学，精《三传》及《尔雅》，以晋郭璞《尔雅》为宗，兼采汉人旧注，撰《尔雅正义》二十卷，为研究训诂学的重要著作。此外，还有《孟子述义》《韩诗内传考》《穀梁正义》《辋轩日记》《方舆金石编目》《南江诗文钞》《南江札记》等著作传世。郝兰皋：郝懿行（1755—1823），字恂九，号兰皋，清山东栖霞人。嘉庆四年（1799）进士，授户部主事，补江南司主事。居郎署二十一年，身为穷官，惟潜心学问，尤长于名物训诂考据之学。以《尔雅义疏》为最著，另有《山海经笺疏》《竹书纪年校正》《春秋说略》《易说》《书说》等。

⑥《唐韵》：唐孙愐著，成书约在唐玄宗开元二十年（732）之后，是《切韵》的一个增修本。原书已佚。据清代卞永誉《式古堂书画汇考》所录唐元和年间《唐韵》写本的序文和各卷韵数的记载，全书五卷，共一百九十五韵，与稍早的王仁昫的《刊谬补缺切韵》同，其上、去二声都比陆法言《切韵》多一韵。

⑦《广韵》：全称《大宋重修广韵》，是北宋时的一部官修韵书，由陈彭年、丘雍奉旨据前代《切韵》《唐韵》等韵书修订而成。《广韵》共分五卷（平声分上、下二卷，上、去、入声各一卷）。分二百零六韵，包括平声五十七韵（上平声二十八韵，下平声二十九韵），上声五十五韵，去声六十韵，入声三十四韵。常见版本有张氏泽存堂、《古逸丛书》复宋本、《四部丛刊》涵芬楼影印宋刊巾箱本、曹刻楝亭五种本、宋乾道五年黄三八郎本（《钜宋广韵》）、复元泰定本、小学汇函内府本等七种。前五种称繁本，后两种称简本（所谓简本是元人根据宋本删削而成）。另有今人周祖谟《广韵校本》，最称善本。《集韵》：北宋丁度奉仁宗之命主持的官修韵

书,在《广韵》《韵略》二书基础上修订而成,成书于仁宗宝元二年(1039),共十卷。《集韵》分韵的数目和《广韵》全同。只是韵目用字、部分韵目的次序和韵目下面所注的同用、独用的规定稍有不同。《集韵》主要的特点是收字多,收异体字尤多。

⑧顾氏:顾炎武。《音学五书》:顾炎武古音学研究专著,全书共五种:一、《音论》三卷,二、《诗本音》十卷,三、《易音》三卷,四、《唐韵正》二十卷,五、《古音表》二卷。书前有顾炎武自序,是其古音学研究理论和方法的总结。顾炎武认识到语音是逐渐发展变化的。基于这种认识,他第一步"据唐人以正宋人之失",即离析"平水韵"使之回到《唐韵》。第二步"据古经以正沈氏唐人之失",就是根据上古韵文如《诗经》押韵等来离析《唐韵》,再归纳出古韵分部。《诗本音》是《音学五书》中最重要的部分,该书旨在破除宋代朱子以来"叶韵说"的影响,详细地考察了《诗经》押韵字的古音,凡他认为古今读音不同的字,都指明这个字的古音应当在古韵的哪一部,并统计出在《诗经》中这个字出现的次数,在其他经书中作为押韵字出现的次数,与哪些字押韵。《古音表》是顾炎武对古音研究的总结,书中变更《唐韵》次序,把古音分为十部,并用表的形式一一列出。顾炎武在《音论》部分还专门提出"古人韵缓不烦改字""古诗无叶音""古人四声一贯""先儒两声各义之说不尽然"等主张。《音学五书》从理论和实践两方面彻底否定了宋代以来的"叶韵说",是清代古音学的奠基之作。不刊之典:不可磨灭的经典著作。古代文书书于竹简,有误,即削除,谓之"刊"。不刊,谓不容更动和改变。汉刘歆《答扬雄书》:"是县诸日月,不刊之书也。"南朝梁刘勰《文心雕龙·宗经》:"经也者,恒久之至道,不刊之鸿教也。"

⑨江:江永,字慎修。见前注。江永认为顾炎武考古之功多而审音之功浅,其所著《古韵标准》一书,以等韵学原理考订《诗经》用

韵，分古韵为平、上、去各十三部，入声八部，开清代古音学审音学派研究之先河。又著有《音学辨微》《四声切韵表》，论述等韵学及韵书中分韵的原理。戴：戴震，字东原。见前注。其古音学著作有《声类表》《声韵考》等，分古韵为九类二十五部。所分各类以阴声、阳声、入声相配，影响深远。分古韵脂、祭为二，亦为不刊之论。段：段玉裁，号茂堂。见前注。其古音学代表作为《六书音均表》。分古韵为十七部，始于"之"而终于"歌"。段氏认为古同谐声者必同韵部，故其研求古韵，除据《诗经》群籍用韵材料之外，复以文字谐声参互校订。阐发"古本音""古合韵"之说，辨识诗文押韵之必然与偶然；不以本音蔑合韵，不以合韵惑本音。又提出"古无去声"与"古假借必同部"说，影响深远。王：王念孙，字怀祖。见前注。其古音学代表作为《诗经群经楚辞韵谱》，简称《古韵谱》，分古韵为二十一部。其"支、脂、之"三分，与段玉裁不谋而合。分"至、祭、盍、缉"为四部，乃段氏及前贤所未及。晚年再分"东、冬"为二，遂成王氏古韵二十二部说。孔：孔广森（1752—1786），字众仲，一字㧑约，号巽轩，清山东曲阜人。乾隆三十六年（1771）进士，散馆授编修。不乐仕宦，归家著书。堂名仪郑，以希追踪郑玄。师从戴震。所著《春秋公羊通义》，凡诸经籍义有可通《公羊》者，都予著录。精通音韵，著《诗声类》，分古韵为十八部，明确提出阴阳对转之说。"东""冬"分立之说，为其首创。但孔广森认为古无入声，不为后人认同。江：江有诰（？—1851），字晋三，号古愚，清安徽歙县人。著名音韵学家。著有《诗经韵读》《群经韵读》《楚辞韵读》《先秦韵读》《汉魏韵读》《唐韵四声正》《谐声表》《入声表》《二十一部韵谱》《唐韵再正》《唐韵更定部分》，总名《江氏音学十书》。江有诰分古韵为二十一部。他的古音学研究，兼得考古、审音二派之长；以等韵作为辅助手段，从一字两读、谐声偏旁和先秦韵文押韵三方面来分析古韵，从而彻底解决了平入相配和四声相配问题。段玉裁评价他说："余与顾氏、孔氏皆一于考古，江氏、戴氏则兼以审音。晋三于前人之说择善而从，无所偏徇，又精于呼等字母，不惟古音大明，亦使今韵分为二百六部者得其剖析之故，韵学于是大备矣。"

【译文】

你用心研究《说文》等文字音韵训诂学问，坚持不倦，我非常欣慰。文字音韵训诂之学共分三大门类：讲字形的，以《说文解字》为宗。古书只有大徐本和小徐本，到了本朝，段玉裁的注可谓别开生面，而钱坫、王筠、桂馥的著作，也有参考价值。讲训诂的，以《尔雅》为宗。古书只有晋郭璞注和北宋邢昺疏，到了本朝，邵二云的《尔雅正义》、王怀祖的《广雅疏证》、郝兰皋的《尔雅义疏》，都号称是不朽的名著。讲音韵的，以《唐韵》为宗。古书只有《广韵》和《集韵》，到了本朝，顾炎武的《音学五书》是不可磨灭的经典之作，而江永慎修、戴震东原、段玉裁茂堂、王念孙怀祖、孔广森㢲轩、江有诰晋三等人的著作，也有参考价值。你想在文字音韵训诂方面钻研古义，那这三大门类如顾炎武、江永、段玉裁、邵二云、郝兰皋、王怀祖六家的著作，都不能不有所涉猎而加以探讨。

　　余近日心绪极乱，心血极亏。其慌忙无措之象，有似咸丰八年春在家之时，而忧灼过之。甚思尔兄弟来此一见。不知尔何日可来营省视？

【译文】

我近些天心绪很乱，心血大亏。慌忙无措的气象，和咸丰八年春天在家的时候差不多，但更加忧愁焦灼。很想你们兄弟来这里见上一面。不晓得你哪天能来大营探视？

仰观天时^①，默察人事，此贼竟无能平之理。但求全局不遽决裂，余能速死而不为万世所痛骂，则幸矣。

【注释】

①天时：指天象。古人迷信，讲究天人合一，认为天象对应着人间的祸福吉凶。

【译文】

仰观天象，低头默想人事，这反贼竟没有能消灭的道理。只求全局不至于太快崩盘，我能速死而不被万世所痛骂，就是万幸了。

同治元年十月二十四日

字谕纪泽、纪鸿：

　　日内未接家信，想五宅平安。

【译文】

写给纪泽、纪鸿：

　　近日没收到家信，想来家里五宅平安。

　　此间军事，金陵于初五日解围，营中一切平安，惟满叔有病未愈。

【译文】

　　这边军事，金陵在初五日解围，营中一切平安，只是你小叔得病未好。

目下危急之处有三：一系宁国鲍、张两军粮路已断[1]，外无援兵；一系旌德朱品隆一军被贼围扑，粮米亦缺；一系九洑洲之贼窜过北岸[2]，恐李世忠不能抵御[3]。大约此三处者，断难幸全。

【注释】

①鲍、张：指鲍超、张运兰。

②九洑(fú)洲：地名。为长江江心洲，在金陵城外，紧靠长江北岸。太平军曾在此地驻防，为军事要地。

③李世忠：原名李昭寿，清末河南固始三河尖人。咸丰三年（1853），与薛之元在乡结捻起义；咸丰四年（1854），归顺捻军统领张乐行，活动于太平天国和清朝的交错地区。次年率部降清，在安徽太湖进攻太平军。年末，杀清道员何桂珍等，投太平军，隶李秀成部，任七十二检点。咸丰九年（1859）率所部四万人再度降清，献太平天国的天长、来安和滁州三城。清廷赐名"李世忠"，渐迁至江南提督。后李世忠与陈国瑞私自斗杀，曾国藩两惩之，奏请将李世忠革职，交安徽巡抚严加管束，疏末有"如再怙恶，当即处以极刑"两语。李世忠在安庆横行乡里，光绪七年（1881）被安徽巡抚裕禄捕杀。

【译文】

眼下有三个地方形势危急：一是在宁国的鲍超、张运兰两军粮食补给路线已被切断，外无援兵；二是在旌德的朱品隆一军被贼军围攻，也缺粮和米；三是九洑洲的贼军窜过长江北岸，只怕李世忠抵挡不住。大概这三个地方，很难保全。

余两月以来，十分忧灼，牙疼殊甚。心绪之恶，甚于八年春在家、十年春在祁门之状。尔明年新正来此①，父子一叙，或可少纾忧郁。

【注释】

①新正：正月。

【译文】

我这两个月以来，十分忧虑焦灼，牙疼得厉害。心情之坏，比咸丰八年春在家里、咸丰十年春在祁门的情形还要糟糕。你明年正月新年里来这里一趟，父子相见一叙，或者可以稍稍舒缓我的忧郁。

尔近日走路身体略觉厚重否？说话略觉迟钝否？鸿儿近学作试帖诗否？袁氏婿近常在家否？尔若来此，或带袁婿与金二外甥同来亦好。

【译文】

你最近走路身体举动稍稍感觉稳重些没有？说话稍稍感觉迟钝些没有？鸿儿近来学着写试帖诗没有？袁氏女婿最近常待在家里不？你如果来这边，或者带袁女婿和金二外甥一起来也好。

同治元年十一月初四日

字谕纪泽：

廿九接尔十月十八在长沙所发之信，十一月初一又接尔初九日一禀，并与左镜和唱酬诗及澄叔之信①，具悉一切。

【注释】

①左镜和:亦作"左敬和",清湖南湘乡人。曾与曾纪泽有诗唱和。馀不详。

【译文】

写给纪泽:

二十九日接到你十月十八日在长沙寄的信,十一月初一日又接到你初九日的一封信,以及你与左镜和唱酬的诗,还有你澄侯叔的信,知悉家中一切情况。

尔诗胎息近古①,用字亦皆的当②。惟四言诗最难有声响、有光芒,虽《文选》韦孟以后诸作③,亦复尔雅有馀④,精光不足。扬子云之《州箴》《百官箴》诸四言,刻意摹古,亦乏作作之光⑤,渊渊之声⑥。

【注释】

①胎息:指气息、风格。亦可指师承、效法。清纪昀《陈后山诗钞·序》:"然胎息古人,得其神髓,而不掩其性情,此后山之所以善学杜也。"清陈康祺《郎潜纪闻》卷十四:"舍人(谭莹)乐志堂集文诗略,亦多胎息六朝之作。"

②的当:恰当,稳妥。宋苏洵《上欧阳内翰第一书》:"陆贽之文,遣言措意,切近的当。"

③韦孟(前228? —前156):西汉楚国彭城(今江苏徐州)人。为楚元王傅。历相三王,至刘戊荒淫不道,作诗讽谏,遂去位,徙家于邹(今山东邹城)。卒于邹。韦孟所作《讽谏诗》,为四言长篇,收于《文选》卷十九。

④尔雅:雅正,文雅。《史记·儒林列传》:"文章尔雅,训辞深厚。"

唐司马贞《索隐》："谓诏书文章雅正。"《汉书·王莽传中》："其文尔雅依托。"唐颜师古注："尔雅，近正也。"

⑤作作：形容光芒四射。《史记·天官书》："岁阴在酉，星居午……作作有芒。"

⑥渊渊：鼓声。亦泛用作象声词。南朝宋刘义庆《世说新语·言语》："（祢）衡扬枹为《渔阳》掺挝，渊渊有金石声，四坐为之改容。"

【译文】

你的诗气象和古人相近，用字也都准确恰当。只是四言诗最难写得有声响和光芒，即便是《文选》所选韦孟以后各家的作品，也都是典雅有余，精神和光彩不足。扬子云的《州箴》《百官箴》等四言各篇，刻意摹古，也缺乏耀眼的光芒和震撼的声响。

余生平于古人四言，最好韩公之作，如《祭柳子厚文》《祭张署文》《进学解》《送穷文》诸四言①，固皆光如皎日，响如春霆②；即其他凡墓志之铭词，及集中如《淮西碑》《元和圣德》各四言诗③，亦皆于奇崛之中迸出声光，其要不外意义层出、笔仗雄拔而已④。自韩公而外，则班孟坚《汉书·叙传》一篇，亦四言中之最隽雅者⑤。尔将此数篇熟读成诵，则于四言之道，自有悟境。

【注释】

①《祭张署文》：即韩愈文集中的《祭河南张员外文》。张员外，名署。

②春霆：春天的雷霆。晋左思《魏都赋》："抑若春霆发响，而惊蛰飞竞。"

③《淮西碑》：即《平淮西碑》，韩愈所撰，通篇四言。唐宪宗元和十二年（817）裴度与李愬平定淮西（今河南东南部）藩镇吴元济，韩愈奉命撰文刻碑以记功。因碑文突出裴度，引起李愬一方的不满。李愬之妻（唐安公主之女）进宫诉说碑文不实，宪宗命翰林学士段文昌重新撰文勒石。《元和圣德》：指韩愈所作《元和圣德诗》，通篇四言，歌颂唐宪宗的文治武功。

④笔仗：指书画或诗文的艺术风格。

⑤隽雅：隽永典雅。

【译文】

　　我生平对古人的四言诗文，最喜欢韩愈的作品，如《祭柳子厚文》《祭河南张员外文》《进学解》《送穷文》等四言篇章，自然都是和太阳一样光彩四射，和春雷一样有令人震撼的声响；即便是其他的凡是墓志的铭词，以及文集中如《平淮西碑》《元和圣德诗》等四言诗篇，也都是在奇崛的风格中闪现光芒和声响，关键不外乎意义层出不穷、风格雄劲挺拔。在韩愈之外，班孟坚的《汉书·叙传》一篇，也是四言中最隽永典雅的。你将这几篇熟读成诵，那对写四言诗文的门道，自然会有领会。

　　镜和诗雅洁清润，实为吾乡罕见之才，但亦少奇矫之致①。凡诗文欲求雄奇矫变，总须用意有超群离俗之想②，乃能脱去恒蹊③。

【注释】

①奇矫：奇特出众，奇特雄健。

②超群离俗：出类拔萃，超凡脱俗。

③脱去恒蹊：脱离寻常路径，即另辟蹊径，不按部就班。

【译文】

　　左镜和的诗雅洁清润，实在是我们家乡罕见的人才，但也缺少奇崛雄健的风致。大凡诗文想要追求雄奇矫变的效果,总要在立意上有出类拔萃、不同流俗的想法,才能独辟蹊径。

　　尔前信读《马汧督诔》①,谓其沉郁似《史记》,极是极是。余往年亦笃好斯篇②。尔若于斯篇及《芜城赋》《哀江南赋》《九辩》《祭张署文》等篇吟玩不已③,则声情并茂,文思汨汨矣④。

【注释】

①《马汧(qiān)督诔》:西晋潘岳所作,收于《文选》卷五十七。《文选》注:"臧荣绪《晋书》曰:'汧督马敦,立功孤城,为州司所枉,死于囹圄,岳诔之。'"

②笃好:十分喜爱。

③《芜城赋》:南朝宋鲍照所作名篇。《哀江南赋》:南北朝庾信所作名篇。《九辩》:战国宋玉所作名篇。

④汨汨(gǔ):比喻文思源源不断或说话滔滔不绝。唐韩愈《答李翊书》:"当其取于心而注于手也,汨汨然来矣。"

【译文】

　　你前次信里说在读潘岳的《马汧督诔》,说它风格沉郁,和《史记》相似,很有道理。我往年也十分喜爱这篇。你如果能将这篇及《芜城赋》《哀江南赋》《九辩》《祭河南张员外文》等篇反复吟诵赏玩,那写文章时一定能声情并茂,才思泉涌。

　　此间军事危迫异常。九洑洲之贼纷窜江北,巢县、和州、含山俱有失守之信。余日夜忧灼,智尽能索①。一息尚存,忧劳不懈,它非所知耳!

【注释】

①智尽能索：智慧、能耐都已用尽。索，竭尽。《史记·货殖列传》："此有知尽能索耳，终不馀力而让财矣。"

【译文】

这边军事非常危险紧迫。九洑洲的贼匪纷纷窜到江北，巢县、和州、含山都传来失陷的消息。我日夜忧愁焦灼，耗尽心思。但只要一息尚存，就坚持不懈地努力，至于其他的，就非我所知了！

　　尔行路渐重厚否？纪鸿读书有恒否？至为廑念①。馀详日记中。

【注释】

①廑（qín）念：挂念，殷切关注。

【译文】

你走路渐渐稳重些没有？纪鸿读书能坚持不？我殷切关注。其他的事，详细写在日记里。

同治元年十一月二十四日

字谕纪泽：

　　廿二、三日连寄二信与澄叔，驿递长沙转寄①，想俱接到。

【注释】

①驿递：用驿马传递。唐刘𫗧《隋唐嘉话》卷中："请驿递，表起居，

飞奏事,自此始。"清阮葵生《茶馀客话》卷六:"文书紧急者向例
驿递,日行六百里。近因军营羽书有八百里加紧者,经过邮站,
划定时刻,处分极严。"

【译文】

写给纪泽:

二十二、二十三日两天接连寄了两封信给你澄侯叔,由驿站加急从
长沙转寄,想来家里都已收到。

季叔赍志长逝①,实堪伤恸。沅叔之意,定以季榇葬马
公塘②,与高轩公合冢③。尔即可至北港迎接④。一切筑坟
等事,禀问澄叔,必恭必悫⑤。俟季叔葬事毕,再来皖营
可也。

【注释】

①赍(jī)志长逝:语本南朝梁江淹《恨赋》:"赍志没地,长怀不已。"
　谓怀抱着未遂的志愿而死去。

②榇(chèn):古时指空棺,后泛指棺材。马公塘:地名。即今荷叶
　镇城区西头的珠目村马公塘山地。

③高轩公:曾国藩的叔叔曾骥云,字高轩。合冢:合葬,合坟。

④北港:曾国藩家乡一带地名,水码头。

⑤悫(què):诚恳,谨慎。

【译文】

你季洪叔壮志未酬身先死,实在让人伤心悲痛。你沅甫叔的意思,
决定将季洪叔的棺木葬在马公塘,与高轩公合墓。你可以到北港迎接
季洪叔的棺木。修建坟墓的一切事宜,禀明澄侯叔决定,一定要恭敬而
谨慎。等你季洪叔葬事完毕,你再来安庆军营即可。

尔现用油纸摹帖否？字乏刚劲之气，是尔生质短处，以后宜从"刚"字"厚"字用功。特嘱。

【译文】

你现在用油纸临摹字帖不？你的字缺少刚劲气息，是你天生的短处，以后应当从"刚"字、"厚"字上用功。特此嘱咐。

同治元年十二月十四日

字谕纪泽：

十一日接十一月廿二日来禀，内有鸿儿诗四首。十二日又接初五日来禀，其时尔初自长沙归也。两次皆有澄叔之信，具悉一切。

【译文】

写给纪泽：

十一日接到你十一月二十二日的来信，信里有鸿儿写的四首诗。十二日又接到你初五日的来信，那时你刚从长沙回家。两次都有你澄侯叔的信，知悉家中一切情况。

韩公五言诗本难领会，尔且先于怪奇可骇处、诙谐可笑处细心领会。可骇处，如咏落叶，则曰"谓是夜气灭，望舒贵其圆"①；咏作文，则曰"蛟龙弄角牙，造次欲手揽"②。可笑处，如咏登科，则曰"侪辈妒且热，喘如竹筒吹"③；咏苦寒，则曰"羲和送日出，恓怯频窥觇"④。尔从此等处用心，可以长才力，亦可添风趣。

【注释】

①谓是夜气灭，望舒贾（yǔn）其圆：出自唐韩愈《秋怀诗·其九》。望舒，月神名。代指月亮。贾，丧失。

②蛟龙弄角牙，造次欲于揽：出自唐韩愈《送无本师归范阳》诗。造次，仓促，鲁莽。

③侪（chái）辈妒且热，喘如竹筒吹：出自唐韩愈《寄崔二十六立之》诗。侪辈，同辈，朋辈。热，此指羡慕、眼红。

④羲和送日出，恓怯频窥觇（chān）：出自唐韩愈《苦寒》诗。羲和，日御名。恓怯，懦弱，胆怯。《后汉书·袁绍传》："馥素性恓怯，因然其计。"窥觇，暗中察看，探察。《韩非子·备内》："人臣之于其君，非有骨肉之亲也，缚于势而不得不事也。故为人臣者，窥觇其君心也无须臾之休，而人主怠慠处其上，此世所以有劫君弑主也。"

【译文】

韩愈的五言诗本来就难以领会，你且先从怪奇可骇、诙谐可笑的地方细心领会。韩愈五言诗奇怪到吓人的地方，譬如写落叶，他就说"谓是夜气灭，望舒贾其圆"；写作文，他就说"蛟龙弄角牙，造次欲手揽"。韩愈五言诗诙谐可笑的地方，譬如写登科，他就说"侪辈妒且热，喘如竹筒吹"；写严寒，他就说"羲和送日出，恓怯频窥觇"。你从这些地方用心，可以增长写文章的才华，也可以增添不少风趣。

鸿儿试帖，大方而有清气，易于造就，即日批改寄回。

【译文】

　　鸿儿的试帖诗，大方而有清润气象，很容易有所成就，我会立刻批改寄回。

　　季叔奉初六恩旨追赠按察使^①，照按察使军营病故例议恤^②，可称极优。兹将谕旨录归。

【注释】

①恩旨：朝廷施恩臣下而给予特殊赏赐恩典的圣旨。按察使：官名。宋代转运使初亦兼领提刑，后乃别设提点刑狱，遂为后世按察使之前身。金承安四年(1199)改提刑使为按察使，主管一路的司法刑狱和官吏考核。元代改称肃政廉访使。明初复用原名，为各省提刑按察使司的长官，主管一省的司法，掌一省刑名按劾。因与布政使、都指挥使分掌一省民政、司法、军事，合称"三司"。又设按察分司，分道巡察。明中叶后开始成为巡抚的属官。清代减去都指挥使司，"三司"变成"二司"。二司的长官布政使和按察使，俗称"藩台""臬台"，隶属于各省总督、巡抚。清代按察使为正三品官。

②议恤：对立功殉难人员，评议其功绩，给予褒赠抚恤。

【译文】

　　接到初六日朝廷恩旨，追赠季洪叔为按察使，按照按察使在军营病故的惯例给以抚恤，可以说条件很优渥了。现将朝廷圣旨抄录寄回。

　　此间定于十九日开吊^①，二十日发引^②，同行者为厚四、甲二、甲六、葛绎山、江龙三诸族戚^③，又有员弁亲兵等数十人送之^④，大约二月可到湘潭。葬期若定二月底三月初，必可不误。

【注释】

①开吊：有丧事的人家在出殡以前接待亲友来吊唁。

②发引：谓执绋。出殡礼仪之一。用以指出殡，灵车启行。

③厚四：当为曾国藩堂兄弟。馀不详。甲二、甲六：二人当为曾国
　藩堂侄。馀不详。葛绎山：即葛峄（亦）山。江龙三：与曾国藩家
　为表亲（曾国藩母亲姓江）。馀不详。

④员弁：低级文武官员。

【译文】

这边定在十九日开吊，二十日发引，同行的是厚四、甲二、甲六、葛
峄山、江龙三等亲戚，另有员弁亲兵等几十人护送棺木，大约二月可以
到达湘潭。葬期如果定在二月底三月初，绝对不会耽误。

下游军事渐稳，北岸萧军于初十日克复运漕^①；鲍军粮
路虽不甚通，而贼实不悍，或可勉强支持。

【注释】

①萧军：指萧庆衍一军。萧庆衍（1823—1890），字由正，号为则，清
　湖南涟源人。湘军将领。早年应募入湘军右营，转战江西、湖
　北，积功至副将；克太湖、潜山，以总兵记名，赐号刚勇巴图鲁；同
　治二年（1863），援江浦，复含山、巢县、和州，加头品顶戴；同治三
　年（1864），渡江会攻江宁，克上方桥，进钟山，筑三垒太平门外，
　城破，于缺口冲入，夺朝阳、洪武二门，赐黄马褂，予云骑尉世职。
　运漕：即运漕镇。位于今安徽含山县城南四十公里处。东进长
　江，西通巢湖。水上运输发达，又扼巢湖出江咽喉，历史上为安

徽江北八大重镇之首。始建于南北朝,初名"蓼花洲"。东汉末,曹操举兵攻伐孙权,在这里屯兵,为行军作战和粮草运输之便,开挖漕河。明朝成化年间,运漕镇由河名衍化而成。

【译文】

下游军事局面渐渐稳定,北岸萧庆衍一军在初十这天克复运漕镇;鲍超一军粮食补给路线虽然不太畅通,但贼匪实际上不太强悍,或许可以勉强支持。

此信送澄叔一阅。

【译文】

这封信送呈你澄侯叔一阅。

卷下

【题解】

本卷共收书信六十四封,起于同治二年(1863)正月二十四日,讫于同治九年(1870)六月。另附日课四条(同治十年金陵节署中日记)一篇。六十四封信中,有一封是曾国藩写给堂叔曾丹阁的,有一封是写给侄子曾纪瑞的,有两封是写给妻子欧阳夫人的,其馀六十封是写给两个儿子的。写给儿子的六十封信中,有三十一封是曾国藩写给大儿子曾纪泽的,有八封是写给小儿子曾纪鸿的,有二十一封是写给曾纪泽、曾纪鸿两个人的。

卷下所收六十四封信,只有一封写于同治九年(1870),其馀六十三封写于同治二年(1863)至同治六年(1867)五年之间。时间可谓相对集中。同治二年(1863),曾国藩53岁,曾纪泽25岁,曾纪鸿16岁。同治六年(1867),曾国藩57岁,曾纪泽29岁,曾纪鸿20岁。

同治元年(1862)秋,湘军曾国荃部在雨花台打退太平天国忠王李秀成、侍王李世贤所率的数十万援军。从此,太平军再无能力发动大规模的援救天京战役。同治二年(1863)三月,曾国荃补授浙江巡抚。同治三年(1864)六月,湘军曾国荃部攻陷太平天国首都天京。朝廷恩赏曾国藩加太子太保衔,赐封一等侯爵;曾国荃加太子少保衔,赐封一等伯爵。曾氏兄弟名望达到巅峰状态。同治四年(1865)四月,僧格林沁在曹州阵亡。五月,曾国藩随即奉上谕赴山东督师剿捻,以两江总督兼钦差大臣,节制直隶、山东、河南军务。同治五年(1866)正月,曾国荃奉上谕调补湖北巡抚,协同曾国藩剿捻。但同治四、五两年剿捻,却让曾氏兄弟名望受损。曾国藩办理剿捻一载有馀,初立驻兵四镇之议,次设扼守两河之策,皆未久而变。同治五年(1866),御史朱镇、卢世杰等人上疏参劾曾国藩办理军务不善;穆缉香阿奏曾国藩督师日久无功,请量加谴责;又有阿凌阿弹劾曾国藩骄吝。曾国藩虑及权位所在,众责所归,惕然不敢自安。同治五年(1866)十月,曾国藩折奏病难速瘥,请开协办大学士两江总督之缺,并请另简钦差大臣接办军务,自以散员留营效力,不主调度。同治五年(1866)十一月,曾国藩奉上谕回两江总督本任,李鸿章授钦差大臣,专办剿匪事宜。同治六年(1867)十月,曾国荃开缺回籍。剿捻无功,名望受损,曾国藩的心境沮丧颓唐,在写给儿子的家信里颇有所表露。

咸丰十年(1860)之前,曾国藩与子书很少谈军事和时事。咸丰十年(1860)之后,渐有涉及。同治三年(1864)之后尤多。同治三年(1864)夏攻克天京后,曾国藩前往金陵,曾纪泽留在安庆衙署,实充秘书之任。同治四年(1865),曾国藩北上剿捻,驻在行营,曾纪泽与全家留在金陵衙门,亦充秘书之任。父子通信频繁。

同治三年(1864)夏,曾国藩与子书,颇言攻克天京之后事,尤其是李秀成事,有史料价值。曾国藩在同治三年(1864)六月二十六日写给曾纪泽的信里说:"余于廿五日巳刻抵金陵陆营,文案各船亦于廿六日申刻赶到。沅叔湿毒未愈,而精神甚好。伪忠王曾亲讯一次,拟即在此杀之。"在同治三年(1864)七月初七日写给曾纪泽的信里说:"伪忠王自写亲供,多至五万馀字。两日内看该酋亲供,如校对房本误书,殊费目力。顷始具奏洪、李二酋处治之法。李酋已于初六正法,供词亦钞送军机处矣。"在同治三年(1864)七月初九日写给曾纪鸿的信里说:"余以廿五日至金陵,沅叔病已痊愈。廿八日戮洪秀全之尸,初六日将伪忠王正法。初八日接富将军咨,余蒙恩封侯,沅叔封伯。"在同治三年(1864)七月初十日写给曾纪泽的信里说:"今早接奉廿九日谕旨,余蒙恩封一等侯、太子太保、双眼花翎，沅叔蒙恩封一等伯、太子少保、双眼花翎，李臣典封子爵，萧孚泗男爵，其馀黄马褂九人，世职十人。双眼花翎四人。恩旨本日包封钞回，兹先将初七之折寄回发刻，李秀成供明日付回也。"这些文字，是研究李秀成自供状的重要材料。

家风建设和学业教育，仍旧是这一时段曾氏父子通信的核心内容。

曾国藩时时不忘告诫两个儿子要谦虚谨慎。曾国藩在同治二年(1863)八月十二日写给曾纪鸿的信里说："尔于十九日自家起行，想九月初可自长沙挂帆东行矣。船上有大帅字旗，余未在船，不可误挂。经过府县各城，可避者略为避开，不可惊动官长，烦人应酬也。"嘱咐曾纪鸿从家坐船来安庆，切勿挂大帅字旗，不可惊动沿途官长，烦人应酬。

曾国藩还在同治五年(1866)三月十四日夜写给两个儿子的信里，告诫两个儿子从金陵坐船西行途中，不可接受沿途州县礼物酒席，待人要谦虚谨慎。

同治三年(1864)，曾纪鸿回长沙参加乡试。曾国藩在七月初九日、七月二十四日写给曾纪鸿的信里，反复嘱咐曾纪鸿场前不可与州县来往，不可送条子。

同治四年(1865)，曾国藩北上剿捻，家眷计划搬回湖南居住。曾国藩在同治四年(1865)八月二十一日写给两个儿子的信里说："黄金堂之屋，尔母素不以为安，又有塘中溺人之事，自以另择一处为妥。余意不愿在长沙住，以风俗华靡，一家不能独俭。若另求僻静处所，亦殊难得。"明言不愿意家眷在长沙居住，以免沾染华靡。曾国藩在同治五年(1866)二月二十五日写给两个儿子的信里说："尔侍母西行，宜作还里之计，不宜留连鄂中。仕宦之家，往往贪恋外省，轻弃其乡，目前之快意甚少，将来之受累甚大，吾家宜力矫此弊。"家眷既已西还，曾国藩仍不希望妻儿久住湖北曾国荃衙署，告诫家人不宜贪恋外省，轻弃家乡。其家既在富圫营建新居，曾国藩在家信里仍一再告诫要节俭。在同治五年(1866)三月初五日写给曾纪泽的信里说："金陵署内木器之稍佳者不必带去,余拟寄银三百,请澄叔在湘乡、湘潭置些木器,送于富圫,但求结实,不求华贵。"富圫新居添置木器,但求结实,不求华贵,可见曾国藩一贯的节俭作风。在同治五年(1866)十二月二十三日写给曾纪泽的信里说:"读书乃寒士本业,切不可有官家风味。吾于书箱及文房器具,但求为寒士所能备者,不求珍异也。家中新居富圫,一切须存此意。莫作代代做官之想,须作代代做士民之想,门外但挂'官太保第'一匾而已。"节俭之外,曾国藩还告诫儿子不可因家门鼎盛而轻慢近邻。曾国藩在同治五年(1866)十一月二十八日写给曾纪泽的信里说:"李申夫之母尝有二语云:'有钱有酒款远亲,火烧盗抢喊四邻。'戒富贵之家不可敬远亲而慢近邻也。我家初移富圫,不可轻慢近邻,酒饭宜松,礼貌宜恭。或另请一人款待宾客亦可。除不管闲事、不帮官司外,有可行方便之处,亦无吝也。"

曾国藩在同治五年(1866)七月二十一日写给两个儿子的信里说:"既知保养,却宜勤劳。家之兴衰,人之穷通,皆于勤惰卜之。泽儿习勤有恒,则诸弟七八人皆学样矣。"告诫儿子宜勤劳。曾国藩在告诫儿子谦虚谨慎和勤劳节俭的同时,尤其重视内教、内政,写给儿子的信里,时常叮嘱家中妇女要勤于酒食和纺绩二事,要求儿媳妇和女儿像寻常人家女子一样勤于纺绩和做小菜。曾国藩在同治四年(1865)闰五月初九日写给两个儿子的信里说:"尔等奉母在寓,总以'勤''俭'二字自惕,而接物出以谦慎。凡世家之不勤不俭者,验之于内眷而毕露。余在家深以妇女之奢逸为虑,尔二人立志撑持门户,亦宜自端内教始也。"

曾国藩在同治五年(1866)六月二十六日写给两个儿子的信里说:

吾家门第鼎盛,而居家规模礼节未能认真讲求。历观古来世家长久者,男子须讲求耕、读二事,妇女须讲求纺绩、酒食二事。《斯干》之诗,言帝王居室之事,而女子重在"酒食是议"。《家人》卦以二爻为主,重在"中馈"。《内则》一篇,言酒食者居半。故吾屡教儿妇诸女亲主中馈,后辈视之若不要紧。此后还乡居家,妇女纵不能精于烹调,必须常至厨房,必须讲求作酒作醢醯、小菜之类。尔等必须留心于莳蔬养鱼。此一家兴旺气象,断不可忽。纺绩虽不能多,亦不可间断。大房唱之,四房皆和之,家风自厚矣。

曾国藩亦重视对已嫁出之女的教育。在同治二年(1863)正月二十四日写给曾纪泽的信里,要求曾纪泽教导妹妹要忍耐顺受,"夫虽不贤,妻不可以不顺"。在同治二年(1863)八月初四日写给曾纪鸿的信里,教导已嫁诸女,当孝顺翁姑,敬事丈夫,慎无重母家而轻夫家。

曾国藩这一时段写给儿子的信里,每每教导养生之道。

曾国藩同治四年(1865)九月初一日写给曾纪泽的信里说:

尔十一日患病,十六日尚神倦头眩,不知近已全愈否?

吾于凡事,皆守"尽其在我,听其在天"二语。即养生之道,亦然。体强者,如富人因戒奢而益富;体弱者,如贫人因节啬而自全。节啬,非独食色之性也;即读书用心,亦宜俭约,不使太过。

余"八本匾"中,言养生以少恼怒为本。又尝教尔胸中不宜太苦,须活泼泼地,养得一段生机,亦去恼怒之道也。既戒恼怒,又知节啬,养生之道,已"尽其在我"者矣。

此外寿之长短,病之有无,一概听其在天,不必多生妄想去计较他。凡多服药饵,求祷神祇,皆妄想也。吾于医药、祷祀等事,皆记星冈公之遗训,而稍加推阐,教尔后辈。尔可常常与家中内外言之。

教育曾纪泽"养生以少恼怒为本"的同时,要守"尽其在我,听其在天"之道,"胸中不宜太苦,须活泼泼地,养得一段生机"。

曾国藩在同治四年(1865)九月晦日写给两个儿子的信里说:

泽儿肝气痛病亦全好否?尔不应有肝郁之症。或由元气不足,诸病易生,身体本弱,用心太过。上次函示以节啬之道,用心宜约,尔曾体验否?

张文端公英所著《聪训斋语》,皆教子之言,其中言养身、择友、观玩山水花竹，纯是一片太和生机，尔宜常常省览。鸿儿身体亦单弱，亦宜常看此书。吾教尔兄弟不在多书，但以圣祖之《庭训格言》、家中尚有数本。张公之《聪训斋语》莫宅有之。申夫又刻于安庆。二种为教，句句皆吾肺腑所欲言。

以后在家则莳养花竹，出门则饱看山水，环金陵百里内外，可以遍游也。算学书切不可再看，读他书亦以半日为率，未刻以后即宜歇息游观。

古人以惩忿窒欲为养生要诀。惩忿，即吾前信所谓少恼怒也；窒欲，即吾前信所谓知节啬也。因好名、好胜而用心太过，亦欲之类也。

药虽有利，害亦随之，不可轻服。切嘱。

因两个儿子身体弱，曾国藩嘱咐儿子多看《聪训斋语》，因"其中言养身、择友、观玩山水花竹，纯是一片太和生机"。

曾国藩还在同治五年（1866）二月二十五日写给两个儿子的信里，教育儿子养生，须得自然之妙。

曾国藩对儿子的学业，尤其是对次子曾纪鸿乡试颇重视，每有指导。

曾国藩在同治五年（1866）正月二十四日写给曾纪鸿的信里，要求曾纪鸿专在八股试帖上讲求以备考。在同治五年（1866）五月十一夜写给两个儿子的信里说：

接尔二人禀，知九叔母率眷抵鄂，极骨肉团聚之乐。宦途亲眷本难相逢，乱世尤难。留鄂过暑，自是至情。鸿儿与瑞侄一同读书，请黄泽生看文，恰与我前信之意相合。

屡闻近日精于举业者言及，陕西路闰生先生德《仁在堂稿》及所选"仁在堂"试帖、律赋、课艺，无一不当行出色，宜古宜今。余未见此书，仅见其所著《柽华馆试帖》，久为佩仰。陕西近三十年科第中人，无一不出闰生先生之门。湖北官员中想亦有之。纪鸿与瑞

　　侄等须买《仁在堂全稿》《柽华馆试帖》，悉心揣摩。如武汉无可购买，或折差由京买回亦可。

　　鸿儿信中，拟专读唐人诗文。唐诗固宜专读，唐文除韩、柳、李、孙外，几无一不四六者，亦可不必多读。明年鸿、瑞两人宜专攻八股试帖。选"仁在堂"中佳者，读必手钞，熟必背诵。尔信中言须能背诵乃读他篇，苟能践言，实良法也。读《柽华馆试帖》，亦以背诵为要。

　　对策不可太空。鸿、瑞二人可将《文献通考》序二十五篇读熟，限五十日读毕，终身受用不尽。既在鄂读书，不必来营省觐矣。

这是教导曾纪鸿如何具体准备举子业，学习八股文。并说唐文不必多读，要读《文献通考序》。信中提及路闰生《仁在堂稿》《柽华馆试帖》，乃晚清科举一大掌故。

曾纪泽亦有文名，曾国藩在信中每每指导其为文之法，亦可见曾国藩之旨趣。

曾国藩在同治二年(1863)三月初四日写给曾纪泽的信里说：

　　尔于小学训诂颇识古人源流，而文章又窥见汉魏六朝之门径，欣慰无已。

　　余尝怪国朝大儒如戴东原、钱辛楣、段懋堂、王怀祖诸老，其小学训诂实能超越近古，直逼汉唐，而文章不能追寻古人深处，达于本而阁于末，知其一而昧其二，颇所不解。私窃有志，欲以戴、钱、段、王之训诂，发为班、张、左、郭之文章，晋人左思、郭璞，小学最深，文章亦逼两汉，潘、陆不及也。久事戎行，斯愿莫遂。若尔曹能成我未竟之志，则至乐莫大乎是。即日当批改付归。

　　尔既得此津筏，以后更当专心一志，以精确之训诂，作古茂之文章。由班、张、左、郭，上而扬、马，而《庄》《骚》，而"六经"，靡不息息相通。下而潘、陆，而任、沈，而江、鲍、徐、庾，则词愈杂，气愈薄，而训诂之道衰矣。至韩昌黎出，乃由班、张、扬、马而上跻"六经"，其训诂亦甚精当。尔试观《南海神庙碑》《送郑尚书序》诸篇，则知韩文实与汉赋相近；又观《祭张署文》《平淮西碑》诸篇，则知韩文实与《诗经》相近。近世学韩文者，皆不知其与扬、马、班、张一鼻孔出气，尔能参透此中消息，则几矣。

曾国藩在信中明言自己有"欲以戴、钱、段、王之训诂，发为班、张、左、郭之文章"之志，期望曾纪泽能"以精确之训诂，作古茂之文章"。

"四象"说为曾国藩晚年文论之最大发明。曾国藩在同治四年（1865）六月十九日写给两个儿子的信里说："气势、识度、情韵、趣味四者，偶思邵子四象之说可以分配，兹录于别纸，尔试究之。"这是明确以邵子"四象"之说分别搭配气势、识度、情韵、趣味四种文学风格，标志着曾国藩古文"四象论"的明确成立。曾国藩此后写给儿子的信里，每以"四象"论诗文风格。

《曾文正公家训》最末一篇《日课四则》，令二子每夜以"慎独则心安""主敬则身强""求仁则人悦""习劳则神钦"四条自课；倒数第二篇《同治九年六月初四日将赴天津示二子》，以"不忮不求""克勤克俭"及"孝友"之道教诲两个儿子，皆可以看出，儒家思想尤其程朱理学，是曾国藩一以贯之的精神支柱。此二篇，体例不同于寻常书信，但收进《曾文正公家训》以压轴，大约是曾纪泽、曾纪鸿兄弟表彰其父一生学问根底。

同治二年正月二十四日

字谕纪泽：

　　萧开二来①，接尔正月初五日禀，得知家中平安。

【注释】

①萧开二：送信长夫。

【译文】

写给纪泽：

萧开二来营，我接到你正月初五日的信，得知家中平安。

罗太亲翁仙逝①，当寄奠仪五十金，祭幛一轴，下次付回。

【注释】

①罗太亲翁：指罗泽南的父亲。曾国藩第三女曾纪琛嫁罗泽南之子罗允吉为妻，故称罗泽南的父亲为太亲翁。

【译文】

罗太亲翁去世，应当寄奠仪五十两银子，外加祭幛一轴，下次托人带回。

罗婿性情可虑，然此无可如何之事。尔当谆嘱三妹柔顺恭谨①，不可有片语违忤②。三纲之道③，君为臣纲，父为子纲，夫为妻纲，是地维所赖以立④，天柱所赖以尊⑤。故传曰⑥："君，天也"⑦，"父，天也"，"夫，天也"⑧。《仪礼记》曰："君，至尊也"，"父，至尊也"，"夫，至尊也"⑨。君虽不仁，臣不可以不忠；父虽不慈，子不可以不孝；夫虽不贤，妻不可以不顺。吾家读书居官，世守礼义，尔当诰戒大妹三妹忍耐顺受⑩。

【注释】

①谆嘱：谆谆教诲，叮嘱。

②片语：指很短的话。违忤：抵触，不顺从。

③三纲：我国封建社会中谓君为臣纲、父为子纲、夫为妻纲，合称"三纲"。汉班固《白虎通义·三纲六纪》："三纲者，何谓也？君臣、父子、夫妇也。"《礼记·乐记》："然后圣人作，为父子君臣，以为纪纲。"唐孔颖达疏："《礼纬·含文嘉》云：'三纲'谓君为臣纲，父为子纲，夫为妻纲。"

④地维：维系大地的绳子。古人以为天圆地方，天有九柱支持，地有四维系缀。亦喻纪纲。唐杨炯《大唐益州大都督府新都县学先圣庙堂碑文》："年当晋宋，运柜周隋，太山覆而昆仑倒，天柱倾而地维绝。"

⑤天柱：古代神话中的支天之柱。《淮南子·天文形训》："昔者共工与颛顼争为帝，怒而触不周之山，天柱折，地维绝。"亦喻纪纲。

⑥传：古人将注释或阐述经义的文字称为"传"。早期亦泛指经书以外的书。

⑦君，天也：出自《左传·宣公五年》："箴尹曰：'弃君之命，独谁受之？君，天也，天可逃乎？'"

⑧夫，天也：出自《新唐书·列女传·李德武妻裴淑英》："李德武妻裴，字淑英，安邑公矩之女，以孝闻乡党。德武在隋，坐事徙岭南，时嫁方逾岁，矩表离婚。德武谓裴曰：'我方贬，无还理，君必俪它族，于此长决矣。'答曰：'夫，天也。可背乎？愿死无它。'欲割耳誓，保姆持不许。"

⑨"《仪礼记》"几句：《仪礼记》，指《仪礼》"传曰"部分文字。《仪礼·丧服》："丧服。斩衰裳，苴绖、杖、绞带，冠绳缨，菅屦者：父。诸侯为天子。君。父为长子。为人后者。妻为夫。"传曰："为父何以斩衰也？父，至尊也"；"天子，至尊也"；"君，至尊也"；"夫，

至尊也"。

⑩诰戒：告诫。汉蔡邕《让高阳侯印绶符策表》："中读符策诰戒之诏，非臣才量所能祇奉。"

【译文】

罗婿性情乖张令人忧虑，但这也是无可奈何的事情。你应当谆谆教诲三妹柔顺恭谨，不可有片言只语顶撞丈夫。三纲之道，君为臣纲，父为子纲，夫为妻纲，是天地人伦纲纪赖以建立的根本。所以传说："君王是天"，"父亲是天"，"丈夫是天"。《仪礼记》说："君王是至高无上的"，"父亲是至高无上的"，"丈夫是至高无上的"。君王即便不仁，臣下不可以不忠；父亲即便不慈爱，子女不可以不孝顺；丈夫即便不贤良，妻子不可以不顺从。我们是读书做官的人家，世代恪守礼义，你应该告诫大妹和三妹忍耐顺受。

吾于诸女妆奁甚薄，然使女果贫困，吾亦必周济而覆育之①。目下陈家微窘②，袁家、罗家并不忧贫。尔谆劝诸妹③，以能耐劳忍气为要。吾服官多年，亦常在"耐劳忍气"四字上做工夫也。

【注释】

①覆育：抚养，养育。《礼记·乐记》："天地䜣合，阴阳相得，煦妪覆育万物。"汉董仲舒《春秋繁露·王道通三》："天覆育万物，既化而生之，有养而成之。"

②微窘：稍稍贫寒困窘。

③谆劝：谆谆劝慰。

【译文】

我给几个女儿的嫁妆钱很少，但假使女儿果真贫困，我也一定会周济养育她们。眼下陈家稍稍贫困，袁家、罗家并不愁穷。你谆谆劝慰几个妹妹，以能耐劳忍气为最要紧。我做官多年，也常在"耐劳忍气"四个字上做功夫。

鲍春霆正月初六日泾县一战后，各处未再开仗。春霆营士气复旺，米粮亦足，应可再振。伪忠王复派贼数万续渡江北，非希庵与江味根等来①，恐难得手。

【注释】

①江味根：江忠义（1835—1864），字味根，清湖南新宁人。咸丰二年（1852）投族兄江忠源"楚勇"，咸丰七年（1857）返湘招募兵勇千人，号称"精捷营"，转战各地，屡立军功，擢贵州提督、广西提督，署贵州巡抚。同治三年（1864）病死于吴城，依总督例赐恤，赠尚书衔，谥诚恪。

【译文】

鲍春霆正月初六日在泾县打了一仗之后，各地不再开仗。鲍春霆一军士气重新振作，米粮补给也充足，应该可以再振雄风。太平军伪忠王又派贼匪数万人接着渡过江北，除非李希庵与江味根等前来，我方恐怕难以得手。

余牙疼大愈。日内将至金陵一晤沅叔。

【译文】

我牙疼好了很多。近日打算去金陵一趟，去看看你沅甫叔。

此信送澄叔一阅，不另致。

【译文】

这封信送呈澄侯叔一阅,不另外给他写信了。

同治二年二月二十四日   泥汉舟次

字谕纪泽:

二月二十一日在运漕行次①,接尔正月二十二日、二月初三日两禀,并澄叔两信,具悉家中五宅平安。大姑母及季叔葬事②,此时均当完毕。

【注释】

①行次:指旅途中暂居的处所。

②大姑母:指曾国藩的姐姐曾国兰,曾纪泽喊大姑母。

【译文】

写给纪泽:

二月二十一日在运漕路上,接到你正月二十二日、二月初三日的两封信,以及你澄侯叔的两封信,知悉家中五宅平安。大姑母和季洪叔的安葬事宜,这时都应当忙完了。

尔在团山觜桥上跌而不伤①,极幸极幸。闻尔母与澄叔之意欲修石桥,尔写禀来,由营付归可也。《礼》云:"道而不径,舟而不游②。"古之言孝者,专以保身为重。乡间路窄桥孤,嗣后吾家子侄,凡遇过桥,无论轿马,均须下而步行。

【注释】

①团山觜(zuǐ)：曾国藩家乡地名。在荷叶塘一带。

②"道而"二句：出自《礼记·祭义》："一举足而不敢忘父母，是故道而不径，舟而不游，不敢以先父母之遗体行殆。"道而不径，指走大道而不走小路。

【译文】

你在团山觜桥上跌跤而没有受伤，真是万幸。听说你母亲和澄侯叔想要修建石桥，你写信来告知费用多少，我从军营寄回即可。《礼记》一书里说："走路要走大道，莫走小径；过河要坐舟船，不要游水。"自古讲孝道的，都以保全身体为最紧要。乡下路窄桥险，以后我家子侄，凡是路上遇到过桥，不管乘轿还是骑马，都要下来步行。

吾本意欲尔来营见面，因远道风波之险，不复望尔前来，且待九月霜降水落，风涛性定，再行寄谕定夺。目下尔在家饱看群书，兼持门户①，处乱世而得宽闲之岁月，千难万难，尔切莫错过此等好光阴也。

【注释】

①持门户：当家。

【译文】

我本来想让你来我军营见面，但因路途遥远有风波危险，不再希望你来，且等九月霜降水落、长江风涛稳定之后，再寄信给你商量定夺。眼下你在家里饱看群书，一边当家，身在乱世而能享受宽裕悠闲的日子，真是千难万难，你千万莫要错过这样的大好光阴。

余以十六日自金陵开船西上①，沿途阅看金柱关、东西

梁山、裕溪口、运漕、无为州等处，军心均属稳固，布置亦尚
妥当。惟兵力处处单薄，不知足以御贼否。

【注释】

①西：刻本作"而"，形近而讹，今据手迹改正。

【译文】

我在十六日从金陵开船西上，沿途检阅金柱关、东西梁山、裕溪口、
运漕、无为州等处，军心都很稳固，安排布置也都还妥当。只是各处的
兵力都很单薄，不晓得是否能抵御贼军。

余再至青阳一行，月杪即可还省①。南岸近亦吃紧，广
匪两股窜扑徽州②，古、赖等股窜扰青阳③。其志皆在直犯江
西，以营一饱④，殊为可虑。

【注释】

①月杪(miǎo)：月末。

②广匪：广东来的匪军。

③古、赖：指太平军将领古隆贤、赖文鸿。

④营：求。

【译文】

我再到青阳走一趟，月底就可回安徽省城安庆。南岸军情最近也
吃紧，广东来的两股匪军攻打徽州，太平军古隆贤、赖文鸿等部骚扰青
阳。他们的目标都是直接进犯江西，谋求抢到粮食，很让人担忧。

澄叔不愿受沅之赐封①，余当寄信至京，停止此举，以成
澄志。

【注释】

①贻(yí)封：旧时官员以自身所受的封爵名号呈请朝廷移授给亲族尊长。

【译文】

你澄侯叔不愿接受沅甫叔的贻封，我会寄信到京城，中止这事，成全你澄侯叔的心意。

尔读书有恒，余欢慰之至。第所阅日博①，亦须札记一二条，以自考证。脚步近稍稳重否？常常留心！此嘱。

【注释】

①第：只是。

【译文】

你读书能坚持，我无比欣慰。只是读的书日益广博，也要做一二条札记，自己考察验证到了何种水平。你近来走路稍微稳重一些没？要常常留心！特此嘱咐。

同治二年三月初四日

字谕纪泽：

接尔二月十三日禀并《闻人赋》一首①，具悉家中各宅平安。

【注释】

①《闻人赋》：曾纪泽所作，已佚。

【译文】

写给纪泽：

接到你二月十三日的信以及你写的《闻人赋》一首，知悉家中各宅平安。

尔于小学训诂颇识古人源流，而文章又窥见汉魏六朝之门径，欣慰无已。

【译文】

你在文字音韵训诂方面很能明白古人的源流，文章又能窥见汉魏六朝的门径，我无比欣慰。

余尝怪国朝大儒如戴东原、钱辛楣、段懋堂、王怀祖诸老，其小学训诂实能超越近古①，直逼汉唐，而文章不能追寻古人深处，达于本而阂于末②，知其一而昧其二，颇觉不解。私窃有志，欲以戴、钱、段、王之训诂，发为班、张、左、郭之文章③，晋人左思、郭璞，小学最深，文章亦逼两汉，潘、陆不及也④。久事戎行，斯愿莫遂。若尔曹能成我未竟之志，则至乐莫大乎是。即日当批改付归。

【注释】

①近古：此处指宋元以来。

②阂(hé)：不通。

③班、张、左、郭：指班固、张衡、左思、郭璞。

④潘、陆：指潘岳、陆机。

【译文】

我很奇怪本朝大儒如戴东原、钱辛楣、段懋堂、王怀祖几位先生,他们在文字音韵训诂方面确实能超过宋元以来的学人,水平直逼汉唐,但文章不能追溯到古人的精深之处,在根本文字训诂上很通达却在末节文章方面不通,知其一而昧于其二,真是难以理解。我私下有个志向,想用戴东原、钱辛楣、段懋堂、王怀祖的训诂,来做班固、张衡、左思、郭璞的文章,晋人左思、郭璞,文字训诂功夫最深,文章水平直逼两汉,是潘岳、陆机比不上的。长年忙于军事,这一理想不能实现。如果你们能达成我未完成的志向,那再没有比这更快乐的事了。你的文章我会马上批改寄回。

尔既得此津筏^①,以后更当专心一志,以精确之训诂,作古茂之文章^②。由班、张、左、郭,上而扬、马^③,而《庄》《骚》,而"六经",靡不息息相通^④。下而潘、陆,而任、沈^⑤,而江、鲍、徐、庾^⑥,则词愈杂,气愈薄,而训诂之道衰矣。至韩昌黎出,乃由班、张、扬、马而上跻"六经",其训诂亦甚精当。尔试观《南海神庙碑》《送郑尚书序》诸篇,则知韩文实与汉赋相近;又观《祭张署文》《平淮西碑》诸篇,则知韩文实与《诗经》相近。近世学韩文者,皆不知其与扬、马、班、张一鼻孔出气,尔能参透此中消息^⑦,则几矣。

【注释】

①津筏:渡河的木筏。多比喻引导人们达到目的的门径。唐韩愈《送文畅师北游》:"开张箧中宝,自可得津筏。"

②古茂:古雅美盛。

③扬、马:指扬雄、司马相如。

④靡不：无不。《诗经·大雅·荡》："天生烝民，其命匪谌，靡不有
　　初，鲜克有终。"息息相通：呼吸相通。比喻彼此契合无间或关系
　　密切。

⑤任、沈：指任昉、沈约。

⑥江、鲍、徐、庚：指江淹、鲍照、徐陵、庚信。

⑦消息：奥妙，真谛，底细。清袁枚《随园诗话》卷六："昌黎硬语横
　　空，而元相以此二联称之，此中消息，非深于诗者不知。"

【译文】

　　你既然已经在这方面入门，以后更要专心一志，以精确的训诂，来
写古雅的文章。由班固、张衡、左思、郭璞，上溯到扬雄和司马相如，再
上溯到《庄子》和《离骚》，再上溯到"六经"，无不息息相通。班固、张衡、
左思、郭璞往下到潘岳、陆机，再到任昉、沈约，再到江淹、鲍照、徐陵、庚
信，就是文辞越来越芜杂，气象越来越单薄，而写文章须讲究训诂一道
就走向衰亡了。到韩昌黎出来，才从班固、张衡、扬雄、司马相如而上
溯，向"六经"看齐，他的训诂也很精确恰当。你试看《南海神庙碑》《送
郑尚书序》等篇，就能明白韩文实际上与汉赋相近；再看《祭河南张员外
文》《平淮西碑》等篇，就能明白韩文实际上与《诗经》相近。近世学韩文
的，都不晓得他与扬雄、司马相如、班固、张衡一鼻孔出气，你能参透这
里面的门道，道行就差不多了。

　　尔阅看书籍颇多，然成诵者太少，亦是一短。嗣后宜
将《文选》最惬意者熟读，以能背诵为断。如《两都赋》
《西征赋》《芜城赋》及《九辩》《解嘲》之类，皆宜熟读。
《选》后之文，如《与杨尊彦书》徐、《哀江南赋》庚亦宜熟
读①。又经世之文如马贵与《文献通考序》二十四首②，天文
如丹元子之《步天歌》③，《文献通考》载之，《五礼通考》载之。地

理如顾祖禹之《州域形势叙》④。见《方舆纪要》首数卷⑤。低一格者不必读，高一格者可读。其排列某州某郡无文气者，亦不必读。

【注释】

①《与杨尊彦书》：即《与齐尚书仆射杨尊彦书》，徐陵的名篇。

②马贵与：马端临（约1254—1323），字贵与，号竹洲，宋元之际饶州乐平（今江西乐平）人。南宋度宗咸淳九年（1273）漕试第一，以荫补承事郎。宋亡入元，历任慈湖书院、柯山书院山长及台州儒学教授。博览群书，著述甚丰。积二十馀年，纂成史学巨著《文献通考》，其书以杜佑《通典》为蓝本，贯穿古今，考察赅博，会通历代典章制度，于宋制尤为详备。《文献通考序》二十四首：马端临所著《文献通考》是继《通典》《通志》之后规模最大的一部记述历代（上古到宋宁宗时期）典章制度的著作，共三百四十八卷，分为二十四门（考），每门有小序，合载于卷首。

③丹元子：号丹元子，又号青罗山布衣。唐玄宗开元年间以方技为内供奉，待诏翰林。尝奉命编《太乙金镜式经》。又撰《丹元子步天歌》一卷。该书七言，有韵，系我国古代以诗歌形式介绍全天星官之天文学重要著作。首创将整个天空划分为三垣二十八宿，共三十一个天区。每区包含若干星官、数量、位置。《步天歌》：唐丹元子所作，以宋郑樵《通志·天文略》所录版本流传最广。通篇以七言韵文形式撰成，按三垣二十八宿分部介绍全天星宿。

④顾祖禹（1624—1680，一说1631—1692）：字景范，又字复初，侨寓常熟宛溪，学者称宛溪先生，明末清初江南无锡人。以遗民自居，曾应徐乾学聘，修《一统志》，书成，力辞疏荐。精史地，所著

《读史方舆纪要》,于每一地名之下,必详言历代战守得失之迹,洵为军事地理巨著。另有《宛溪集》。《州域形势叙》:顾祖禹《读史方舆纪要》前九卷讲述历代州域形势,皆有叙。

⑤《方舆纪要》:原名《二十一史方舆纪要》,又名《读史方舆纪要》,明末清初顾祖禹所著历史地理学名著。全书共一百三十卷。首为历代州域形势九卷,记述历代王朝的盛衰兴亡和地理大势;次为明代两京十三布政使司一百十四卷,分叙其名山、大川、重险、所属府、州、县及境内部分都司卫所的疆域、沿革、古迹、山川、关津、镇堡等,并记载其地发生的历史事件,考订其变迁,剖析其战守利害;再为川渎异同六卷,专叙禹贡山川的经流源委及漕河、海道;末为分野一卷。另附《舆图要览》四卷,内容有两京十三布政使司、九边、黄河、海运、漕运及朝鲜、安南、海夷、沙漠等图。全书参考二十一史、历代总志及部分地方志书达百馀种,集明代以前历史地理学之大成。

【译文】

你阅读书籍很多,但能背诵的太少,也是一个缺点。以后应将《文选》中最合意的文章熟读,以能背诵为准。譬如班固的《两都赋》、潘岳的《西征赋》、鲍照的《芜城赋》及宋玉的《九辩》、扬雄的《解嘲》这些文章,都应熟读。《文选》之后的文章,如《与杨尊彦书》徐陵、《哀江南赋》庾信,也应该熟读。此外,经世方面的文章如马贵与的《文献通考序》二十四首,天文方面的如丹元子的《步天歌》,《文献通考》有收录,《五礼通考》有收录。地理方面如顾祖禹的《州域形势叙》。见《方舆纪要》开篇几卷。低一格的不必读,高一格的可读。他排列某州某郡没有行文章法的,也不必读。

　　以上所选文七篇三种,尔与纪鸿儿皆当手钞熟读,互相背诵。将来父子相见,余亦课尔等背诵也[①]。

【注释】

①课：考查。

【译文】

以上所选文章七篇三种，你和鸿儿都应动手抄写并且熟读，互相背给对方听。将来我们父子相见，我也要查考你们背诵的效果。

尔拟以四月来皖，余亦甚望尔来，教尔以文。惟长江风波，颇不放心，又恐往返途中抛荒学业，尔禀请尔母及澄叔酌示。如四月起程，则只带袁婿及金二甥同来；如八、九月起程，则奉母及弟妹妻女合家同来，至皖住数月，孰归孰留，再行商酌。

【译文】

你准备四月来皖城，我也很盼望你来，教你写文章。只是长江风浪，让人很不放心，又怕往返途中荒废学业，你禀告你母亲及澄侯叔，请他们商量指示。如果四月起程，就只带袁婿和金二外甥一起来；如果八、九月起程，就陪同你母亲及弟妹妻女全家一起来，到皖城住几个月，谁回家谁留在这边，回头再商量决定。

目下皖北贼犯湖北，皖南贼犯江西，今年上半年必不安静，下半年或当稍胜。尔若四月来谒，舟中宜十分稳慎；如八月来，则余派大船至湘潭迎接可也。

【译文】

眼下皖北贼匪进犯湖北，皖南贼匪进犯江西，今年上半年一定不得安宁，下半年或许会更厉害。你如果四月来看我，路上坐船要十分小心谨慎；如果八月来，那我派大船到湘潭迎你们即可。

同治二年三月十四日

字谕纪泽：

　　顷接尔禀及澄叔信，知余二月初四在芜湖下所发二信同日到家，季叔与伯姑母葬事皆已办妥①。尔自楮山归来②，俗务应稍减少。

【注释】

①伯姑母：大姑母。

②楮（zhū）山：地名。在今湖南娄底娄星区。此指曾纪泽岳父刘蓉家。刘氏为楮山大族。

【译文】

写给纪泽：

　　刚刚接到你的信和你澄侯叔的信，得知我二月初四日在芜湖寄的两封信同一天到家，你季洪叔和大姑母的安葬事宜都已办妥。你从楮山那边回来，应酬俗务应当会稍有减少。

　　此间近日军事最急者，惟石涧埠毛竹丹、刘南云营盘被围①。自初三至初十，昼夜环攻，水泄不通。次则黄文金大股由建德窜犯景德镇②。余本檄鲍军救援景德镇③，因石涧埠危急，又令鲍改援北岸，沅叔亦拨七营援救石涧埠。只要守住十日，两路援兵皆到，必可解围。又有捻匪由湖北下

窜^④，安庆必须安排守城事宜。各路交警^⑤，应接不暇。幸身
体平安，尚可支持。

【注释】

①石涧埠：地名。即今安徽芜湖无为县石涧镇。毛竹丹：毛有铭，
字竹丹，清湖南湘乡人。湘军将领。随李续宜转战湖北、安徽等
省。官至按察使衔记名道。刘南云：刘连捷（1833—1887），字南
云，清湖南湘乡人。咸丰五年（1855），以外委隶刘腾鸿湘后营，
转战江西、安徽等地。后隶曾国荃麾下，官至布政使。卒谥
勇介。

②黄文金（1832—1864）：清广西博白人，太平军将领，人称"黄老
虎"。金田起义后随军转战至天京。咸丰三年（1853）守湖口，从
征湖北。累升为检点。九年（1859）韦志浚在池州降清，黄文金
率军反击，夺回池州。封擎天义，升定南主将。十年（1860），参
与消灭第二次江南大营之役。十一年（1861）攻景德镇，直逼祁
门曾国藩大营，寻受挫而退。后屡援安庆。封堵王。转战皖、
赣、浙各地。天京陷落后，拥幼天王洪天贵福赴宁国县，为湘军
截击，受伤，旋卒。

③檄（xí）：檄令，以信函的方式命令。

④捻匪：指捻军。清代咸丰同治年间，在安徽、江苏北部和山东、河
南等省边境的反政府武装。

⑤交警：互相警戒。唐元稹《令狐楚等加阶制》："爰因进等之诏，用
申交警之词。各竭乃诚，同底于道。"此处指各地军情紧急，警戒
情报交集。

【译文】

这边近日军事最紧急的，石涧埠毛竹丹、刘南云的营盘被敌军包
围。从初三至初十，贼军日夜攻打，将我方包围得水泄不通。其次

是贼匪黄文金一支大军从建德窜向景德镇进犯。我本来檄令鲍超一军救援景德镇，但因石涧埠形势危急，又改令鲍超率军支援长江北岸，你沅甫叔也调拨七营人马援救石涧埠。只要能守住十日，两路援兵就都到了，一定能解围。又有捻匪从湖北下窜，安庆必须安排守城事宜。各路军事紧急情报交集，让人应接不暇。幸亏我身体平安，还能支持。

《闻人赋》圈批发还①。尔能抗心希古②，大慰余怀。纪鸿颇好学否？尔说话走路，比往年较迟重否？

【注释】

①圈批：圈点批阅。

②抗心：谓高尚其志。希古：仰慕古人。《文选·嵇康〈幽愤诗〉》："抗心希古，任其所尚。"唐吕延济注："抗，举。希，慕也。言举心慕古人之道。"

【译文】

《闻人赋》，我圈点批阅寄回给你。你能立志高远，追慕古人，我非常欣慰。纪鸿也很好学吗？你说话走路，比往年更迟缓稳重一些没？

付去高丽参一斤，备家中不时之需。又付银十两，尔托楮山为我买好茶叶若干斤。去年寄来之茶，不甚好也。此信送与澄叔一看，不另寄。奏章谕旨一本查收。

【译文】

寄去高丽参一斤，以备家中不时之需。又寄银子十两，你托楮山那边为我买好茶叶若干斤。去年寄来的茶，不太好。这封信呈送你澄侯叔一阅，不另外给他寄信了。奏章谕旨一本，注意查收。

同治二年五月十八日

字谕纪鸿：

接尔禀件，知家中五宅平安，子侄读书有恒为慰。

【译文】

写给纪鸿：

接到你的信，得知家中五宅平安，子侄们读书都能坚持，很欣慰。

尔问今年应否往过科考^①，尔既作秀才^②，凡岁考、科考^③，均应前往入场，此朝廷之功令^④，士子之职业也^⑤。惟尔年纪太轻，余不放心；若邓师能晋省送考^⑥，则尔凡事有所禀承^⑦，甚好甚好。若邓师不赴省，则尔或与易芝生先生同住，或随罦山、镜和、子祥诸先生同伴^⑧，总须得一老成者照应一切^⑨，乃为稳妥。

【注释】

①科考：明清科举，乡试前由学官举行的甄别性考试。生员达一定等第，方准送乡试。《明史·选举志一》："提学官在任三岁，两试诸生。先以六等试诸生优劣，谓之岁考……继取一二等为科举生员，俾应乡试，谓之科考……其等第仍分为六，而大抵多置三等。三等不得应乡试。"

②秀才：明清两代科举，童生应岁试，录取入府县学，称"进学"。进学的童生称秀才。

③岁考：明代提学官和清代学政，每年对所属府、州、县生员、廪生举行的考试。分别优劣，酌定赏罚。凡府、州、县的生员、增生、廪生皆须应岁考。《明史·选举志一》："提学官在任三岁，两试诸生。先以六等试诸生优劣，谓之岁考。一等前列者，视廪膳生有缺，依次充补，其次补增广生。一、二等皆给赏；三等如常；四等挞责；五等则廪、增递降一等，附生降为青衣；六等黜革。"

④功令：古时国家对学者考核和录用的法规。《史记·儒林列传》："余读功令，至于广厉学官之路，未尝不废书而叹也。"唐司马贞《索隐》："案谓学者课功，著之于令，即今之学令是也。"

⑤士子：学子，读书人。

⑥邓师：邓寅皆老师。

⑦禀承：承受，听命。《南史·章昭达传》："(陈武帝)频使昭达往京口禀承计画。"

⑧子祥：未详。当为湘乡秀才。

⑨老成者：老成人，年高有德的人。《尚书·盘庚上》："汝无侮老成人，无弱孤有幼。"明方孝孺《答郑仲辩书》之二："数百年礼义之门，而足下于今为老成人，在乎慎重学术，以表厉后生。"

【译文】

你问今年是否应该去参加科举考试，你既已做秀才，凡是岁考、科考，都应前往参加，这是朝廷的功令，学子的职业。只是你年纪太轻，我不放心；如果邓寅皆老师能进省城送考，那你凡事都可以请教，甚好甚好。如果邓老师不去省城，那你或者与易芝生先生同住，或者跟葛翠山、左镜和、子祥等先生一起，总要有一个老成人照应一切，才稳妥。

　　尔近日常作试帖诗否？场中细检一番,无错平仄,无错抬头也^①。

【注释】

①抬头:此指科场考试行文格式。

【译文】

　　你近来常作试帖诗么？考场中要仔细检查一番,平仄不要有错,抬头格式也不要写错。

　　此次未写信与澄叔,尔为禀告。

【译文】

　　这次没有写信给你澄侯叔,你去向他禀告。

同治二年七月十二日

丹阁十叔大人阁下^①:

　　前奉赐函^②,敬审福履康愉^③,阖潭多祜^④,至为庆慰。

【注释】

①丹阁十叔:曾国藩的族叔曾丹阁(谱名毓羔),与曾国藩的父亲是堂兄弟,与曾国藩有同窗之谊。阁下:古代多用于对尊显的人的敬称。后泛用作对人的敬称。唐赵璘《因话录·徵部》:"古者三公开阁,郡守比古之侯伯,亦有阁,所以世之书题有阁下之称……今又布衣相呼,尽曰阁下。"

②赐函：对（尊长）来信的敬称。

③敬审：恭敬地知悉。旧时书信习惯用语。福履：犹福禄。《诗
经·周南·樛木》："乐只君子，福履绥之。"毛传："履，禄；绥，安
也。"康愉：安康欢愉。

④阖潭：全家。旧时书信习惯用语。阖，全。潭，潭府。唐韩愈《符
读书城南》诗："一为公与相，潭潭府中居。"潭潭，深邃貌，后因以
"潭府"尊称他人的居宅。多祜（hù）：多福。旧时书信习用祝
福语。

【译文】

丹阁十叔大人阁下：

收到您的来信，得知您福禄安康，全家多福，非常欢喜欣慰。

此间军事，自去秋以至今春危险万状。四月以后巢、
和、二浦次第克复①，夺回九洑洲要隘，江北肃清，大局极有
转机。不料苗逆复叛②，占踞数城。一波未平，一波复起。
而各军疾疫大作，死亡相属③，几与去秋相等。饷项奇绌④，
医药无资，茫茫天意不知何日果遂厌乱也⑤。

【注释】

①巢、和：指巢县、和州。二浦：指江浦和浦口。

②苗逆：指苗沛霖。苗沛霖（？—1863），字雨三，清安徽凤台人。
曾为塾师。咸丰初以秀才办团为练长，依附清帅胜保，官川北
道，督办安徽团练，称霸一方。与寿州练总结怨，并为湘军所不
容。咸丰十一年（1861）举兵反清，受太平天国封为奏王。同治
元年（1862）胜保重来皖北攻捻时，再度降清，以诱擒陈玉成为献
礼。胜保死后，再次反清，为僧格林沁所破，进退失据，遂为部下

所杀。

③相属：相接连，相继。《史记·孟子荀卿列传》："荀卿嫉浊世之政，亡国乱君相属。"

④饷项：军饷，粮饷。奇绌(chù)：极其缺乏。绌，不足。

⑤厌(yā)乱：平息战乱。厌，《说文解字》："厌，笮也。"清段玉裁注："笮者，迫也。此义，今人字作'压'。乃古今字之殊。"古人以迷信的方法，镇服或驱避可能出现的灾祸，称为"压胜"。

【译文】

这边军事情形，从去年秋天到今年春天危险万分。四月以后，巢县、和州、浦口和江浦先后克复，夺回九洑洲要隘，江北贼军都已消灭，大局很有转机。不曾想苗沛霖又叛变，占据好几座城。一波未平，一波又起。各军传染病大发作，死伤很多，几乎和去年秋天差不多。粮饷奇缺，医药无法供给，天意茫茫难知，不晓得哪一天才能平定战乱。

　　侄身体粗适①，牙齿脱落一个，馀亦动摇不固。此外视听眠食未改五十以前旧态。自以菲材②，久窃高位，兢兢栗栗③；惟是不贪安逸，不图丰豫④，以是报圣主之厚恩，即以为稍惜祖宗之馀泽⑤。上年恭遇两次覃恩⑥，已将本身应得封典赗封伯祖父重五公暨中和公、伯祖母彭太夫人暨萧太夫人⑦。兹将诰轴专盛四送回⑧，即求告知任尊叔及芝圃、荣发、厚一、厚四诸弟⑨，敬谨收藏。焚黄告墓之日⑩，子姓悉与于祭⑪，兹各寄二十金，少助祭席之资，又参枝、对联、书帖等微物，略将鄙忱⑫，伏乞晒存⑬。

【注释】

①粗适：还算舒适。

②菲材：亦作"菲才"，浅薄的才能。多用作自谦之词。

③兢兢栗栗：兢兢业业，战战栗栗。形容小心谨慎的样子。

④丰豫：舒适安逸。

⑤馀泽：指(祖上)遗留给后人的德泽。宋曾巩《皇妣昌福县太君吴氏焚告文》："维先君先夫人积德累善，巩获蒙馀泽，备位于朝。"

⑥覃(tán)恩：广施恩泽。旧时多用以称帝王对臣民的封赏、赦免等。

⑦伯祖父重五公暨中和公：指曾国藩的伯祖父曾重五(谱名兴教)和曾中和(谱名兴致)。二人皆为曾国藩祖父曾星冈的兄长。伯祖母彭太夫人暨萧太夫人：指曾国藩两位伯祖父的夫人彭氏、萧氏。

⑧诰轴：书写皇帝命令(此处特指诰封)的卷轴。盛四：曾盛四，曾国藩同房侄子。

⑨任尊叔：曾国藩的族叔曾任尊(亦作"迎尊"，谱名毓裔)。芝圃、荣发、厚一、厚四：皆为曾国藩堂弟。

⑩焚黄：旧时品官新受恩典，祭告家庙祖墓，告文用黄纸书写，祭毕即焚去，谓之"焚黄"。后亦称祭告祝文为"焚黄"。告墓：祭告祖墓。

⑪子姓：泛指子孙、后辈。《礼记·丧大记》："既正尸，子坐于东方，卿大夫父兄子姓立于东方。"汉郑玄注："子姓，谓众子孙也。"

⑫鄙忱：谦辞。指自己真诚的心意。

⑬伏乞哂(shěn)存：恳请对方收下自己的礼物。哂存，犹笑纳。

【译文】

您侄儿我身体还算舒适，牙齿脱落了一个，剩下的也都动摇、不牢固。除此之外，视听、睡眠和饮食，都没改五十岁以前的老样子。我以鄙陋之才，忝居高位，战栗惶恐；只是能不贪图安逸和舒适，以此报答皇上的厚恩，也以此来珍惜祖宗积下来的福泽。去年遇到两次覃恩，已将本身应得封典赗封伯祖父重五公与中和公、伯祖母彭太夫人与萧太夫人。现将诰轴专门由盛四送回家，求您告知任尊叔及芝圃、荣发、厚一、厚四诸位堂弟，恭敬谨慎地收藏。在伯祖父、伯祖母墓前焚黄祭告的时候，子孙都要参加祭拜，现各寄二十两银子，稍稍赞助办祭席的用费。另外有参枝、对联、书帖等小东西，略表心意，还请笑纳。

　　左君办硝之事①，因采办诸人在各县挖墙拆屋，纷纷酿成控案②，东征局司道乃详请概归官办③，不特不能添新委员④，即前此给札者亦须一一撤回⑤，是以未能照办。但诸人借凑本钱分途采买，因此半途而废，不免吃亏。侄已函告东局主事者，酌量调剂，不令亏本矣。

【注释】

①左君：不详。办硝：采办（制火药用的）硝石。

②控案：控诉报案。

③司道：巡抚的主要属官。司，即藩司、臬司；道，即道员，包括守道和巡道。此指负责东征局事物的主管官员。

④委员：指被委派担任特定任务的人员。

⑤给札：发给委任状。

【译文】

　　左君采办硝石的事情，因为采办人员在各县挖墙拆屋，纷纷酿成投诉案件，东征局主管官员才详细说明情况，请求全部收归官办，不但不能添加新委员，即便以前发给委任状的，也要一一撤回，因此不能照办。但是大家借凑本钱分途采买，因此半途而废，不免吃亏。侄儿我已写信告诉东征局主管，酌情照顾，不让大家亏本。

同治二年八月初四日

字谕纪鸿：

　　接尔澄叔七月十八日信并尔寄泽儿一函，知尔奉母于八月十九日起程来皖，并三女与罗婿一同前来。

【译文】

写给纪鸿：

　　接到你澄侯叔七月十八日的信以及你寄给泽儿的一封信，得知你陪同你母亲拟于八月十九日起程来皖城，三女与罗婿一同前来。

　　现在金陵未复，皖省南北两岸群盗如毛，尔母及四女等姑嫂来此①，并非久住之局。大女理应在袁家侍姑尽孝，本不应同来安庆，因榆生在此，故吾未尝写信阻大女之行。若三女与罗婿，则尤应在家事姑事母，尤可不必同来。

【注释】

　　①四女：指曾国藩的四女儿曾纪纯（1846—1881）。后嫁郭嵩焘之
　　　子郭依永为妻。

【译文】

　　现在金陵尚未克复，皖省南北两岸贼匪多如牛毛，你母亲和四女等姑嫂来这里，并不是能久住的局面。大女理应在袁家侍奉婆婆尽孝，本不该一起来安庆，但因为袁榆生在这里，所以我没有写信阻止大女。至于三女和罗婿，尤其应该在家侍奉婆妈，尤其可以不必同来。

　　余每见嫁女贪恋母家富贵而忘其翁姑者,其后必无好处。余家诸女,当教之孝顺翁姑^①,敬事丈夫,慎无重母家而轻夫家,效浇俗小家之陋习也^②。

【注释】

①翁姑:公婆。

②浇俗:浮薄的社会风气。

【译文】

　　我每每看到已出嫁的女儿贪恋娘家富贵而忘了她公公婆婆的,以后一定没有好下场。我家几个女儿,应当教育她们孝顺公婆,敬事丈夫,千万不要倚重娘家而轻视夫家,效仿风气不好的小户人家的坏毛病。

　　三女夫妇若尚在县城省城一带,尽可令之仍回罗家奉母奉姑,不必来皖。若业已开行,势难中途折回,则可同来安庆一次。小住一月二月,余再派人送归。

【译文】

　　三女夫妻如果还在县城或省城一带,尽可能让她们回罗家侍奉婆母,不必来皖。如果已经上路,势难半路折回,那就可以同来安庆一次。小住一两个月时间,我再派人送回去。

　　其陈婿与二女,计必在长沙相见,不可带之同来。俟此间军务大顺^①,余寄信去接可也。

【注释】

①俟(sì):等待。

【译文】

　　至于陈婿与二女,想必会在长沙与你们相见,不能带他们一起来。等这边军事大为顺利,我再寄信去接即可。

同治二年八月十二日

字谕纪鸿:

　　尔于十九日自家起行,想九月初可自长沙挂帆东行矣。船上有大帅字旗,余未在船,不可误挂。经过府县各城,可避者略为避开,不可惊动官长,烦人应酬也。

【译文】

写给纪鸿:

　　你在十九日从家里启程,想来九月初可以从长沙开船东上了。船上有帅字大旗,我没在船上,不能乱挂。沿途经过各个府城和县城,能避开的尽量避开,不能惊动地方长官,麻烦人家应酬接待。

　　余日内平安。沅叔及纪泽等在金陵亦平安。此谕。

【译文】

　　我近日平安。你沅甫叔和纪泽哥哥等在金陵也平安。就说这些。

同治二年十二月十四日

字寄纪瑞侄左右①:

　　前接吾侄来信,字迹端秀,知近日大有长进。纪鸿奉母来此，询及一切，知侄身体业已长成，孝友谨慎②，至以为慰。

【注释】

①纪瑞：指曾纪瑞(1849—1880)，字符卿，乳名科四。曾国荃长子。

左右：古人书信习惯用语，用以称呼对方。汉司马迁《报任少卿书》："是仆终已不得舒愤懑以晓左右。"

②孝友：事父母孝顺、对兄弟友爱。《诗经·小雅·六月》："侯谁在矣，张仲孝友。"毛传："善父母为孝，善兄弟为友。"

【译文】

写给纪瑞侄儿：

日前接到侄儿你的来信，字迹工整秀丽，可知近来学问大有长进。纪鸿陪同母亲来我这里，我向他询问你的情况，得知侄儿你身体已经长成，孝顺友爱，为人谨慎，我非常欣慰。

吾家累世以来①，孝弟勤俭②。辅臣公以上吾不及见③，竟希公、星冈公皆未明即起，竟日无片刻暇逸。竟希公少时在陈氏宗祠读书，正月上学，辅臣公给钱一百，为零用之需。五月归时，仅用去一文，尚馀九十八文还其父。其俭如此。星冈公当孙入翰林之后④，犹亲自种菜、收粪。吾父竹亭公之勤俭，则尔等所及见也。今家中境地虽渐宽裕，侄与诸昆弟切不可忘却先世之艰难。有福不可享尽，有势不可使尽。"勤"字工夫，第一贵早起，第二贵有恒。"俭"字工夫，第一莫着华丽衣服，第二莫多用仆婢雇工。凡将相无种⑤，圣贤豪杰亦无种，只要人肯立志，都可做得到的。侄等处最顺之境，当最富之年⑥，明年又从最贤之师⑦，但须立定志向，何事不可成？何人不可作？愿吾侄早勉之也。荫生尚算正途功名⑧，可以考御史⑨。待侄十八九岁，即与纪泽同进京应考。然侄此际专心读书，宜以八股试帖为要，不可专恃荫生为基。总以乡试、会试能到榜前⑩，益为门户之光。

【注释】

①累世：历代，接连几代。《荀子·荣辱》："又欲夫馀财蓄积之富也，然而穷年累世不知不足，是人之情也。"

②孝弟(tì)：同"孝悌"，孝顺父母，敬爱兄长。《论语·学而》："其为人也孝弟，而好犯上者，鲜矣。"朱子《集注》："善事父母为孝，善事兄长为弟。"《孟子·梁惠王上》："谨庠序之教，申之以孝悌之义。"

③辅臣公：曾国藩高祖父曾尚庭，号辅臣。

④入翰林：指考取进士。

⑤将相无种：语本《史记·陈涉世家》："王侯将相宁有种乎？"意谓将相并不是天生或世代相传的。

⑥最富之年：《文选·枚乘〈七发〉》："今时天下安宁，四宇和平，太子方富于年。"唐李善注："凡人之幼者，将来之岁尚多，故曰富也。"后因以"富年"指少壮之时。

⑦最贤之师：指邓寅皆。邓寅皆先在黄金堂任教，后在大夫第任教。

⑧荫生：因先世荫庇而入国子监读书的称为"荫生"。清代荫生分两种：凡现任大官遇庆典给予的称为"恩荫"，由于先代殉职而给予的称为"难荫"。荫生名义上是入监读书，实际只需经一次考试，即可给予一定官职。同治初，曾国藩依例得一品荫生，可荫一子，为感谢其弟曾国荃在前线劳苦功高，同治元年(1862)八月咨部，以曾国荃之子曾纪瑞承荫。正途：清代以进士、举人出身，

与以恩、拔、副、岁、优贡生、恩优监生、荫生出身为官者称"正途"。若由捐纳或议叙得官者，则称"异途"。

⑨御史：明清时期的都察院，是中央监察机关，相当于以前的"御史台"。清代都察院下设十五道（按省区划分的机构）监察御史，分管该省刑名与中央各部院衙门的稽查。清代御史，品级为从五品。位卑而权重，可单独向皇帝密折言事，参劾百官。

⑩会试：明清科举制度，每三年会集各省举人于京城考试为"会试"。会试合格者，才能参加殿试。

【译文】

我家历代以来的家风，孝顺友爱，勤劳俭朴。辅臣公往上，我没赶上，竟希公、星冈公，都是天没亮就起，整天没片刻闲暇安逸。竟希公少年时代在陈氏宗祠读书，正月上学，辅臣公给他一百文钱，作为零用之需。五月回家，只用了一文，还剩九十八文还给他父亲。他俭朴到这个地步。星冈公在我入翰林院以后，还亲自种菜、收粪。我父亲竹亭公的勤劳俭朴，是你们所亲眼看到的。现在家境虽然渐渐宽裕，侄儿你和兄弟们千万不能忘记先代的艰难。有福不可享尽，有势不可使尽。"勤"字功夫，第一重早起，第二重坚持。"俭"字功夫，第一不穿华丽衣服，第二不多用仆婢雇工。凡是将相本不是天生的，圣贤豪杰也不是天生的，只要一个人肯立志，都可以做得到。侄儿你们处在最顺利的环境，又在最好的年华，明年又跟最好的老师学习，只需立定志向，什么事做不成呢？什么样优秀的人做不到呢？希望侄儿你早些以此自勉。荫生还算正途功名，可以考御史。等侄儿你十八九岁时，就和纪泽哥哥一起进京应考。但侄儿你现在专心读书，应以八股文、试帖诗为重点，不能专门依恃荫生出身。总归能以乡试、会试金榜题名，更为我家增添光彩。

纪官闻其聪慧①，侄亦以"立志"二字兄弟互相劝勉，则日进无疆矣②。

【注释】

①纪官:曾纪官(1852—1881),字剑农,又字愚卿,号显臣,乳名科
　六。曾国荃次子。

②日进无疆:语出《周易·益卦》:"益动而巽,日进无疆。"意谓每天
　都有进步,没有止境。

【译文】

听说纪官侄儿特别聪慧,侄儿你也要以"立志"二字兄弟间互相劝
勉,那就能天天向上永无止境了。

同治三年六月二十六日　　酉刻

字谕纪泽:

　　余于廿五日巳刻抵金陵陆营①,文案各船亦于廿六日申
刻赶到②。

【注释】

①巳刻:上午九时至十一时。

②文案:公文案卷。《北堂书钞》卷六十八引《汉杂事》:"先是公府
　掾多不视事,但以文案为务。"亦指旧时衙门里草拟文牍、掌管档
　案的幕僚,其地位比一般属吏高。申刻:下午三时至五时。

【译文】

写给纪泽:

　　我在二十五日巳刻抵达金陵陆师营盘,装载文案的船也在二十六
日申刻赶到。

沅叔湿毒未愈^①，而精神甚好。

【注释】

①湿毒：即湿热，中医术语。是瘟病的一种，表现为发热、头痛、身重而痛、腹满少食、小便短赤而黄、舌苔黄腻等。

【译文】

你沅甫叔湿热病还没痊愈，但精神很好。

伪忠王曾亲讯一次，拟即在此杀之。

【译文】

我曾亲自审问伪忠王李秀成一次，准备就在这里杀他。

由安庆咨行各处之折^①，在皖时未办咨札稿^②，兹寄去一稿。若已先发，即与此稿不符，亦无碍也。刻折稿，寄家可一二十分，或百分亦可。沅叔要二百分，宜先尽沅叔处。此外各处，不宜多散。

【注释】

①咨行各处：以咨文形式发到各地。咨文，旧时公文的一种。多用于同级官署或同级官阶之间。清薛福成《出使四国公牍序》："公牍之体，曰奏疏，下告上之辞也；曰咨文，平等相告者也。"

②咨札：即咨文。

【译文】

从安庆以咨文形式发到各处的折稿，在皖城时没有办理咨札文稿，现寄去一稿。如果已经先发，就和这稿不完全相符了，但也不要紧。刻印折稿，可以寄回家里一二十份，或者寄一百份也可以。沅甫叔要二百份，应先尽沅甫叔那边。此外各处，不宜太多散发。

　　此次令王洪升坐轮船于廿七日回皖^①，以后送包封者仍坐舢板归去^②。包封每日止送一次，不可再多。

【注释】

①王洪升：疑为曾国藩亲兵。

②包封：打包封送的信件等物。舢板：舢板船，清代内河战船之一
　　种。清水师营设战船，内河战船有小哨船、舢板船、长龙船等。

【译文】

这次命王洪升坐轮船在二十七日回皖城，以后送包封的仍旧坐舢板船回去。包封每天只送一次，不能再多。

　　尔一切以"勤""谦"二字为主。至嘱！

【译文】

你一切行动要以"勤""谦"二字为主。千万记得！

　　顷见安庆付来之咨行稿甚妥，此间稿不用矣。

【译文】

刚刚见到安庆送来的咨行稿，很妥当，这边寄的稿子没必要用了。

同治三年七月初七日

字谕纪泽：

　　日内北风甚劲，未接包封及尔禀，余亦未发信也。

【译文】

写给纪泽：

　　近日北风很大，没有收到寄来的包封和你的信，我也没有给你发信。

　　伪忠王自写亲供①，多至五万馀字。两日内看该酋亲供②，如校对房本误书③，殊费目力。顷始具奏洪、李二酋处治之法④。李酋已于初六正法⑤，供词亦钞送军机处矣⑥。

【注释】

①伪忠王自写亲供：指李秀成亲笔写供认状。

②酋：首领，头子。

③校对房本误书：明清两代乡试、会试分房阅卷，为防止舞弊，考生的墨卷，须由专人朱墨誊录（称"朱卷"）进呈。誊毕送对读所校对，以纠正誊录时产生的讹误。

④具奏：备折上奏。洪、李二酋：指太平天国天王洪秀全、忠王李秀成。天王洪秀全死于天京（金陵）城破之前，清军攻入天京后，开棺焚尸。此奏稿全名《洪秀全逆尸验明焚化洪福瑱下落尚待查明李秀成等已凌迟处死抄送供词汇送并粗筹善后事宜折》（同治三年七月初七日）。

⑤正法：特指执行死刑。

⑥军机处：清代辅佐皇帝的政务机构。任职者无定员，由亲王、大
　学士、尚书、侍郎或京堂充任，称为"军机大臣"。其僚属称为"军
　机章京"。职掌为每日晋见皇帝，商承处理军国要务，用面奉谕
　旨的名义对各部门、各地方负责官员发布指示。

【译文】

伪忠王李秀成亲笔写自供状，多达五万多字。我两天内看他的供
认状，像校对乡试、会试房本誊录朱卷和考生墨卷讹误一样，太费眼睛。
现在才备折上奏洪秀全、李秀成两个叛军首领的处治方案。李秀成已
在初六日处死，供词也抄送军机处了。

沅叔拟于十一、二等日演戏请客，余亦于十五前后起程
回皖。日内因天热事多，尚未将江西一案出奏①，计非五日
不能核定此稿。老年畏热，亦畏案牍之繁难②。

【注释】

①江西一案：指江西南康县前后任知县周汝筠、石昌猷相互攻讦一
　案。因此案牵连江西巡抚沈葆桢及布政使李桓，朝廷特命曾国
　藩查办。详情可参曾国藩同治三年(1864)七月二十九日《遵旨
　查办道员禀讦知县讯明定议折》奏稿。

②案牍：官府文书。

【译文】

你沅甫叔准备在十一、十二等日演戏请客，我打算在十五日前后起
程回皖城。近日因天气热事情多，还没将江西南康县前后任知县周汝
筠、石昌猷相互攻讦一案出奏，想来没有五天时间不能核定这份奏稿。
老年怕热，也怕公文案牍的烦琐难办。

余将来到金陵，即在英王府寓居①，顷已派人修理矣。此谕。

【注释】

①英王府：指太平天国英王陈玉成的府邸。

【译文】

我将来到金陵，就在英王府居住，已派人修理。就说这些。

同治三年七月初九日

字谕纪鸿：

自尔起行后①，南风甚多，此五日内却是东北风，不知尔已至岳州否？

【注释】

①自尔起行后：据曾国藩日记，曾纪鸿于同治三年（1864）六月二十二日启程回湘。

【译文】

写给纪鸿：

自从你启程之后，南风天居多，这五天却是刮东北风，不晓得你已经到岳州没有？

余以廿五日至金陵，沅叔病已痊愈。廿八日戮洪秀全之尸，初六日将伪忠王正法。初八日接富将军咨①，余蒙恩封侯②,沅叔封伯③。余所发之折,批旨尚未接到④,不知同事诸公得何懋赏⑤,然得五等者甚少⑥。余借人之力以窃上赏,寸心不安之至!

【注释】

①富将军:指时署江宁将军的富明阿。

②封侯:因攻克太平天国首都天京之功,朝廷谕旨"曾国藩着加恩赏加太子太保衔,锡封一等侯爵,世袭罔替,并赏戴双眼花翎"。

③封伯:因攻克太平天国首都天京之功,朝廷谕旨"曾国荃赏加太子少保衔,锡封一等伯爵,并赏戴双眼花翎"。

④批旨:皇帝批复的圣旨。

⑤懋(mào)赏:奖赏以示勉励,褒美奖赏。《尚书·仲虺之诰》:"德懋懋官,功懋懋赏。"孔传:"勉于功者,则勉之以赏。"

⑥五等:特指五等之爵。《礼记·王制》:"王者之制禄爵,公、侯、伯、子、男,凡五等。"

【译文】

我在二十五日到金陵,你沅甫叔的病已痊愈。二十八日对洪秀全加以戮尸,初六日将伪忠王李秀成处死。初八日接到富明阿将军处寄来的咨文,我蒙圣恩封一等侯,你沅甫叔封一等伯。我发的奏折,朝廷的批复还没有接到,不晓得同事诸君得到何种奖赏,但得公、侯、伯、子、男五等爵位封赏的很少。我是借助众人的力量才得以成事,却得到最上等奖赏,内心非常不安!

尔在外以"谦""谨"二字为主。世家子弟,门第过盛,万目所属①。临行时教以"三戒"之首末二条及力去"傲""惰"二弊②,当已牢记之矣。

【注释】

①万目所属：即万人瞩目。

②三戒：曾国藩日记未记曾纪鸿临行时教诲之语。不详。

【译文】

你出门在外，凡事要以"谦""谨"二字为主。世家子弟，门第太盛，万众瞩目。你临行时我教诲你的"三戒"首末两条，以及努力克服"骄傲""懒惰"这两种毛病，应该已牢记在心吧。

场前不可与州县来往，不可送条子①。进身之始②，务知自重。酷热尤须保养身体。此嘱。

【注释】

①送条子：递送条子，请求关照。

②进身：指士子科举功名的开始。

【译文】

下考场前不能与州县长官来往，不能送条子请求关照。在跻身功名之途的开端，务必要晓得自重。天气酷热，尤其须要知道保养身体。就嘱咐这些。

同治三年七月初九日

字谕纪泽：

廿三日之折，批旨尚未到皖，颇不可解，岂已递至官相处耶①？

【注释】

①官相：指湖广总督大学士官文。

【译文】

写给纪泽：

　　我二十三日的奏折，朝廷的批旨还没有到皖城，很难理解，莫非已递送到官相那边呢？

　　各处来信皆言须用贺表①，余亦不可不办一分。尔请程伯旉为我撰一表②，为沅叔撰一表。伯旉前后所作谢折太多，此次拟另送润笔费三十金③，盖亦仅见之美事也。

【注释】

①贺表：历代帝王有庆典武功等事，臣下所上的祝颂文表。《南史·垣崇祖传》："高帝即位，方镇皆有贺表。"宋赵昇《朝野类要·文书》："帅守监司遇有典礼及祥瑞，皆上四六句贺表。"

②程伯旉(fū)：程鸿诏(？—1874)，字伯旉，号黟农，清安徽黟县人。道光二十九年(1849)举人。咸丰十一年(1861)入曾国藩幕，官至山东补用道。后入李鸿章幕，查办四川教案。晚年应皖抚英翰聘，修《安徽通志》。有《夏小正集说》《论语异议》《有恒心斋诗文集》等。

③润笔费：指付给作诗文书画的人的报酬。宋曾慥《高斋漫录》："欧公作王文正墓碑，其子仲仪送金酒盘盏十副，注子二把，作润笔资。"

【译文】

　　各处来信都说要用贺表，我也不能不上一份贺表。你请程伯旉替我撰写一篇贺表，替你沅甫叔撰写一篇贺表。程伯旉前后代写的谢恩奏折太多，这次准备另外送他润笔费三十两银子，因为这也是难得一见的美事。

　　得五等之封者似无多人。余借人之力而窃上赏，寸心深抱不安。

【译文】

　　得五等爵封赏的似乎没几个人。我凭借众人的力量却得最上等奖赏，内心颇觉不安。

　　从前三藩之役①，封爵之人较多，求阙斋西间有《皇朝文献通考》一部②，尔试查《封建考》中三藩之役共封几人③？平准部封几人④？平回部封几人⑤？开单寄来。

【注释】

①三藩之役：指康熙朝平定三番（平西王吴三桂、平南王尚可喜、靖南王耿精忠）之乱的战事。

②求阙斋：曾国藩书斋名。《皇朝文献通考》：清张廷玉等奉旨编撰，成书于乾隆五十二年（1787），凡三百卷。仿《续文献通考》体例，记载清初至乾隆五十年（1785）的典章制度。

③《封建考》：《皇朝文献通考》篇名。封建，即封建诸侯之意。

④平准部：康熙朝与乾隆朝皆有平定准格尔部之役。康熙朝平定的是准格尔汗噶尔丹。乾隆朝平准格尔战役共两次：乾隆二十年（1755）进军伊犁，平定达瓦齐叛乱；乾隆二十二年（1757）进军伊犁，平定阿睦尔撒纳叛乱。

⑤平回部：指乾隆二十四年（1759）平定准格尔大小和卓木之役。

【译文】

从前平三藩之役，封爵位的人较多，求阙斋西间有《皇朝文献通考》一部，你试着查一下《封建考》中三藩之役一共几人封爵？平准部之役几人封爵？平回部之役几人封爵？开一张单子寄过来。

伪幼主有逃至广德之说①，不知确否？此谕。

【注释】

①伪幼主：指太平天国幼天王洪天贵福，洪秀全之子。广德：清州名。属安徽宁池太广道，领广德、建平二县。咸丰四年(1854)暂归浙江巡抚代管，同治三年(1864)复属安徽。

【译文】

伪幼主有逃到广德州一说，不晓得消息可靠不？就说这些。

同治三年七月初十日　辰刻

字谕纪泽：

今早接奉廿九日谕旨，余蒙恩封一等侯、太子太保、双眼花翎①，沅叔蒙恩封一等伯、太子少保、双眼花翎②，李臣典封子爵③，萧孚泗男爵④，其馀黄马褂九人⑤，世职十人⑥。双眼花翎四人⑦。

【注释】

①一等侯：清制，公、侯、伯、子、男等爵位，每一级又分三等。太子太保：官名。辅导太子的官。太保，古"三公"之一，位次于太傅。

清制以太师、太傅、太保、少师、少傅、少保等为大臣加衔。见《清会典·吏部·官制一》。双眼花翎：清朝礼帽在顶珠下有翎管，质为玉或翡翠，用以安插翎枝。清翎枝分蓝翎和花翎两种。蓝翎为鹖羽所做，花翎为孔雀羽所做。花翎在清朝是一种辨等威、昭品秩的标志，非一般官员所能戴用；其作用是昭明等级、赏赐军功。花翎又分单眼、双眼、三眼，三眼最尊贵。所谓"眼"指的是孔雀翎上的眼状的圆，一个圆圈就算做一眼。在清朝初期，宗室和藩部中被封为镇国公或辅国公的亲贵、和硕额附（即妃嫔所生公主的丈夫），有资格享戴双眼花翎。攻克天京之役，曾国藩封侯爵，曾国荃封伯爵，李臣典封子爵，萧孚泗封男爵，在五等爵之列，皆赏赐双眼花翎。

② 一等伯：清制，伯爵分一、二、三等。太子少保：太子少保名义上是辅导太子的官，但在清朝，有衔无职，一般作为一种荣誉性的官衔加给重臣近臣。

③ 李臣典（1838—1864）：字祥云，清湖南邵阳人。十八岁投湘军。咸丰间从曾国荃转战江西，隶吉字营，常为军锋。破安庆后，升至参将。同治间，围困天京，升记名提督，掘地道，炸城墙，突入城内。旋卒于军。谥忠壮。曾国荃部叙克天京之功，李臣典列第一，获封子爵。

④ 萧孚泗（? —1884）：字信卿，清湖南湘乡人。咸丰三年（1853）入湘军，从罗泽南转战江西、湖北。六年（1856），从曾国荃援江西，隶吉字营。此后遂从曾国荃转战江西、安徽、江苏各地，围攻安庆、天京，皆为主力。同治二年（1863）擢福建陆军提督。同治三年（1864）曾国荃部攻克天京，叙功仅亚于李臣典，获封男爵。寻丁父忧归。光绪十年（1884）卒于家，谥壮肃。

⑤ 黄马褂：清代的一种官服。巡行扈从大臣，如御前大臣、内大臣、内廷王大臣、侍卫什长等，皆例准穿黄马褂。有功大臣也特赐穿

着。因攻克太平天国首都天京之功,朝廷赏赐湘军将领朱洪章、武明良、熊登武、伍维寿、朱南桂、萧庆衍、李祥和、萧开印、罗逢元等九人"赏穿黄马褂"殊荣。

⑥世职:世代承袭的职位。因攻克太平天国首都天京之功,朝廷赏赐湘军将领多人云骑尉世职、骑都尉世职、一等轻车候都尉世职。如赏给朱南桂、萧庆衍、李祥和、萧开印、罗逢元五人云骑尉世职,赏给朱洪章、武明良、熊登武、伍维寿四人骑都尉世职。

⑦双眼花翎四人:攻克天京之役,曾国藩封侯爵,曾国荃封伯爵,李臣典封子爵,萧孚泗封男爵,在五等爵之列,皆赏赐双眼花翎。

【译文】

写给纪泽:

今天早上接到朝廷二十九日谕旨,我蒙圣恩封一等侯、太子太保、赏双眼花翎,你沅甫叔蒙圣恩封一等伯、太子少保、赏双眼花翎,李臣典获封子爵,萧孚泗获封男爵,其馀获赏着黄马褂的九人,获赏骑都尉等世职的十人。赏双眼花翎的只有四人。

　恩旨本日包封钞回,兹先将初七之折寄回发刻,李秀成供明日付回也。

【译文】

朝廷的恩旨本日抄录用包封寄回。现先将初七日的奏稿寄回交付刻板印刷,李秀成的自供状明天再寄回。

同治三年七月十三日　巳刻

字谕纪泽：

　　初十、十一、二等戏酒三日，沅叔料理周到，精力沛然①，余则深以为苦。亢旱酷热，老人所畏，应治之事多阁废者。

【注释】

①沛然：充盛貌，盛大貌。《孟子·梁惠王上》："天油然作云，沛然下雨，则苗浡然兴之矣。"

【译文】

写给纪泽：

　　初十、十一、十二日演戏请酒三天，你沅甫叔安排周到，精力充沛，我却深以为苦。大旱酷热，是老人最怕的，应该处理的事，多被耽搁延误。

　　江西周、石一案①，奏稿久未核办，尤以为疚。自六月廿三日起，凡人证皆由余发给盘川②，以示体恤，尔托子密告知两司可也③。

【注释】

①周、石一案：江西南康县前后任知县周汝筠、石昌猷相互攻讦一案。

②"凡人"句："给"字，传忠书局刻本作"及"，今据手迹改正。盘川，盘缠路费。

③子密：钱应溥(1824—1902)，字子密，号葆慎，晚号闲静老人，清

浙江嘉兴人。咸丰十一年(1861)入曾国藩幕,助其起草文书。同治三年(1864),奏加五品卿衔。同治四年(1865),晋四品卿衔。光绪初,入都,直军机,擢员外郎。累迁礼部侍郎。旋任军机大臣,再迁工部尚书。在军机处与闻军国大事,起草诏旨。两司:明清两代对承宣布政使司和提刑按察使司的合称。两司是一省的最高官署,布政使司管民政,按察使司管刑名。两司最高长官是布政使和按察使。

【译文】

江西南康县前后任知县周汝筠、石昌猷相互攻讦一案,奏稿久未核实办理,我最觉内疚。自六月二十三日起,凡是相关人证都由我发给盘缠路费,以示体恤,你托钱子密告诉安徽两司官员即可。

　　鄂刻地图,尔可即送一分与莫偲老①。《轮船行江说》三日内准付回②,另纸缮写,粘贴大图空处。

【注释】

①莫偲老:指莫友芝,字子偲。见前注。

②《轮船行江说》:曾国藩同治三年(1864)八月十六日《遵旨绘呈安徽地图并长江图说折》奏稿云:"因仿照康熙图之例,但将村镇并入府图,不复另绘县图,以昭核实。其长江一图,从湖南巴陵县洞庭湖口起,至江苏崇明县海口止,凡夫江面曲折,道里袤斜,矶港暗沙,夷馆关卡,均经实测详查,逐一登载。至轮船行江,最畏搁浅,其于江底浅深尺寸,讲求甚精,现亦略仿其意,另行贴说,以便稽考。"

【译文】

湖北刻的地图,你可以立即送一份给莫友芝。《轮船行江说》,三天内一定寄回,另外用纸缮写,粘贴在大地图的空白处。

万簏轩、忠鹤皋及泰州、扬州各官日内均来此一见①。李少荃亦拟来一晤②,闻余将以七月回皖,遂不来矣。此谕。

【注释】

①万簏(chí)轩:万启琛,号簏轩,曾国藩幕僚。其家曾为巨富,官至江苏布政使。忠鹤皋:忠廉,字鹤皋,满洲旗人。嘉庆二十四年(1819)己卯科举人,官至两淮盐运使。

②李少荃:李鸿章。见前注。

【译文】

万簏轩、忠鹤皋以及泰州、扬州的各官员近日都来这边和我相见。李少荃也准备前来见一面,听说我将在七月内回皖城,于是就不来了。就说这些。

同治三年七月十八日

字谕纪泽:

二日未接尔禀,盖北风阻滞之故。此间十七日大风大雨,萧然便有秋气①。

【注释】

①萧然:指天气萧瑟寒凉,有秋天的气息。

【译文】

写给纪泽:

两天没接到你的信,大概因为刮北风船只行驶受阻的缘故。这边十七日刮大风下大雨,一下子就有了萧瑟寒凉的秋天气象。

富将军今日来拜,畅谈一切①。

【注释】

①畅(chàng)谈:同"畅谈"。

【译文】

富明阿将军今天来拜会,与我畅谈一切。

余拟明日登舟,乘坐民船,不求其快。舟中须作周、石狱事一折,非三四日不能了。沅叔处无一人独坐之位,无一刻清净之时,故未办也。其他积阁之事,皆须在船一为清理。到皖当在月杪矣。此嘱。

【译文】

我准备明日登舟,乘坐民船,不求行驶太快。在船上要写周汝筠、石昌歆一案的奏稿,没有三四天时间完成不了。你沅甫叔那边没有可以一人独坐的位子,没有一刻清净的时候,所以没有写此案奏稿。其他耽搁积压的事情,都要在船上一一清理。到皖城应当是月底了。特此嘱咐。

同治三年七月二十日

字谕纪泽:

余于十九日回拜富将军,即起程回皖,约行七十里,乃至棉花堤①。

【注释】

①棉花堤：地名。水码头，今为渡口，在江苏南京建邺区。

【译文】

写给纪泽：

我于十九日回拜富明阿将军，就开船启程回皖，走了大约七十里地，才到棉花堤。

今日未刻发报后长行①，顺风行七十里泊宿，距采石不过十馀里②。

【注释】

①未刻：指下午一时至三时。发报：发送信息。长行：远行。

②采石：即采石矶，在安徽马鞍山长江东岸，为牛渚山北部突出江中而成，江面较狭，形势险要，自古为大江南北重要津渡，也是江防重镇。

【译文】

今日未刻发报后即开船远行，顺风走了七十里才停泊住宿，离采石矶不过十里来地。

接奉谕旨，诸路将帅督抚均免造册造报销，真中兴之特恩也。

【译文】

接到朝廷谕旨，各路将帅总督巡抚都免除造册子造报销的事，真是中兴时代的特殊恩典。

顷又接尔十八日禀,钞录封爵单一册。我朝酬庸之典^①,以此次最隆。愧悚战兢^②,何以报称^③,尔曹当勉之矣。

【注释】

①酬庸:犹酬功、酬劳。南朝梁江淹《封江冠军等诏》:"开历阐祚,酬庸为先。"

②愧悚:惭愧惶恐。

③报称:报答。

【译文】

刚刚又接到你十八日的信,以及抄录的封爵单一册。我朝奖赏功臣的恩典,以这次最为隆重。我惭愧惶恐,战战兢兢,不知道怎样来报答圣恩,你们要努力报效国家。

同治三年七月二十四日　旧县舟次

字谕纪鸿:

自尔还湘启行后,久未接尔来禀,殊不放心。今年天气奇热,尔在途次平安否?

【译文】

写给纪鸿:

自从你回湘启程出发之后,许久没有接到你的信,很不放心。今年天气奇热,你在路上平安不?

余在金陵与沅叔相聚二十五日,二十日登舟还皖,体中尚适。

【译文】

我在金陵与你沅甫叔相聚了二十五天,二十日登舟回皖城,身体还舒适。

余与沅叔蒙恩晋封侯伯,门户太盛,深为祗惧①。

【注释】

①祗(zhī)惧:敬惧,小心谨慎。《尚书·泰誓上》:"予小子夙夜祗惧。"

【译文】

我和你沅甫叔蒙圣恩晋封侯伯,门户太盛,深感恐惧。

尔在省以"谦""敬"二字为主,事事请问意臣、芝生两姻叔①,断不可送条子,致腾物议②。十六日出闱,十七、八拜客,十九日即可回家。九月初在家听榜信后,再起程来署可也。

【注释】

①意臣、芝生两姻叔:指郭意城、易芝生。曾国藩与郭意城之兄郭嵩焘为儿女亲家,易芝生与曾国潢为儿女亲家,故曾纪鸿应称二人为"姻叔"。

②腾:(引)起。物议:舆论,众人的议论。多指非议。

【译文】

你在省城言行举动,要以"谦""敬"二字为主,事事请教郭意臣、易芝生两位姻叔,万万不能送条子托人情,以免引起舆论非议。十六日出

考场，十七、十八两日拜访客人，十九日就可以回家。九月初在家里听
到发榜消息之后，再启程来我衙门就可以。

择交是第一要事，须择志趣远大者。此嘱。

【译文】

选择朋友是头等大事，必须选择志趣远大的人做朋友。特此嘱咐。

同治四年闰五月初九日

字谕纪泽、纪鸿：

余于初四日自邵伯开行后①，初八日至清江浦②。

【注释】

①邵伯：古镇名。即今江苏扬州江都区邵伯镇。古称甘棠或邵伯
埭，因东晋太元十年（385）太傅谢安于此筑埭而得名，唐宋以后
日益兴盛，是京杭运河线上著名商埠。明清时期设邵伯巡检司，
辖二十四坊八辅。

②清江浦：地名。在今江苏淮安。清江浦原本是清河码头至山阳
城（今淮安区）之间的运河名。在明清时期是京杭大运河沿线重
要的交通枢纽、漕粮储地和商业城市，有"南船北马""九省通衢"
"天下粮仓"等美誉。

【译文】

写给纪泽、纪鸿：

我于初四日从邵伯启程后，初八日到清江浦。

　　闻捻匪张、任、牛三股并至蒙、亳一带①，英方伯雉河集营被围②，易开俊在蒙城亦两面皆贼③，粮路难通。余商昌岐带水师由洪泽湖至临淮④，而自留此待罗、刘旱队至⑤，乃赴徐州。

【注释】

①张、任、牛：指捻军领袖张宗禹、任柱、牛洛红。蒙、亳(bó)：指皖北的蒙城、亳州。

②英方伯：指时任安徽布政使的英翰。英翰，字西林，萨尔图氏，满洲正红旗人。道光二十九年(1849)举人。咸丰四年(1854)，拣发安徽，以知县用。九年(1859)，署合肥。同治二年(1863)，以擒张洛行功，授颍州知府。擢安徽按察使。四年(1865)，授安徽布政使。五年(1866)，擢安徽巡抚。后官两广总督、乌鲁木齐都统。是晚清历史上因镇压太平天国、捻军而成名的督抚之一。雉河集：地名。即今安徽亳州涡阳县，是雉河入涡河之口。

③易开俊：清湖南湘乡人，湘军将领。初隶王鑫，后隶张运兰，官至总兵。后与刘松山分领张运兰之军。同治年间官寿春镇总兵。同治四年(1865)，曾国藩奏请易开俊调援皖北就近赴任。

④昌岐：黄翼升(1818—1894)，字昌岐，清湖南湘乡人。湘军水师名将。曾国藩创水师，用为哨长。转战湖南、九江、安庆。总统增设淮扬水师，破安庆、九洑洲。官至长江水师提督。卒于军，谥武靖。临淮：地名。即今江苏泗洪临淮镇，地处洪泽湖西岸，呈半岛状伸入洪泽湖。

⑤罗、刘：指罗麓森、刘松山。罗麓森，号茂堂。湘军将领。官江苏即补道，同治三年(1864)在金陵办理营务处事宜。同治四年(1865)招晋字、豫字两营，随曾国藩剿捻。刘松山(1833—1870)，字寿卿，清湖南湘乡人。湘军将领。初隶王鑫，后隶张运

兰。同治初,与易开俊分领张运兰军。同治四年(1865),授甘肃肃州镇总兵,随曾国藩北征剿捻。同治六年(1867),擢广东陆路提督。同治七年(1868),从左宗棠赴陕剿回。同治九年(1870)卒于军。旱队:陆师。

【译文】

听说捻匪张宗禹、任柱、牛洛红三支军队都到了蒙城、亳州一带,安徽布政使英翰在雉河集的军营被围困,易开俊在蒙城也是两面都有贼军,粮食补给路线难以打通。我商量由黄昌岐带水师从洪泽湖到临淮,而我自己留在这里等罗麓森、刘松山的陆师到了,再去徐州。

　　尔等奉母在寓,总以"勤""俭"二字自惕,而接物出以谦慎①。凡世家之不勤不俭者,验之于内眷而毕露。余在家深以妇女之奢逸为虑,尔二人立志撑持门户,亦宜自端内教始也②。

【注释】

①接物:谓与人交往。《汉书·司马迁传》:"教以慎于接物,推贤进士为务。"《三国志·吴书·虞翻传》"翻一见之,便与友善,终成显名",南朝宋裴松之注引晋虞预《会稽典录》:"倾心接物,士卒皆为尽力。"

②端内教:端正内教。内教,犹女教,封建时代对妇女的教育。晋陆云《思文》诗序:"祈阳能明其德……无思不服,亦赖贤妃贞女以成其内教。"《晋书·杨骏传》:"后妃,所以供粢盛,弘内教也。"

【译文】

你们兄弟在寓所侍奉母亲,总要以"勤""俭"二字自警,待人接物要持谦虚谨慎的态度。凡是世家不勤劳不俭朴的,从女眷身上就能完全看出来。我在家非常担心家中妇女染上奢华安逸习气,你们兄弟二人立志撑持门户,也应当从教育好自己的妻子开始。

余身尚安,癣略甚耳。

【译文】

我身体还算安康,癣疾稍厉害了些。

同治四年闰五月十九日　清江浦

字谕纪泽:

接尔两次安禀,具悉一切。尔母病已全愈,罗外孙亦好①,慰慰。

【注释】

①罗外孙:指曾国藩三女儿曾纪琛的孩子,罗允吉之子。

【译文】

写给纪泽:

接到你两封信,得知一切情形。你母亲的病已经全好,罗外孙的病也好了,很欣慰。

余到清江已十一日,因刘松山未到,皖南各军闹饷①,故尔迟迟未发。雉河、蒙城等处,日内亦无警信。罗茂堂等今日开行,由陆路赴临淮。余俟刘松山到后,拟于廿一日由水路赴临淮。

【注释】

①皖南各军闹饷：指唐义训、金国琛所部徽州防军索饷闹事。

【译文】

我到清江浦已经十一天，因刘松山还没到，皖南的几支部队在闹军饷，因此迟迟没出发。雉河集、蒙城等地，近日也没有警戒的消息。罗茂堂等人领军今天启程，从陆路赶往临淮。我等刘松山到了以后，打算在二十一日从水路赶往临淮。

　　身体平安。惟尘念湘勇闹饷，有弗戢自焚之惧①，竟日忧灼。蒋之纯一军在湖北业已叛变②。恐各处相煽，即湘乡亦难安居。思所以痛惩之之法，尚无善策。

【注释】

①弗戢(jí)自焚：语出《左传·隐公四年》："夫兵犹火也；弗戢，将自焚也。"杨伯峻注："戢，音辑，藏兵也，敛也，止也。"意思是说，战争像火一样，如果不加控制，就连自己也会被烧死。多用作戒人不要玩弄战火之辞。

②蒋之纯：蒋凝学(？—1878)，字之纯，清湖南湘乡人。咸丰初，在籍治乡团。五年(1855)，追从罗泽南克武昌，奖国子监典簿。随后转战各地，屡立战功。尤以在鄂皖边境遏制苗沛霖、陈得才而功绩显著。同治年间，曾应陕甘总督杨岳斌、陕西巡抚刘蓉之邀，进军甘陇。光绪元年(1875)，官至陕西布政使。光绪四年(1878)病卒。赐恤，赠内阁学士。

【译文】

我身体平安。只是挂念湘勇闹饷的事，有《左传》里所说的"夫兵犹火也；弗戢，将自焚也"的恐惧，整天忧虑焦灼。蒋之纯一军在湖北已经叛变。担心各处互相煽动，就连湘乡也难安居。在想痛加惩治的方法，还没有好对策。

　　杨见山之五十金①，已函复小岑在于伊卿处致送②。邵世兄及各处月送之款③，已有一札，由伊卿长送矣。惟壬叔向按季送④，偶未入单。刘伯山⑤，书局撤后⑥，再代谋一安砚之所⑦。该局何时可撤，尚无闻也。

【注释】

①杨见山：杨岘（1819—1896），字见山，号季仇、庸斋，晚号藐翁，自署迟鸿残叟，清归安（今浙江湖州）人。咸丰五年（1855）举人。曾先后入曾国藩、李鸿章幕。曾任江苏松江知府，官至盐运使。晚年寓居苏州。

②小岑：欧阳兆熊，字晓岑（亦作"小岑"），号匏叟，清湖南湘潭人。道光十七年（1837）举人。家富庶而性豪爽，仗义疏财，与曾国藩、左宗棠、江忠源等交谊颇深。同治二年（1863），曾国荃出资刊刻《船山遗书》，由曾国藩出面请欧阳兆熊主持。其编辑队伍，即为后来金陵书局班底。伊卿：潘鸿焘，字伊卿，清湖南湘乡人。附生。入曾国藩幕。官至即补道。曾国藩北征剿捻，令其总理北征粮台兼办金陵善后事宜。

③邵世兄：指邵位西（邵懿辰）的公子邵顺年。

④壬叔：李善兰（1811—1882），原名李心兰，字竟芳，号秋纫，别号壬叔，清浙江海宁人。诸生。少从陈奂受经学。尤好算学。早

年精研古代数学著作。咸丰初到上海,与英人伟烈亚力合译《欧
几里得几何原本》后九卷及《代微积拾级》(直译为《解析几何与
微积分原理》)等。咸丰、同治间,入曾国藩幕。后任京师同文馆
算学总教习,授户部郎中三品卿衔。

⑤刘伯山:刘毓崧(1818—1867),字伯山,号松崖,清江苏仪征人。
刘文淇之子。道光二十年(1840)优贡生。其家世代精研《左传》
之学。著有《春秋左传大义》,另《周易》《尚书》《毛诗》《礼记》的
旧疏考正各一卷,以及《经传通义》《诸子通义》各四卷、《王船山
年谱》二卷、《通义堂笔记》《通义堂文集》各十六卷。

⑥书局:指金陵书局。

⑦安砚之所:指著书谋生的地方。

【译文】

杨见山的五十两银子,我已回信欧阳小岑,由潘伊卿那边送去。邵
公子及各处按月送的款项,我已发一信,由潘伊卿长期送。只有李壬叔
一向是按季送的,未写进名单。刘伯山,等金陵书局解散之后,我再想
法代他找一个编书的地方。金陵书局什么时候解散,还没听到消息。

寓中绝不酬应,计每月用钱若干?儿妇诸女,果每日纺
绩有常课否?下次禀复。

【译文】

寓中没有任何应酬,每月用钱多少?儿媳妇和几位女儿,确实每天
都做纺绩功课不?下次写信告诉我。

吾近夜饭不用荤菜,以肉汤炖蔬菜一二种,令极烂如
齑①,味美无比,必可以资培养,菜不必贵,适口则足养人。试

炖与尔母食之。星冈公好于日入时手摘鲜蔬，以供夜餐。吾当时侍食，实觉津津有味。今则加以肉汤，而味尚不逮于昔时。后辈则夜饭不荤，专食蔬而不用肉汤，亦养生之宜，且崇俭之道也。

【注释】

①臡(ní)：带骨的肉酱。

【译文】

我最近晚饭不用荤菜，用肉汤炖蔬菜一二种，炖得跟肉酱一样烂，味道鲜美无比，一定可以滋养身体，菜不必贵，合口味就能养人。你试着炖给你母亲吃。星冈公喜欢在太阳下山时亲手采摘新鲜蔬菜，供晚餐之用。我当时陪在祖父身边跟着吃，真是觉得津津有味。现在就算加肉汤炖，味道还比不上从前。晚辈晚饭不用荤菜，专门吃蔬菜而不用肉汤，也适合养生，而且是崇尚节俭的好办法。

颜黄门之推《颜氏家训》作于乱离之世①，张文端英《聪训斋语》作于承平之世②，所以教家者极精。尔兄弟各觅一册，常常阅习，则日进矣。

【注释】

①颜黄门：颜之推(531—590)，原籍琅邪临沂(今山东临沂)，世居建康(今江苏南京)。颜之推幼受家业，博览群书，深受梁湘东王赏识，梁武帝太清三年(549)任湘东王国左常侍(据《北齐书·文苑传》。《北史·文苑传》则云"右常侍")。梁简文帝大宝二年(551)，侯景陷郢州，颜之推被俘送建康。侯景之乱平定后，还江陵，梁元帝以为散骑侍郎。梁元帝承圣三年(554)，西

魏破江陵,被俘北去。后携家奔北齐,时在齐文宣帝天保七年(556)。此后遂仕于北齐二十年,累官至黄门侍郎。577 年,北齐为北周所灭,颜之推遂入北周,被征为御史上士。581 年,北周禅隋,颜之推遂入隋,于隋文帝开皇年间,被太子杨勇召为东宫学士。大约卒于开皇十年(590)之后不久。《颜氏家训》:颜之推著。通行本分七卷,共二十篇。颜之推在《颜氏家训·序志》篇里阐明了自己写这本《家训》的目的,是将自己一生的经验和心得系统地整理出来,传给后世子孙,希望可以整顿门风,并对子孙后人有所帮助。《颜氏家训》是一部系统完整的家庭教育教科书,是作者关于立身、治家、处事、为学的经验总结,在传统中国的家庭教育史上影响巨大,享有"古今家训,以此为祖"(王三聘《古今事物考》)的美誉。乱离之世:颜之推自叹"三为亡国之人",身仕四朝,屡经世变,可谓生逢乱离之世。

②张文端:张英(1637—1708),字敦复,号乐圃,清安徽桐城人。康熙六年(1667)进士,由编修累官文华殿大学士兼礼部尚书。历任《国史》《一统志》《渊鉴类函》《平定朔漠方略》总裁官,充会试正考官。为官敬慎,卒谥文端。有《恒产琐言》《聪训斋语》《笃素堂诗文集》等。《聪训斋语》:张英所著。是一部家训著作。张英在这部书中总结其一生经验,教育儿孙如何立品、读书、养身、择友,以治学严谨、情怀洒脱、持家勤俭为核心内容。

【译文】

颜黄门之推的《颜氏家训》作于战乱时代,张文端英的《聪训斋语》作于太平时代,他们用来教育家庭儿孙的道理都很精微。你们兄弟各找一册,常常翻看,则每天都会有进步。

同治四年六月初一日

字谕纪泽、纪鸿儿：

　　余于廿五、六日渡洪泽湖面二百四十里，廿七日入淮。廿八日在五河停泊一日^①，等候旱队。廿九日抵临淮。

【注释】

①五河：地名。清初属凤阳府，后改隶直隶州泗州。今隶属于安徽蚌埠，地处安徽省北部，淮河中下游。因境内淮水、浍水、漴水、潼水、沱水五水汇聚而得名。

【译文】

写给纪泽、纪鸿儿：

　　我在二十五、二十六日两天坐船渡过洪泽湖面二百四十里水路，二十七日进入淮河。二十八日在五河停泊一天，等候陆师。二十九日抵达临淮。

　　闻刘省三于廿四日抵徐州^①，廿八日由徐州赴援雉河。英西林于廿六日攻克高炉集^②。雉河之军心益固，大约围可解矣。罗、张、朱等明日可以到此^③，刘松山初五、六可到。余小住半月，当仍赴徐州也。

【注释】

①刘省三：刘铭传（1836—1896），字省三，清安徽合肥人。淮军名将。人称刘六麻子，自号大潜山人。同治元年（1862），李鸿章创建淮军，刘铭传以本部团练投奔，任铭字营营官，后为淮军劲旅，在镇压太平军及捻军过程中屡立大功，同治三年（1864）补授直

隶提督。光绪九年(1883),中法战争爆发,清廷命刘铭传为督办台湾事务大臣,授福建巡抚。十年(1884),于淡水等地率军击败法国舰队的进犯。十一年(1885),任台湾巡抚。在台任职期间,编练新军,修建铁路,开办煤矿,创办电讯,进行一系列洋务改革。光绪二十二年(1896)病逝,赠太子太保,谥壮肃。有《刘壮肃公奏议》及《大潜山房诗稿》刊行于世。

②英西林:英翰,字西林。见前注。高炉集:地名。即今安徽亳州涡阳县高炉镇。位于安徽省北部与河南省接壤处,古有商贸重镇之称。

③罗、张、朱:指湘军将领罗茂堂(罗麓森)、张田畯(张诗日)、朱星槛。

【译文】

听说刘省三在二十四日抵达徐州,二十八日由徐州赶往雉河集支援。英西林在二十六日攻克高炉集。雉河集的军心更加稳固,大约可以解围了。罗茂堂、张田畯、朱星槛等人明天能到这里,刘松山初五、初六日能到这里。我小住半个月,仍会前往徐州。

毛寄云年伯至清江,急欲与余一晤。余因太远,止其来临淮。

【译文】

你毛寄云年伯到清江,很想和我见一面。我因为路途太远,阻止他来临淮。

尔写信太短。近日所看之书,及领略古人文字意趣,尽可自摅所见①,随时质正②。前所示有气则有势,有识则有度,有情则有韵,有趣则有味,古人绝好文字,大约于此四者之中必有一长。尔所阅古文,何篇于何者为近?可放论而详问焉。

【注释】

①摅(shū)：抒发，表达。

②质正：质询，就正。汉刘向《九叹·远逝》："情慨慨而长怀兮，信上皇而质正。"明李贽《四勿说》："聊且博为注解，以质正诸君何如？"

【译文】

你写信太短。近日看的书，以及领会到的古人文章意趣，尽可自抒己见，随时向我质询就正。此前指示你的文章有气就有势，有识就有度，有情就有韵，有趣就有味，古人的好文章，大约一定具备这四者之中的一个特点。你所读的古文，哪篇与哪一种风格相近呢？可以放开来谈论并详细问我。

鸿儿亦宜常常具禀①，自述近日工夫。此示。

【注释】

①具禀：写信（特指给长辈的信）。

【译文】

鸿儿也应该常常写信，自述近来的学问功夫。就明示这些。

同治四年六月十九日

字谕纪泽、纪鸿：

今日接小岑信，知邵世兄一病不起，实深伤悼。位西立身行己读书作文俱无差谬^①，不知何以家运衰替若此^②？岂天意真不可测耶？

【注释】

①位西：邵懿辰（1810—1861），字位西（亦作"蕙西"），清仁和（今浙江杭州）人。道光十一年（1831）举人，授内阁中书，历任刑部员外郎、济宁知府等职。咸丰十一年（1861）太平军围攻杭州，邵懿辰助浙江巡抚王有龄守城，死难。邵懿辰长于经学，文宗桐城派，与曾国藩往来密切。撰有《礼经通论》《尚书传授同异考》《孝经通论》《四库简明目录标注》等书。行己：谓立身行事。《论语·公冶长》："子谓子产有君子之道四焉：其行己也恭，其事上也敬，其养民也惠，其使民也义。"差谬：错误，差错。《后汉书·独行传·陆续》："事毕，兴问所食几何？续因口说六百馀人，皆分别姓字，无有差谬。"

②衰替：犹衰败。南朝梁江淹《伤友人赋》："揽千品之消散，镜百侯之衰替。"

【译文】

写给纪泽、纪鸿：

今日接到欧阳小岑的信，得知邵世兄一病不起，实在令人伤心。邵位西为人处世、读书作文，都无可挑剔，不晓得为什么家运这样衰败？莫非天意真的不可测么？

尔母之病，总带温补之剂，当无他虞。罗氏外孙及朱金权已痊愈否？

【译文】

你母亲的病，身边总是带上温补之类的方剂，应该不会发生什么危险。罗氏外孙和朱金权,病已经好了没?

此间水大异常,各营皆已移渡南岸。惟余所居淮北两营系罗茂堂所带,二日内尚可不移。再长水八寸则危矣。阴云郁热,雨势殊未已也。

【译文】

这边发洪水,水大得不同寻常,各军营人马都已经移渡淮河南岸。只有我住的淮北这儿的两营人马,由罗茂堂统率,两天之内还不能移营。水再涨八寸就危险了。阴云密布,天气闷热,雨势还没有停的迹象。

邵世兄处,应送奠仪五十金。可由家中先为代出,有便差来营即付去。滕中军所带百人①,可令每半月派一兵来此,不必定候家乡长夫送信。余托陈小浦买龙井茶②,尔可先交银十六两,亦候下次兵来时付去。邵宅每月二十金,尔告伊卿照常致送否?须补一公牍否?尔每旬至李宫保处一谈否③?幕中诸友凌晓岚等④,相见契惬否⑤?

【注释】

①滕中军:未详。清代总督、巡抚以下,凡有兵权者,其标下的统领官,称为"中军"。

②陈小浦:即陈方坦(1830—1892),字谆衷,号筱甫(亦作"小甫"),清浙江海宁人。同治二年(1863),入曾国藩幕,专办盐务。同治四年(1865)七月,保举为五品训导,入两江总督衙门专办两淮盐务。集办差经验,编著《淮鹾驳案类编》。

③李宫保：指李鸿章。因其有太子少保衔，故称"李宫保"。

④凌晓岚：凌焕，字筱南（亦作"晓岚"），号损宾，清安徽定远人。道光二十四年（1844）举人。入李鸿章幕，专司文案。曾署江南盐巡道。有《损宾诗钞》。

⑤契惬(qiè)：相处契合，彼此惬意。

【译文】

邵世兄那边，应送丧仪五十两银子。可由家中先为代出，有便差来军营就可以带回去。滕中军所带领的一百人，可以让每半个月派一个兵来我这里，不一定非要等候家乡的长夫送信。我托陈小浦买龙井茶，你可以先交给他十六两银子，也等下次金陵信差过来时带回去。邵宅每月二十两银子，你通知潘伊卿照常送了没有？须要补一份公文不？你每旬到李宫保那边去谈一次天不？他幕府中的诸位朋友例如凌晓岚等人，彼此相见性情相投不？

气势、识度、情韵、趣味四者①，偶思邵子"四象"之说可以分配②。兹录于别纸，尔试究之。

【注释】

①气势、识度、情韵、趣味：曾国藩所标举的古文四大风格类型。气势，指诗文的气韵或格调雄伟，很有声势。宋陆游《再跋〈皇甫先生文集〉后》："司空表圣论诗有曰：'愚尝览韩吏部诗，其驱驾气势，掀雷决电。'"元辛文房《唐才子传·高蟾》："诗体则气势雄伟，态度谐远。"识度，识见与器度。晋袁宏《后汉纪·明帝纪上》："苍体貌长大，进止有礼，好古多闻，儒雅有识度。"宋苏轼《答乔舍人启》："某闻人才以智术为后，而以识度为先。"情韵，指诗文书画作品有韵味。趣味，指文章写得有情趣。

②邵子"四象"之说：邵子，指北宋哲学家邵雍（1011—1077），字尧

夫,谥康节,自号安乐先生,后人称"百源先生"。其先范阳(今河北涿州)人,幼随父迁共城(今河南辉县)。少有志,读书苏门山百源上。仁宗嘉祐及神宗熙宁中,先后被召授官,皆不赴。创"先天学",以为万物皆由"太极"演化而成。著有《观物篇》《先天图》《伊川击壤集》《皇极经世》等。四象,指春、夏、秋、冬四时。体现于《周易》卦上,则指少阳、老阳、少阴、老阴四种爻象。《周易·系辞上》:"太极生两仪,两仪生四象,四象生八卦。"《朱子语类》卷一百三十七:"《易》中只有阴阳奇耦,便有四象,如春为少阳,夏为老阳,秋为少阴,冬为老阴。"中国古代哲学,自先秦以来,多用阴、阳二分法来看待宇宙万物,邵雍则根据《易经》四象建立四分法,拈出四象(太阳、太阴、少阳、少阴)、四体(太刚、太柔、少刚、少柔)等概念范畴,并以此区分世间万物。可以分配:曾国藩受邵雍启发,创古文四象说,以气势、识度、情韵、趣味,分别搭配太阳、太阴、少阴、少阳。

【译文】

　　气势、识度、情韵、趣味这四种文章风格,偶然想到可以用邵子的"四象"之说来分别搭配。今另用一张纸写出来,你试着研究一下。

同治四年六月二十五日

字谕纪泽:

　　廿四日接奉寄谕,知沅叔已简授山西巡抚①。谕旨咨少泉宫保处,尔可借阅。沅叔之病,不知此时全愈否?余须寄信嘱其北上陛见之便②,且至徐州兄弟相会。

【注释】

①简授：铨叙授职。《郊庙歌辞·祠文皇帝登歌》："柔远能迩，简授英贤。"

②陛见：谓臣下谒见皇帝。

【译文】

写给纪泽：

二十四日接到朝廷寄的圣谕，得知你沅甫叔已被委任山西巡抚一职。谕旨已用咨文形式发送给李少荃宫保那边，你可以借阅。你沅甫叔的病，不晓得这时好全了没？我要寄信嘱咐他借北上陛见皇帝之便，来一趟徐州，好兄弟相会。

陈刻《廿四史》颇为可爱①，不知其错字多否？《几何原本》可先刷一百部②。

【注释】

①陈刻《廿四史》：指咸丰年间新会陈氏（陈焯，又名焯之，字伟南）蘐古堂所刻《二十四史》。系复刻武英殿版。毛鸿宾将此刻本《二十四史》赠送于曾国藩。

②《几何原本》：古希腊数学家欧几里得所著，由意大利天主教神父利玛窦带到中国。中文版，前六卷由明代数学家徐光启与利玛窦合译，后九卷由清代数学家李善兰和英国人伟烈亚力合译。

【译文】

陈刻《二十四史》很令人喜爱，不晓得里头错字多不？《几何原本》可以先让书局刷印一百部。

曾恒德无事①，亦可来营。余又有取阅之书，可令滕中军派兵送来，录如别纸。

【注释】

①曾恒德：曾国藩身边亲随。

【译文】

曾恒德没事的话，也可以来军营。我又有要取阅的书，可以让滕中军派兵送来，书单，我另外用一张纸列出来。

同治四年七月初三日

字谕纪泽、纪鸿儿：

纪泽于陶诗之识度不能领会，试取《饮酒》二十首、《拟古》九首、《归田园居》五首、《咏贫士》七首等篇反复读之。若能窥其胸襟之广大，寄托之遥深①，则知此公于圣贤豪杰皆已升堂入室②。尔能寻其用意深处，下次试解说一二首寄来。

【注释】

①寄托：语出晋王羲之《兰亭集序》："或因寄所托，放浪形骸之外。"指艺术作品中的寄情托兴。后成为传统文学批评术语。清袁枚《随园诗话补遗》卷五："诗有寄托便佳。"清周济《介存斋论词杂著》："初学词求有寄托，有寄托则表里相宣，斐然成章。"

②升堂入室：语本《论语·先进》："由也升堂矣，未入于室也。"原比喻学习所达到的境地有程度深浅的差别，后用以称赞在学问或技艺上由浅入深，渐入佳境。

【译文】

写给纪泽、纪鸿儿：

纪泽对陶诗的识度还不能领会，不妨反复阅读《饮酒》二十首、《拟古》九首、《归田园居》五首、《咏贫士》七首等篇。如果能领会这些作品体现出的广大胸襟、深远寄托，就知道陶公对圣贤豪杰的境界都已升堂入室。你如果能体会到陶公这些作品的深层用意，下次试着解说一二首寄来给我看。

又问"有一专长，是否须兼三者，乃为合作"①，此则断断不能。韩无阴柔之美，欧无阳刚之美，况于他人而能兼之？凡言兼众长者，皆其一无所长者也。

【注释】

①合作：合乎法度的作品。《法书要录》卷四引唐张怀瓘《二王等书录》："献之尝与简文帝十纸，题最后云：'下官此书甚合作，愿聊存之。'"

【译文】

又问"有一方面的专长，是否需要兼有其他三方面专长，才是合乎法度的好作品"，这是绝对不可能的。韩愈缺阴柔之美，欧阳修缺阳刚之美，何况是其他人？怎么可能兼而有之？凡是说兼有众长的，都是一无所长。

鸿儿言此表"范围曲成，横竖相合"①，足见善于领会。至于纯熟文字，极力揣摩，固属切实工夫；然少年文字，总贵气象峥嵘，东坡所谓"蓬蓬勃勃，如釜上气"②。

【注释】

①范围曲成：指囊括一切，面面俱到。

②蓬蓬勃勃，如釜上气：出自苏轼何篇，未详。

【译文】

鸿儿说这"四象"表"囊括一切，面面俱到"，足见他善于领会。至于老练文章，用尽心思打磨，固然是切实功夫；但少年人写文章，总要以气象峥嵘为贵，就像苏东坡所说的"蓬蓬勃勃，如釜上气"。

古文如贾谊《治安策》、贾山《至言》、太史公《报任安书》、韩退之《原道》、柳子厚《封建论》、苏东坡《上神宗书》①，时文如黄陶庵、吕晚村、袁简斋、曹寅谷②，墨卷如《墨选观止》《乡墨精锐》中所选两排三叠之文③，皆有最盛之气势。

【注释】

①贾山：西汉颍川（今河南禹州）人。汉文帝时，贾山以秦之兴亡为喻，上书言治乱之道，劝文帝用贤纳谏，兴礼义，轻徭赋，名为《至言》。

②黄陶庵：黄淳耀（1605—1645），字蕴生，号陶庵，明末苏州府嘉定（今上海嘉定区）人。崇祯十六年（1643）进士。隐居不仕，为复社成员。清顺治二年（1645），嘉定人抗清起义，黄淳耀与侯峒曾被推为首领。城破后，与弟黄渊耀自缢于僧舍。门人私谥贞文。能诗文，有《陶庵集》《山左笔谈》等。吕晚村：吕留良（1629—1683），字庄生，又名光纶，字用晦，号晚村，明末清初浙江石门（今浙江桐乡）人。明亡时尚未成年，散财结客，欲谋复明。事败，改名为医。清顺治十年（1653）应试为诸生，后即隐居不出。康熙间拒应鸿博之征，最后剪发为僧，释名耐可，字不昧。初与

黄宗羲交往,后反相讦。推重张履祥,治程朱之学,并进而求宋
人学术之全,论著重"华夷之辨",有种族思想。死后,以曾静之
狱,雍正十年(1732)被剖棺戮尸,著述多毁。存《吕晚村先生文
集》《东庄诗存》及与吴之振合辑的《宋诗钞》。袁简斋:即袁枚。
见前注。曹寅谷:曹之升(1753—1808),号寅谷,清浙江萧山
人。乾隆四十六年(1781)进士。以擅长八股文而名闻天下。
著有《曹寅谷制艺》《四书摭馀说》。

③墨卷:指八股范文。宋以来,称取中士人的文章为"程文"。清代
刻录程文,试官往往按题自作一篇,亦称"程文";为区别起见,而
把刻录的取中试卷(士子所作)改称"墨卷"。顾炎武《日知录·
程文》:"至本朝,先亦用士子程文刻录,后多主司所作,遂又分士
子所作之文,别谓之'墨卷'。"《墨选观止》《乡墨精锐》:二书皆为
清人梁葆庆(字省吾,嘉庆举人,道光进士,任礼部主事)评选的
科举考试范文选。道光年间有合刊本。两排三叠:八股文章法
术语。因明清科举八股文每个段落中,都有两股排比对偶的文
字,故称"两排"。因其排比对偶手法,须反复出现,故称"三叠"。

【译文】

古文如贾谊的《治安策》、贾山的《至言》、太史公的《报任安书》、韩
退之的《原道》、柳子厚的《封建论》、苏东坡的《上神宗书》,时文如黄陶
庵、吕晚村、袁简斋、曹寅谷等人的作品,墨卷如《墨选观止》《乡墨精锐》
中所选的两排三叠文章,都有最盛大的气势。

尔当兼在气势上用功,无徒在揣摩上用功。大约偶句
多、单句少,段落多、分股少,莫拘场屋之格式①,短或三五百
字,长或八九百字千馀字,皆无不可。虽系四书题②,或用后
世之史事,或论目今之时务③,亦无不可。总须将气势展得

开,笔仗使得强,乃不至于束缚拘滞,愈紧愈呆。

【注释】

①场屋:科举考试的地方,又称"科场"。引申指科举考试。

②四书题:明清科举考试文章,题目取之于"四书"的,称"四书题"。

③目今:现在,当前。宋欧阳修《论史馆日历状》:"至于事在目今可
　以详于见闻者,又以追修积滞,不暇及之。"

【译文】

你们应当在兼具气势方面用功,不要只在打磨上用功。要领大概
是多用偶句、少用单句,多分段落、少用分股,不要拘泥于科举考试的格
式,短一点儿或者三五百字,长一点儿或者八九百字千来字,都无不可。
虽然是四书题,或者引用后代的史事,或者讨论当前时代问题,也无不
可。总要将气势展得开,笔仗使得强,才不至于束缚拘滞,越紧越呆板。

嗣后尔每月作五课揣摩之文,作一课气势之文。讲揣
摩者送师阅改,讲气势者寄余阅改。"四象"表中,惟气势之
属太阳者,最难能而可贵。古来文人虽偏于彼三者,而无不
在气势上痛下工夫,两儿均宜勉之。此嘱。

【译文】

以后你们每月作五篇讲究揣摩的文章,作一篇讲究气势的文章。
讲究揣摩的送呈老师批阅修改,讲究气势的寄呈我批阅修改。"四象"
表中,只有气势属太阳,最难能可贵。自古以来的文人即便是偏于另外
三种风格的,也无不在气势方面痛下功夫,两位孩儿都应该在这方面努
力。特此嘱咐。

同治四年七月十三日

字谕纪泽：

福秀之病①，全在脾亏②，今闻晓岑先生峻补脾胃③，似亦不甚相宜。凡五藏极亏者④，皆不受峻补也。

【注释】

①福秀：曾纪泽的女儿名。

②脾亏：中医术语。又称脾气不足、脾胃虚弱。多因饮食失调，劳累过度，以及忧思、久病损伤脾气所致。患者一般形体消瘦、精神不振。

③峻补：中医术语。指用强力补益药治疗气血大虚的方法。

④五藏：同"五脏"。

【译文】

写给纪泽：

福秀的病，根子都在脾胃虚弱，听说欧阳晓岑先生开方子，用大补的药猛补脾胃，似乎也不太合适。凡是我见过的五脏太虚弱的，身体都不能接受大补药的猛补。

尔少时亦极脾亏，后用老米炒黄，熬成极酽之稀饭①，服之半年，乃有转机。尔母当尚能记忆。金陵可觅得老米否？试为福秀一服此方。

【注释】

①酽（yàn）：浓，稠。

【译文】

你小时候也脾胃虚弱，后来用老米炒黄了，熬成极稠的稀饭，吃了半年，才有好转。你母亲应当还能记得这事。金陵能找到老米不？可试着让福秀服用一下这个方子。

开生到已数日①。元徵信接到②，兹有复信，并邵二世兄信③，尔阅后封口交去。渠需银两，尔陆续支付可也。

【注释】

①开生：刘开生，字翰清。曾入曾国藩幕，与杨仁山等共创金陵刻经处。

②元徵：方骏谟(1816—1880)，字元徵，一字翊良，号耐徐，清顺天大兴(今北京大兴)人。曾入曾国藩幕，办理粮台、文案事宜。官至候补直隶州。通地理学。有《徐州舆地考》《敬业述事室文稿》等。

③邵二世兄：指邵懿辰的次子邵顺国(字子晋)。

【译文】

刘开生到我这边已经好几天了。元徵的信已经收到，现有回复他的信，以及给邵府二公子的信，你阅后封口交给他们。他需要的银两，你陆续支付即可。

《义山集》似曾批过①，但所批无多。余于道光廿二、三、四、五、六等年，用胭脂圈批，唯余有丁刻《史记》、六套。在家否？王刻韩文、在尔处。程刻韩诗、最精本。小本杜诗、康刻《古文辞类纂》、温叔带回，霞仙借去。《震川集》、在季师处。《山谷集》，在黄恕皆家。首尾完毕②。馀皆有始无终，故深以无恒为憾。近年在军中阅书,稍觉有恒,然已晚矣。

【注释】

①《义山集》:唐朝诗人李商隐的诗集。李商隐,字义山。

②余有丁刻《史记》:《史记》版本中的一种,系明万历三年(1575)南京国子监祭酒余有丁主持刊刻。该版以嘉靖九年(1530)《史记》集解、索隐、正义三家注合刻本为底本,但对三家注文多有删削,校勘亦不甚精。王刻韩文:指南宋王伯大所刻《朱文公校昌黎先生文集》,是传世韩愈文集通行本。程刻韩诗:待考。小本:指开本较小的书册。康刻《古文辞类纂》:指嘉庆年间康绍庸刊刻姚鼐《古文辞类纂》初稿本,改版附有姚氏评语及圈点。《震川集》:指明代文学家归有光(号震川)的文集。季师:指曾国藩的座师季仙九,官至闽浙总督。见前注。《山谷集》:指宋代文学家黄庭坚(号山谷)的文集。黄恕皆:黄倬,字恕阶(又作"恕皆"),清湖南善化(今湖南长沙)人。道光二十年(1840)进士,改庶吉士,授编修,历任四川学政、浙江学政,官至吏部左侍郎,与曾国藩交好,为近代湖南名士。著有《介园遗集》。

【译文】

《义山集》我似乎曾经批阅过,但批的不是很多。我在道光二十二、三、四、五、六等年,用胭脂圈批各书,只有我有丁刻本《史记》、一共六个函套。在家里不?王伯大所刻韩愈文集、在你那里。程氏所刻韩愈诗集、校勘最精的本子。小开本的杜甫诗集、康绍庸刊刻的《古文辞类纂》、你温甫叔带回家,被刘蓉借去了。《震川集》、在季仙九老师那里。《山谷集》,在黄恕皆家。从头到尾圈批完毕。其馀的书,都是有始无终,我因自己没有恒心而深深遗憾。近几年在军营中读书,稍稍觉得有恒心,但已经晚了。

故望尔等于少壮时,即从"有恒"二字痛下工夫。然须有情韵趣味,养得生机盎然,乃可历久不衰。若拘苦疲困①,则不能真有恒也。

【注释】

①拘苦:约束刻苦。晋葛洪《抱朴子外篇·博喻》:"洁操履之拘苦者,所以全拔萃之业。"疲困:疲乏困顿。《后汉书·公孙瓒传》:"士卒疲困,互掠百姓,野无青草。"

【译文】

所以希望你们在年轻的时候,就在"有恒"二字上痛下功夫。但读书也要有情韵和趣味,养得内心生机盎然,才能坚持很长时间而不半途而废。如果只是勉强刻苦而身心俱疲,就不能真正做到读书有恒。

同治四年七月二十七日①

字谕纪泽、纪鸿:

郭宅姻事②,吾意决不肯由轮船海道行走。嘉礼尽可安和中度③,何必冒大洋风涛之险?至礼成或在广东或在湘阴④,须先将我家或全眷回湘,或泽儿夫妇送妹回湘,吾家主意定后,而后婚期之或迟或早可定,而后成礼之或湘或粤亦可定。

【注释】

①据手迹,此信日期为"八月初三日"。

②郭宅姻事：指曾国藩四女儿曾纪纯嫁给郭嵩焘之子郭依永为妻
　　成婚一事。

③嘉礼：古代"五礼"（吉、凶、军、宾、嘉）之一。指饮食、婚冠、宾射、
　　飨燕、脤膰、贺庆等礼。后世亦专指婚礼。中度：合乎标准、
　　法度。

④礼成：似为"成礼"之倒文。

【译文】

写给纪泽、纪鸿：

　　送四女到郭府完婚的事，我的意思是决不能坐轮船走海道去。婚礼要尽可能讲究平安和中规中矩，何必要冒大海风涛的危险呢？至于婚礼仪式或在广东或在湘阴举办，须要先将我家全部家眷送回湖南，或者泽儿夫妇送四妹回湖南，我家主意拿定之后，然后婚期或迟或早才能定下来，然后才能确定婚礼仪式在湖南还是在广东举行。

　　吾既决计不回江督之任①，而全眷犹恋恋于金陵，不免武仲据防之嫌②，是尔母及全眷早迟总宜回湘。全眷皆须还乡，四女何必先行？

【注释】

①江督："两江总督"的省称。

②武仲据防：典出《论语·宪问》："子曰：'臧武仲以防求为后于鲁，虽曰不要君，吾不信也。'"朱子《集注》："防，地名。武仲所封邑也。要，有挟而求也。武仲得罪奔邾，自邾如防，使请立后而避邑。以示若不得请，则将据邑以叛，是要君也。范氏曰：'要君者无上，罪之大者也。武仲之邑，受之于君。得罪出奔，则立后在君，非己所得专也。而据邑以请，由其好知而不好学也。'杨氏曰：'武仲卑辞请后，其迹非要君者，而意实要之。夫子之言，亦

《春秋》诛意之法也。'"春秋时鲁国大夫臧武仲因罪出奔邾国,还
从邾国跑回自己的封地防(今山东费县东北),请求国君立臧氏
的后人为卿大夫,才肯将防地让出。后遂用以(大臣)占据某地
以要挟(君上)的典故。

　　我已下决心不回两江总督之任,而全部家眷还在金陵恋恋不舍,不
免有臧武仲占据防邑要挟主上的嫌疑,因此你母亲及全部家眷早晚总
要回湖南的。全部家眷都要回家乡,四女又何必要先行一步呢?

　　吾意九月间,尔兄弟送家属悉归湘乡。经过省城时,如
吉期在半月之内①,或尔母亲至湘阴一送亦可。如吉期尚
遥,则纪泽夫妇带四妹在长沙小住,届期再行送至湘阴
成婚②。

【注释】

①吉期:指婚期。

②届期:到预定的日期。

【译文】

　　我的意见是九月份,你兄弟二人送家属都回湘乡。经过省城时,如
果约定的婚期在半月之内,或者你母亲到湘阴送一趟也可以。如果婚
期还远,那么纪泽夫妇带四妹在长沙小住一段时间,届时再送到湘阴
成婚。

　　至成礼之地,余意总欲在湘阴为正办①。云仙姻丈去岁
嫁女②,既可在湘阴由意城主持,则今年娶妇,亦可在湘阴由
意城主持。金陵至湘阴近三千里,粤东至湘阴近二千里。

女家送三千,婿家迎二千,而成礼于累世桑梓之地^③,岂不尽美尽善?

【注释】

①正办:正当的办法。

②云仙:又写作"筠仙",即郭嵩焘。

③桑梓:《诗经·小雅·小弁》:"维桑与梓,必恭敬止。"朱子《集传》:"桑、梓二木,古者五亩之宅,树之墙下,以遗子孙给蚕食、具器用者也……桑梓父母所植。"东汉以来一直以"桑梓"借指故乡或乡亲父老。

【译文】

至于婚礼仪式的举办地点,我的意见总是要在湘阴举行才最正当。郭云仙姻丈去年嫁女儿,既然可以在湘阴由他弟弟郭意城主持,那今年娶媳妇,也可以在湘阴由他弟弟郭意城主持。金陵到湘阴将近三千里,广东到湘阴将近二千里。女家送三千里,婿家迎二千里,在历代居住的故乡举行婚礼仪式,岂不是尽美尽善么?

　　尔以此意详复筠仙姻丈一函,令崔成贵等由海道回粤^①。余亦以此意详致一函,由排单寄去^②。即以此信为定。喜期定用十二月初二日,全眷十月上旬自金陵启行,断不致误。

【注释】

①崔成贵:郭嵩焘派至金陵与曾府联系的亲信。馀不详。

②排单:清代驿站传递公文填注的单据。《清会典事例·兵部·邮政》:"军机处发交公文,各省、州、县驿站接递时,将限行里数、接

到日时及有无擦损拆动之处,于排单内注明,传至末站,缴部
查核。"

【译文】

你根据我这个意见详细回复郭筠仙姻丈一封信,让崔成贵等人从
海路带回广东。我也根据这个意见详细地给他写封信,用排单寄去。
就以我这封信说的为定准。喜期定在十二月初二日,我家全部家眷十
月上旬从金陵启程,绝对不会耽误。

如筠仙姻丈不愿在湘阴举行,仍执送粤之说,则我家全
眷暂回湘乡,明年再商吉期可也。

【译文】

如果郭筠仙姻丈不愿意婚礼在湘阴举行,仍然坚持娘家送到广东
的说法,那我家全部家眷暂且先回湘乡,明年再商量婚期即可。

鸿儿之文,气势颇旺,下次再行详示。

【译文】

鸿儿的文章,气势很旺盛,下次再详细指示。

尔母须用茯苓①,候至京之便购买。

【注释】

①茯苓(fú líng):寄生在松树根上的菌类植物,形状像甘薯,外皮黑
褐色,里面白色或粉红色。中医用以入药,有利尿、镇静等作用。
《淮南子·说山训》:"千年之松,下有茯苓。"汉高诱注:"茯苓,千

岁松脂也。"明焦竑《焦氏笔乘·医方》:"茯苓久服之,颜色悦泽,能灭瘢痕。"

【译文】

你母亲要用的茯苓,等有到京城的便人时再行购买。

余以廿四自临淮起行,十日无雨,明日可到徐州矣。途次平安。勿念。

【译文】

我在二十四日从临淮启程,十天都没遇到下雨,明天可以到徐州。一路平安。不必挂念。

同治四年八月十三日

字谕纪泽:

邵世兄开来行略等件收到①,位西先生遗文亦阅过。

【注释】

①行略:也称"状""行述",文体名。专指记述死者世系、籍贯、生卒年月和生平概略的文章。唐李翱《百官行状奏》:"凡人之事迹,非大善大恶,则众人无由知之,故旧例皆访问于人,又取行状谥议,以为一据。""行"字,刻本作"节",今据手迹改正。

【译文】

写给纪泽:

邵公子开列的他父亲邵位西先生的生平梗概等文件已收到,邵位西先生的遗文也已读过。

本月当作墓铭^①,出月亲为书写,仍付金陵,交张氏兄弟钩刻^②。大约刊刻拓印须三个月工夫,年底乃可藏事^③。尔告邵子晋急急返杭料理葬事^④,以速为妙。

【注释】

①墓铭:文体名。又称"墓志铭"。是放在墓里刻有死者事迹的石刻。一般包括"志"和"铭"两部分。"志"多用散文,叙述死者姓氏、生平等。"铭"是韵文,用于对死者的赞扬、悼念。

②张氏兄弟:同治年间金陵(今江苏南京)刻碑工人,曾国藩曾数次请他们刻碑。

③藏(chǎn)事:谓事情办理完成。

④邵子晋:邵懿辰次子邵顺国,字子晋。

【译文】

本月当为他作墓志铭,出了这个月就亲笔书写,仍然送到金陵,交给张氏兄弟刻石。大约刊刻拓印需要三个月时间,年底才能完事。你告诉邵子晋赶紧回杭州料理下葬事宜,越快越好。

此石不宜埋藏土中,将来或藏之邵氏家庙^①,或嵌之邵家屋壁,或一二年后,于墓之址丈馀另穿一小穴补行埋之,亦无不可。此次不可待碑成再定葬期也。

【注释】

①家庙:祖庙,宗祠。古时有官爵者才能建家庙,作为祭祀祖先的场所。上古叫宗庙,唐朝始创私庙,宋改为家庙。

【译文】

这块墓铭刻石不宜埋藏在土里,将来或者藏在邵氏家庙,或者嵌在邵家屋壁,或者一二年后在墓地一丈以外的地方再挖一个小坑补埋进去,也无不可。这次不能等碑铭刻成之后再确定下葬日期。

同治四年八月十九日

字谕纪泽:

　王船山先生《书经稗疏》三本、《春秋家说序》一薄本①,系托刘韫斋先生在京城文渊阁钞出者②,尔可速寄欧阳晓岑丈处,以便续行刊刻。

【注释】

①王船山:王夫之(1619—1692),字而农,号姜斋,又号夕堂、一瓢道人、双髻外史,中年一度改名壶,明末清初湖南衡阳人。明崇祯十五年(1642)举人。南明永历时任行人司行人。不久归居衡阳石船山。永历政权覆灭后,曾匿居瑶人山区,后在石船山筑土室,名观生居,闭门著书。自署“船山病叟”,学者称“船山先生”。终其身不剃发。治学范围极广,于经、史、诸子、天文、历法、文学无所不通,有《正蒙注》《黄书》《噩梦》《读通鉴论》《姜斋诗话》等。《船山遗书》至道光间始刻,同治间始有全书,后又有增收,至三百五十八卷。王夫之既是反清志士,更是明清之际著名思想家、学者,后人将其与顾炎武、黄宗羲并称为“清初三大儒”。

②刘韫(yùn)斋:刘崐(1808—1888),字玉昆,号韫斋,清云南普洱人。道光二十一年(1841)进士,选翰林院庶吉士,历任翰林院编

修、侍讲、侍读学士、内阁学士兼礼部侍郎、鸿胪寺少卿、太常寺
少卿、顺天府尹、太仆寺卿、江南正考官、文渊阁执事、湖南学政、
湖南巡抚等职。文渊阁：清代专藏《四库全书》的书阁之一。乾
隆四十年(1775)修建,在北京旧紫禁城内。《四库全书》第一份
写成,即藏其中。

【译文】

写给纪泽：

　　王船山先生的《书经稗疏》三本、《春秋家说序》一薄本,是托刘榅斋
先生在京城文渊阁抄出来的,你要赶紧寄到欧阳晓岑丈那里,以便于
《船山全书》的后续刊刻。

　　刘松山前借去鄂刻地图七本,兹已取回。尚有二十六
本在金陵,可寄至大营,配成全部。

【译文】

　　刘松山日前借去湖北刻的地图七本,现已取回。还有二十六本在
金陵,可寄到大营,配成完整的一部。

　　《全唐文》太繁[1],而郭慕徐处有专集十馀种[2],其中有
《韩昌黎集》,吾欲借来一阅,取其无注,便于温诵也。

【注释】

①《全唐文》：全称《钦定全唐文》,是清嘉庆年间官修唐五代文章总
　　集。由董诰领衔,阮元、徐松、胡承洪等百馀人共同编纂而成。
　　全书一千卷,辑有唐五代作者三千馀人的文章两万来篇。

②郭慕徐：郭阶,字慕徐,清湖北蕲水人。系曾国藩友人郭沛霖之

子。曾官江苏候补道。著有《周易汉读考》《芹曝录内篇》《迟云阁诗稿》《迟云阁文稿》等。

【译文】

《全唐文》太繁复，郭慕徐那里有唐人专集十多种，其中有《韩昌黎集》，我想借来一阅，看重它没有注释，便于温习诵读。

　　又：《文献通考》、吾曾点过田赋、钱币、户口、职役、征榷、市籴、土贡、国用、刑制、舆地等门者。《晋书》《新唐书》要殿本。《晋书》兼取李芋仙送毛刻本。均取来①，以便翻阅，《后汉书》亦可带来殿本。

【注释】

①职役：古代官府分派民户充当官差并供应财物的徭役。唐大中九年(855)令州县作差科簿，按户等轮差。宋职役分四类：(1)供应官物的，如衙前；(2)督课赋税的，如里正、户长、乡书手等；(3)逐捕盗贼的，如耆长、弓手、壮丁等；(4)供官府使唤的，如承符、人力、手力、散从等。后代多承袭宋制。征榷：谓国家征收商品税与官府专卖。宋曾巩《管榷》："自此山海之入，征榷之算，古禁之尚疏者皆密焉。"清黄宗羲《明夷待访录·财计二》："凡盐酒征榷，一切以钱为税。"市籴(dí)：谓官方收购粮食。《管子·国蓄》："岁适凶，则市籴釜十緵，而道有饿民。"土贡：语出《尚书·禹贡》："禹别九州，随山浚川，任土作贡。"古代臣民或藩属向君主进献的土产。《汉书·匈奴传下》："物土贡，制外内。"唐颜师古注："物土贡者，各因其土所生之物而贡之也。"国用：国家的费用或经费。《礼记·王制》："冢宰制国用，必于岁之杪，五谷皆入，然后制国用。"汉郑玄注："如今度支经用。"刑制：惩罚罪犯的法规。隋王道

《元经》:"国之刑制,原情轻重。"舆地:地图、地理。殿本:清代武英殿官刻本的简称。因刻印书籍机构设在武英殿,故名。也称"殿版"。所刻书籍以刻工精整,印刷优良著称。清邵懿辰《〈四库简明目录〉标注》卷一:"清殿本注疏,句下加圈,校刻皆精。"李芋仙:李士棻(1821—1885),字芋仙,清四川忠州(今重庆)人。咸丰五年(1855)副贡,历任彭泽、南丰、临川知县。后流寓上海。长于律诗。有《天瘦阁诗半》《天补楼行记》。毛刻本:指明毛晋汲古阁刻本。

【译文】

又:《文献通考》、我曾圈点过田赋、钱币、户口、职役、征榷、市籴、土贡、国用、刑制、舆地等门类。《晋书》《新唐书》要殿本。《晋书》,也要李芋仙送的毛晋汲古阁刻本。都拿过来,以便我翻阅。《后汉书》也可以带来殿本。

冬、春皮衣,均于此次舢板带来。此嘱。

【译文】

冬、春二季穿的皮衣,都在这次由舢板船带来。特此嘱咐。

同治四年八月二十一日

字谕纪泽、纪鸿:

家眷旋湘,应俟接筠仙丈复信乃可定局。

【译文】

写给纪泽、纪鸿:

家眷回湖南的事,应该等接到筠仙老丈的回信才能成为定局。

　　余意姻期果是十二月初二日，则泽儿夫妇送妹先行，到湘阴办喜事毕，即回湘乡另觅房屋。觅妥后，写信至金陵，鸿儿奉母并全眷回籍。若婚期改至明年，则泽儿一人回湘觅屋，冢妇及四女皆随母明年起程①。

【注释】

①冢妇：嫡长子之妻称"冢妇"。此处指曾纪泽的妻子。

【译文】

　　我的意思是婚期果真是在十二月初二日，就由泽儿夫妇送四妹先走，到湘阴办完喜事，就回湘乡另外找房屋。房子找好之后，写信到金陵，鸿儿陪侍母亲带全部家眷回老家。如果婚期改在明年，就由泽儿一个人回湘乡找房子，大儿媳和四女都跟母亲明年起程回去。

　　黄金堂之屋，尔母素不以为安，又有塘中溺人之事，自以另择一处为妥。余意不愿在长沙住，以风俗华靡，一家不能独俭。若另求僻静处所，亦殊难得。不如即在金陵多住一年半载，亦无不可。泽儿回湘，与两叔父商，在附近二三十里，觅一合式之屋，或尚可得。星冈公昔年思在牛栏大丘起屋①，即鲇鱼坝萧祠间壁也②，不知果可造屋，以终先志否③？又油铺里系元吉公屋④，犁头觜系辅臣公屋⑤，不知可买庄兑换或借住一二年否？富圫可移兑否⑥？尔禀商两叔，必可设法办成。

【注释】

①牛栏大丘：曾国藩家旧宅白玉堂牛栏附近高地。

②鲇鱼坝：曾国藩家旧宅白玉堂附近地名。在今湖南双峰荷叶镇
　　大坪村。萧祠间壁：萧家祠堂隔壁。

③先志：先人的遗志。《魏书·高祖纪上》："朕猥承前绪，纂戎洪
　　烈，思隆先志，缉熙政道。"

④油铺里：曾国藩家乡地名。在今湖南双峰荷叶镇。元吉公：指曾
　　国藩太高祖曾贞桢，号元吉。

⑤犁头觜：曾国藩家乡地名。在今湖南双峰荷叶镇。辅臣公：指曾
　　国藩高祖父曾尚庭，号辅臣。

⑥富圫：曾国藩家乡地名。即今湖南双峰荷叶镇富圫村。曾国藩
　　宅第富厚堂即建于此地。

【译文】

　　黄金堂的房子，你母亲一向觉得不安宁，又发生过塘中淹死过人的事情，自然以另外找一处房子为好。我的意思是不愿你们在长沙住，因为长沙风俗奢华侈靡，一家没法独自俭朴。如果另外想找一个僻静的处所，也很难做到。不如就在金陵多住一年半载，也无不可。泽儿回湘乡，与两位叔父商量，在附近二三十里，找一处合适的房子，或许还能找得到。我祖父星冈公从前想在牛栏大丘起屋盖房，也就是鲇鱼坝萧家祠堂隔壁，不晓得那里真的能盖房子，以实现先人的愿望不？另外油铺里是我太高祖元吉公祠屋，犁头觜是我高祖父辅臣公祠屋，不晓得可以买田庄兑换或者借住一二年不？富圫可以用地交换搬过去不？你向两位叔叔汇报并和他们商量，一定可以设法办成。

　　尔母既定于明年起程，则松生夫妇及邵小姐之位置①，新年再议可也。

【注释】

①邵小姐：指邵懿辰的女儿，郑兴仪之妻。此时住在金陵曾府。位

置:安排。

【译文】

你母亲既已确定明年起程,那陈松生陈远济夫妇及邵小姐的安排,可以过了年再商议。

近奉谕旨,饬余晋驻许州①。不去则屡违诏旨,又失民望;遽往则局势不顺,必无成功。焦灼之至。馀不多及。

【注释】

①晋驻:进驻。许州:古州府名。清为直隶州,属河南省。地即今河南许昌。

【译文】

近日接到朝廷谕旨,命我进驻许州。不去的话,就是多次违背圣旨,又让百姓失望;急急忙忙赶去的话,局势又不顺,一定不会成功。焦虑烦闷到极点。别的就不多说了。

同治四年九月初一日

字谕纪泽:

尔十一日患病,十六日尚神倦头眩①,不知近已全愈否?

【注释】

①头眩:头昏。

【译文】

写给纪泽：

你十一日患病，十六日还精神疲倦头昏目眩，不晓得近日已经全好了没？

　　吾于凡事，皆守"尽其在我，听其在天"二语①。即养生之道，亦然。体强者，如富人因戒奢而益富；体弱者，如贫人因节啬而自全②。节啬，非独食色之性也③；即读书用心，亦宜俭约，不使太过。

【注释】

①尽其在我，听其在天：指尽自己的力量做好该做的事，至于结果如何则听天命安排。"尽其在我"四字单用较早，为宋代理学家习用语。朱子《孟子集注·尽心下》"貉稽曰'稽大不理于口'"章，引尹氏曰："言人顾自处如何，尽其在我者而已。"《朱子语类·论语（八）》"不患无位"章："'不患莫己知，求为可知也。''不患人之不己知，患不知人也。'这个须看圣人所说底语意，只是教人不求知，但尽其在我之实而已。""尽其在我，听其在天"八字连用，则为明清时代习惯。明李陈玉《复友人》："从来揶揄鬼弄，终未必胜人也。尽其在我，听其在天。"《初刻拍案惊奇·华阴道独逢异客》："依你这样说起来，人多不消得读书勤学，只靠着命中福分罢了。看官，不是这话。又道是：尽其在我，听其在天。"

②节啬：节省，节俭。

③食色之性：饮食与美色，食欲与性欲。《孟子·告子上》："食色，性也。"汉赵岐注："人之甘食悦色者，人之性也。"

【译文】

我对一切事情,都谨守"尽其在我,听其在天"这两句话。即便养生之道,也是这样。体质强健的人,像富人因为戒除奢侈而更加富有;体质羸弱的人,像穷人因为节俭而能得以保全。节省节制,不仅指食欲性欲这些本能;即便是读书用心,也应该节制,不宜用得太过。

余"八本匾"中①,言养生以少恼怒为本。又尝教尔胸中不宜太苦,须活泼泼地,养得一段生机,亦去恼怒之道也。既戒恼怒,又知节啬,养生之道,已"尽其在我"者矣。

【注释】

①八本匾:曾国藩在其府上中厅所挂上书"八本"的牌匾。"八本"的具体内容是:读书以训诂为本,作诗文以声调为本,事亲以得欢心为本,养生以少恼怒为本,立身以不妄言为本,居家以不晏起为本,做官以不爱钱为本,行军以不扰民为本。

【译文】

我的"八本匾"中,说养生以少恼怒为根本。又曾经教你心胸不宜太苦闷,要活泼泼地养得一段生机,也是去除恼怒的方法。既已戒除恼怒,又晓得节制,养生之道,已经"尽其在我"这方面了。

此外寿之长短,病之有无,一概听其在天,不必多生妄想去计较他。凡多服药饵,求祷神祇,皆妄想也。吾于医药、祷祀等事①,皆记星冈公之遗训②,而稍加推阐,教尔后辈。尔可常常与家中内外言之。

【注释】

①祷祀：有事祷求鬼神而致祭。

②星冈公之遗训：曾国藩祖父曾星冈有"三不信"遗训，曰：不信地仙，不信医药，不信僧巫。

【译文】

此外，寿命的长和短，生病还是不生病，全都听老天安排，不必有很多妄想的念头去计较。凡是多吃药，求神保佑，都是妄想。我对医药、求神这等事，都谨记祖父星冈公的遗训，而稍加发挥，教育你们这些后辈。你可以常常和家中里外大小所有人讲。

尔今冬若回湘，不必来徐省问，徐去金陵太远也。

【译文】

你今年冬天如果回湖南老家，不必来徐州看望我，徐州离金陵太远了。

近日贼犯山东，余之调度，概咨少荃宫保处。澄、沅两叔信附去查阅，不须寄来矣。此嘱。

【译文】

近日捻匪进犯山东，我的调度，全都用咨文告知李少荃宫保那边了。你澄侯叔和沅甫叔的信我让人带去供你查阅，不用寄过来了。特此嘱咐。

同治四年九月十八日

字谕纪泽：

十七日接尔初十日禀，知尔病三次翻覆，近已全愈否？

【译文】

写给纪泽：

十七日接到你初十日的信，得知你病情三次反复，近日已全好了没？

舢板尚未到徐。而此间群贼萃于铜、沛二县①，攻破民圩颇多②，与微山湖相近。湖中水浅，近郡处又窄，舢板或畏贼不欲进耶？

【注释】

①铜、沛二县：指徐州府下属的铜山县和沛县。清代铜山县，今为徐州铜山区。

②民圩（wéi）：江淮一带对村庄的称呼。四围筑堤，以防止高水位的堤外水侵入的低洼农田。长江下游称为"圩"，中游称为"垸（yuàn）"，统称"圩垸"。

【译文】

舢板还没有到达徐州。这边大批捻匪汇集在铜山和沛县，攻破许多村庄，已靠近微山湖一带。湖里的水很浅，靠近郡城的地方水面又窄，舢板或许是害怕被捻匪攻击而不想前进吧？

马步贼约六七万,火器虽少,而剽悍异常^①,看来凶焰尚将日长。吾已定与贼相终始,故亦安之若素^②。

【注释】

①剽悍:凶狠蛮横。

②安之若素:对反常现象或不顺利的情况视若平常,毫不在意。

【译文】

捻匪骑兵和步兵加起来大约有六七万人,火器虽然很少,但非常凶狠,看来凶焰还将日益嚣张。我已下定决心要和捻匪抗战到底,所以也就视若平常了。

文辅卿自京来此^①,言近事颇详。九叔浮言渐息^②。霞仙虽降调^③,而物望尚好^④。云仙众望较减^⑤,天眷亦甚平平^⑥。

【注释】

①文辅卿:清湖南醴陵人。曾受曾国藩命,在江西办理厘务。

②九叔:指曾国荃。曾国荃在族中行九。浮言:毫无根据的议论。

③降调:降职调任。同治四年(1865),刘蓉在陕西巡抚任上,被御史陈廷经弹劾。

④物望:人望,众望。指舆论评价。

⑤众望:众人的希望。指舆论评价。《后汉书·皇甫规传》:"伏见中郎将张奂,才略兼优,宜正元帅,以从众望。"

⑥天眷:指帝王对臣下的恩宠。《晋书·庾冰传》:"非天眷之隆,将何以至此。"

【译文】

文辅卿从京城来这边,谈论近来的事情很详细。关于你九叔的那些没有根据的议论渐渐平息。刘霞仙虽然被降调,但舆论评价还算好。郭云仙的舆论评价有所下降,君上对他的期待也很一般。

顷接云信,婚期已改明年,然则尔今冬亦可不回湘矣。原信钞去一阅。

【译文】

刚接到郭云仙的信,说婚期已改到明年,那么你今年冬天也可以不回湖南老家了。原信抄好寄去,供你一阅。

尔母健饭^①,大慰大慰。

【注释】

①健饭:食量大,食欲好。

【译文】

你母亲胃口好,太令人欣慰了。

同治四年九月二十五日

字谕纪泽:

兹将邵位西墓铭付回,其兄之名空二字,尔可填写,交匠人钩摹刊刻。

【译文】

写给纪泽：

现将邵位西墓志铭命人带回，他兄长的名字空两个字，你可以填写，交给匠人钩摹刊刻。

季公墓铭①，匠人刻出太俗，无深厚之意，余字尚不如是。尔可教张氏二匠，用刀须略明行气之法。刀下无气，则顺修逆描，全失劲健之气矣。

【注释】

①季公：指季仙九。见前注。

【译文】

季公的墓志铭，匠人刻出来太俗了，没有深厚的意味，我的字还不至于是这样子。你可以教刻碑的张氏兄弟，用刀须要稍稍明白写字行气运笔的方法。刀下无气，那不管是顺着修还是逆着描，都会丢失原字的劲健之气。

《几何原本序》付去照收①。

【注释】

①《几何原本序》：由曾纪泽代其父曾国藩作。

【译文】

《几何原本序》命人带去，望查收。

余十九日复奏李公入洛①，李、丁迭迁一疏②，尔可至李宫保署查阅③。此嘱。

【注释】

①李公入洛：指朝廷谕旨欲命李鸿章进驻河南剿捻。

②李、丁迭迁：指朝廷欲命李鸿章进驻河南剿捻，由原漕运总督吴
　　棠署两江总督，李雨亭（李宗羲）升任漕运总督、丁雨生（丁日昌）
　　升任江苏巡抚。

③宫：传忠书局刻本误作"公"字，今据手迹改。

【译文】

我十九日上奏回复朝廷命李少荃进驻河南剿捻，李雨亭升任漕运
总督、丁雨生升任江苏巡抚的奏折，你可以在李少荃宫保官署查阅。特
此嘱咐。

同治四年九月晦日①

字谕纪泽、纪鸿：

廿六日接纪泽排递之禀②。纪鸿舢板带来禀件衣书，今
日派夫往接矣。

【注释】

①晦日：农历每月最后的一天。

②排递：用排单递送。

【译文】

写给纪泽、纪鸿：

二十六日接到纪泽用排单递送的信。纪鸿由舢板带来的信件、衣
物和书，今日派长夫去取了。

　　泽儿肝气痛病亦全好否①？尔不应有肝郁之症②。或由元气不足，诸病易生，身体本弱，用心太过。上次函示以节啬之道，用心宜约③，尔曾体验否？

【注释】

①肝气：中医术语。指肝脏的精气。有时亦指肝脏。

②肝郁：中医术语。肝气郁结的简称。指一种关于肝脏的疾病，有头晕、目眩、胸闷、胁痛、嗳气、呕吐等症状。

③约：约束，节制。与"放纵"相对。

【译文】

　　泽儿肝部疼痛的病全好了没有？你不应有肝郁的病症。或许是因为元气不足，容易生各种病，身体本来又弱，读书又太过用心。上次我在信里指示你节制的道理，用心不宜太过，你可曾身体力行？

　　张文端公英所著《聪训斋语》①，皆教子之言，其中言养身、择友、观玩山水花竹，纯是一片太和生机②。尔宜常常省览③。鸿儿身体亦单弱，亦宜常看此书。吾教尔兄弟不在多书，但以圣祖之《庭训格言》、家中尚有数本。张公之《聪训斋语》莫宅有之。申夫又刻于安庆。二种为教④，句句皆吾肺腑所欲言。

【注释】

①张文端、《聪训斋语》：皆见前注。

②太和：天地间冲和之气。《周易·乾》："保合大和，乃利贞。"（大，一本作"太"。）朱子《本义》："太和，阴阳会合冲和之气也。"

③省览：审阅，观览。

④圣祖：指清康熙帝。《庭训格言》：康熙帝撰，雍正帝笔述。成书
　于雍正八年(1730)，是雍正帝辑录其父康熙帝在日常生活中对
　诸皇子的训诫言行而成，共二百四十六条，包括读书、修身、为
　政、待人、敬老、尽孝、驭下以及日常生活中的细微琐事。莫宅：
　指莫友芝宅。申夫：李榕(1819—1889)，原名甲先，字申夫，清四
　川剑州(今四川剑阁)人。道光二十六(1846)举人，咸丰二年
　(1852)进士，改翰林院庶吉士，转礼部主事。咸丰九年(1859)，
　曾国藩奏调湘军营务，因军功授浙江盐运使、湖北按察使、湖南
　布政使。同治八年(1869)，坐事罢归，主剑州兼山书院和江油登
　龙书院、匡山书院讲席以终。有《十三峰书屋全集》留传于世。
　《清史稿》有传。

【译文】

　　张文端公英所著的《聪训斋语》一书，都是教导孩子的话，其中谈养
身、择友、游山玩水、观花赏竹，纯是一片冲和气象，富有生机。你应常
常阅读学习。鸿儿身体也单薄羸弱，也应常常翻看这书。我教育你们
兄弟并不用读很多书，只用圣祖康熙帝的《庭训格言》，家里还有好几本。
张公的《聪训斋语》莫友芝府上有。李申夫又在安庆刊刻过。这两种书来教
导，这两本书里说的，句句都是我想说的肺腑之言。

　　以后在家则莳养花竹①，出门则饱看山水，环金陵百里
内外，可以遍游也。算学书切不可再看，读他书亦以半日为
率②，未刻以后即宜歇息游观③。

【注释】

①莳(shì)：移栽，栽种。
②为率：为限，为标准。
③未刻：指下午一时至三时。

【译文】

以后在家就养花种竹，出门就饱看山水，环金陵城百里内外的地方，可以游玩个遍。算学书千万不能再看了，读其他的书也以半日为限，未刻以后就应休息，或者游玩观览。

古人以惩忿窒欲为养生要诀^①。惩忿，即吾前信所谓少恼怒也；窒欲，即吾前信所谓知节啬也。因好名、好胜而用心太过，亦欲之类也。

【注释】

①惩忿窒欲：语出《周易·损》："山下有泽，损，君子以惩忿窒欲。" 意谓克制愤怒，抑制欲望。要诀：秘诀，诀窍。

【译文】

古人以克制愤怒、抑制欲望为养生的根本诀窍。克制愤怒，就是我前次信里说的少生气发怒；抑制欲望，就是我前次信里说的懂得节制。因为好名、好胜而用心太过，也是欲望太强的一种。

药虽有利，害亦随之，不可轻服。切嘱。

【译文】

药虽然有好处，害处也伴随而来，不能轻率服药。要牢记。

同治四年十月初四日

字谕纪泽：

尔病已好，慰慰。

【译文】

写给纪泽：

你的病已经好了，我很欣慰。

贼于廿九日稍与马队接仗，其夜即窜萧县①，初一、二日窜又渐远，现尚不知果窜何处。

【注释】

①萧县：清属江苏省徐州府，今隶属安徽宿州。

【译文】

捻匪在二十九日稍稍与我军马队接仗，当天夜里就逃窜到萧县，初一、初二日又逃窜到更远的地方，现在还不晓得到底逃窜到哪里了。

各兵既力求宽限，以后即限九日。以八百里之程，每日仅走九十里，并非强人所难。

【译文】

送信的各位士兵既然强烈要求宽限日期，那以后就限期九天。一共八百里的路程，每天仅走九十里，并非强人所难。

张文端公《聪训斋语》，兹付去二本，尔兄弟细心省览，不特于德业有益，实于养生有益。

【译文】

张文端公《聪训斋语》一书，现托人带去两本，你们兄弟细心阅读体会，不仅对道德和学业有帮助，实在是对养生也很有帮助。

余身体平安，惟精神日损，老景逐增，而责任甚重，殊为
悚惧①。

【注释】

①悚惧：恐惧，戒惧。《韩非子·内储说上》："吏以昭侯为明察，皆
　悚惧其所而不敢为非。"

【译文】

我身体平安，只是精神一日不如一日，老得很快，而责任很重，非常
惶恐。

同治四年十月十七日

字谕纪泽、纪鸿：

贼自初三、四两日在丰县为潘军所败①，仓皇西窜，行至
宁陵②，又为归德周盛波一军所败③。据擒贼供称将窜湖北，
不知确否？

【注释】

①丰县：地名。即今江苏徐州丰县，位于徐州西北部。古称"凤
　城"，又称丰邑、秦台。清属徐州府。潘军：指潘鼎新军。潘鼎新
　（1828—1888），号琴轩，清安徽庐江人。淮军将领。道光二十九
　年（1849）中举，咸丰七年（1857）投效安徽军营，从克霍山，擢同
　知。十一年（1861），父璞领乡团助剿，被俘不屈而死。潘鼎新誓
　杀贼寇为其复仇，请分兵攻打三河镇，克之，负父骸归。曾国藩
　闻而壮之，时方创淮军，令募勇立鼎字营。后率淮军镇压太平军

　　及捻军，屡立军功，历任山东布政使、云南布政使、云南巡抚、湖南巡抚、广西巡抚。中法战争时，率部入越南与法军作战。

②宁陵：地名。清属河南省归德府，今隶属河南商丘。

③归德：古州府名。治所位于今河南商丘睢阳区商丘古城。五代后唐同光元年(923)，唐庄宗将宣武军改为归德军，始得名"归德"。南宋绍兴二年(1132)，金朝所扶持的伪齐皇帝刘豫将宋朝南京(今河南商丘)降为归德府，是归德府设置之始。明清时期，归德府领睢州和商丘、宁陵、鹿邑、夏邑、永城、虞城、考城、柘城(后二县属睢州)八县。民国时，撤归德府。周盛波(1830—1888)：字海舲，清安徽合肥人。淮军名将。咸丰三年(1853)，太平军攻陷安庆，皖北土匪纷起，周盛波与弟周盛传团练乡勇保卫乡里，屡出杀贼，累奖守备。同治元年(1862)，李鸿章募淮军援江苏，周盛波隶之，所部曰盛字营。以克太仓、昆山、江阴、无锡、常州功，官至记名提督。同治四年(1865)，从曾国藩剿捻。以解雉河集之围，授甘肃凉州镇总兵。东、西捻平，请回籍终养。光绪十年(1884)，受命在淮北选募精壮十营赴天津备防。弟周盛传卒，所遗湖南提督即以周盛波代署，后实授。光绪十四年(1888)，卒。诏优恤，建专祠，谥刚敏。

【译文】

写给纪泽、纪鸿：

　　捻匪初三、初四两日在丰县被潘鼎新军击败，仓皇向西逃窜，逃到宁陵县，又被驻守归德府的周盛波军击败。据被擒获的贼匪供称，捻匪将向湖北逃窜，不晓得是否果真如此？

　　此间俟幼泉游击之师办成①，除四镇大兵外②，尚有两枝大游兵，尽敷剿办③。但求朱、唐、金军遣撤不生事变④，则诸务渐有归宿矣。

【注释】

①幼泉：李昭庆（1835—1873），派名章昭，字子明，又字眉叔，号幼荃（亦作"幼泉"），安徽合肥人。李文安第六子，李鸿章幼弟。以员外郎从戎，同治初随淮军转战上海、江浙一带。同治四年（1865）统武毅、忠朴等军，从曾国藩镇压捻军。官至记名盐运使，赠太常寺卿。曾国藩称其胆识均优，堪膺大任。时人谓其"沉毅英练不亚诸兄"。著有《从戎日记》五卷、《小琅环馆试贴诗》二卷、《补拙斋诗文学》等。

②四镇：指临淮、济宁、徐州、周家口四大军事重镇。曾国藩剿捻，主张"以有定之兵，制无定之寇"，力主"安徽以临淮为老营，江苏即以徐州为老营，山东以济宁为老营，河南以周家口为老营，四路各驻重兵，多储粮草、子药，为四省之重镇。一省有急，三省往援"。具体部署则为：刘松山军驻临淮，刘铭传军驻周家口，张树声军驻徐州，潘鼎新军驻济宁。

③敷：足，够。

④朱、唐、金：分指湘军将领朱品隆、唐义训、金国琛。此三部在同治四年（1865）皆发生闹饷事件。

【译文】

这边等到李幼泉的游击军准备妥当，除临淮、周家口、徐州、济宁四大军事重镇的大部队之外，还有两枝大部队打游击，兵力够用了。只求朱品隆、唐义训、金国琛的部队在遣散裁撤时不出乱子，那各方面事务就能渐渐按部就班了。

　　泽儿身体复元，思来徐州省觐。余拟于今冬至曹、济、归、陈四府巡阅地势①，现尚未定，尔暂不必来。如余不赴齐、豫，尔至十二月十五以后前来徐州，侍余度岁可也。

【注释】

①曹、济、归、陈:分指曹州、济宁、归德、陈州四府。

【译文】

泽儿身体康复,想来徐州看我。我计划在今年冬天到曹州、济宁、归德、陈州四府巡视当地军事形势,现在还没有确定,你暂时不必来。如果我不去山东、河南两地巡视,你在十二月十五日以后来徐州,陪我过年即可。

彭笛仙在粮台①,尔常相见否? 其学问长处究竟何如?

【注释】

①彭笛仙:彭嘉玉(1816—1887),字砥先(又作"笛仙"),清湖南善化(今湖南长沙)人。咸丰三年(1853)即入曾国藩幕,次年离幕,在前线军营效力。同治四年(1865)夏,复入曾国藩幕,以知府衔经理江宁粮台。彭嘉玉精研"三礼",王闿运甚推重之,为其作墓志铭。粮台:清代行军时沿途所设办理军粮的机构。

【译文】

彭笛仙在粮台管事,你和他常常见面不? 他的学问到底怎么样,特长是什么?

《聪训斋语》,余以为可却病延年,尔兄弟与松生、慕徐常常体验否? 可一禀及。此嘱。

【译文】

《聪训斋语》一书,我认为可以防止生病,延年益寿,你们兄弟和陈松生、郭慕徐常常身体力行其中的道理不? 可以来信谈一谈。就说这些。

同治四年十月二十四夜

字谕纪泽、纪鸿：

余近日身体平安。捻匪自窜河南后，久无消息。十九日之折①，顷接寄谕，业经照准。

【注释】

①十九日之折：当指同治四年（1865）九月十九日曾国藩所上的奏折，题为《奉旨复陈近日军情及江督漕督苏抚事宜折》。

【译文】

写给纪泽、纪鸿：

我近来身体平安。捻匪自从逃窜河南之后，许久没有消息。我十九日上的奏折，刚刚接到朝廷寄谕，已经批准。

明年寓中请师。顷桐城吴汝纶挚甫来此①，渠以本年连捷②，得内阁中书③，告假出京。余劝令不必遽尔进京当差，明年可至余幕中专心读书，多作古文。因拟请其父吴元甲号育泉者至金陵教书④，为纪鸿及陈婿之师。育泉以廪生举孝廉方正⑤，其子汝纶，系一手所教成者也。

【注释】

①顷：不久以前。吴汝纶（1840—1903）：字挚甫，清安徽桐城人。同治四年（1865）进士。曾先后入曾国藩、李鸿章幕。官冀州直隶州知州，赐五品卿衔。光绪时，主讲保定莲池书院，任京师大

学堂总教习。吴汝纶与张裕钊、黎庶昌、薛福成号称"曾门四弟子",为桐城派后期重要作家。有《桐城吴先生全书》。

②连捷:科举考试连续中式。一般指乡试考中举人后,接着会试又考中进士。吴汝纶同治三年(1864)中举,同治四年(1865)中进士。

③内阁中书:清代职官名。官阶为从七品,掌管撰拟、记载、翻译、缮写之事。清代进士参加朝考以后,除择优任翰林院庶吉士者外,较次者部分用为内阁中书,经过一定的年限,可外补同知或直隶州知州,或保送充任军机处章京。

④吴元甲:号育泉,亦作"穜泉",清安徽桐城人。吴汝纶父。

⑤廪生:明清两代称由公家给以膳食的生员。又称"廪膳生"。明初生员有定额,皆食廪。其后名额增多,因谓初设食廪者为廪膳生员,省称"廪生",增多者谓之"增广生员",省称"增生"。又于额外增取,附于诸生之末,谓之"附学生员",省称"附生"。后凡初入学者皆谓之附生,其岁、科两试等第高者可补为增生、廪生。廪生中食廪年深者可充岁贡。清制略同。参阅《明史·选举志一》《清史稿·选举志一》。举孝廉方正:清代特设的科举名目。汉代有举孝廉、贤良方正名目,清据其名,合为一科。雍正元年(1723),诏直省各府、州、县、卫,荐举孝廉方正之士,赐六品章服,以备召用;并规定以后每逢皇帝即位即荐举一次。乾隆五年(1740),定荐举后须赴礼部验看考试,于太和殿门内试以时务策、笺、奏各一。道光年间改在保和殿考试。取中以后授以知县、直隶州州同、州判、佐杂等官或教职。

【译文】

明年寓所请老师这事。桐城吴汝纶不久前刚到这边来,他因今年参加科举又高中进士,得到内阁中书的差事,请假离开京城。我劝他不必急着进京当差,明年可以到我幕府专心读书,多写古文。因此打算请他父亲吴元甲号育泉到金陵寓所教书,做纪鸿和陈婿的老师。吴育泉以廪生的身份举孝廉方正,他儿子吴汝纶,是他一手教出来的。

挚甫闻此言,欣然乐从,归告其父,想必允许。惟澄叔、沅叔已答应将富圫让与我家居住,明岁将送全眷回湘,吴来金陵,恐非长久之局。挚甫由徐赴金陵,余拟派差官送之。尔可与之面商一切。

【译文】

吴挚甫听我这么说,欣然答应,回去禀告他父亲,他父亲想必会同意。之后你澄侯叔和沅甫叔已经答应将富圫让给我家居住,明年要送全部家眷回湖南,吴育泉来金陵,恐怕不是长久局面。吴挚甫由徐州前往金陵,我打算派差官送他。你可以和他当面商量一切事宜。

鸿儿每十日宜写一禀,字宜略大,墨宜浓厚。此嘱。

【译文】

鸿儿每十天应该给我一封信,字应写稍大一些,墨应浓厚一些。特此嘱咐。

同治四年十一月初六日

字谕纪泽:

彭宫保尚在安庆①,松生陪王益梧去②,恐无所遇,抑别有他营耶?

【注释】

①彭宫保:即彭玉麟(1816—1890),字雪琴,号退省斋主人,清湖南衡阳人。诸生。道光末参与镇压李沅发起事。后投曾国藩,分统湘军水师。半壁山之役,以知府记名。以后佐陆军下九江、安庆,改提督、兵部右侍郎。同治二年(1863),督水师破九洑洲,进而截断天京粮道。战后,定长江水师营制。中法战争时,率部驻虎门,上疏力排和议。官至兵部尚书。卒谥刚直。同治四年(1865),清廷加赏彭玉麟太子少保衔。

②王益梧:王先谦(1842—1917),字益吾(亦作"益梧"),晚年号葵园老人,学者称葵园先生,清湖南长沙人。同治四年(1865)进士,选庶吉士,授编修,历任国子监祭酒、江苏学政。晚年回长沙主讲思贤讲舍、岳麓书院、城南书院。清亡后改名"遯",隐居乡间。王先谦任江苏学政时,曾奏设书局,刊刻《续皇清经解》。撰有《诗三家义集疏》《汉书补注》《庄子集解》《荀子集解》《汉书补注》《后汉书集解》等。

【译文】

写给纪泽:

彭宫保还在安庆,陈松生陪王益梧去找他,恐怕见不着,或者在别处的军营?

河南吴中丞疏称豫省情形万难①,供职无状②,请另简贤能③。谕旨又催移营。现因湖团一案关系极大④,必须在徐料理。新年即将移驻河南之周家口。

【注释】

①吴中丞:指时任河南巡抚的吴昌寿。

②无状:没有功绩,不能胜任。《史记·夏本纪》:"〔舜〕行视鲧之

治水无状，乃殛鲧于羽山以死。"

③简：选派（官员）。

④湖团一案："湖团"事件是咸、同之际微山湖畔江苏土民与山东客民相争的著名事件。咸丰元年（1851），黄河在丰县蟠龙集决口，微山湖涨水淹没周边良田，江苏沛县人口大量南迁。咸丰五年（1855），黄河在兰考铜瓦厢决口，山东曹州府的郓城、鄄城、嘉祥、钜野等县受害尤甚，难民大量南迁。此时，沛县微山湖畔洪水已退，有大量荒芜的田地，山东难民遂以家族为中心占据这一区域。但原先逃亡的沛县等地人民亦纷纷回迁。山东客民与江苏土民因争地争利不断械斗。太平天国及捻军乱起，清廷号召地方团练，微山湖畔的山东客民遂以家族为核心创立众多团练组织，号称"湖团"。同治四年（1865），曾国藩北征剿捻，将通捻的王、刁两个湖团驱逐回山东。

【译文】

河南巡抚吴昌寿上奏说河南省的情形万分困难，自己无法胜任职务，请朝廷另外选派贤能之人代替自己。朝廷旨意又催我离开徐州前往周家口。现在因为湖团一案牵涉太大，必须在徐州处理。新年就要移军驻扎河南周家口了。

尔可于腊月来徐省觐，随同度岁。由金陵坐船至清江，清江雇王家营轿车至徐①，余派弁至清江迎接，大约水陆不过十二三日程耳。

【注释】

①王家营：地名。即今江苏淮安淮阴区政府所在地王营镇。

【译文】

你可以在腊月来徐州看我，和我一起过年。从金陵坐船到清江，在清江雇王家营轿车到徐州，我派兵到清江迎接，大约水陆一共不超过十二三日的路程。

季泉无病^①，何必托词不来？

【注释】

①季泉：李鹤章(1825—1880)，字季荃(又作"季泉")，一字仙侪，号浮槎山人，清安徽合肥人。诸生。李鸿章弟。初从父、兄治本籍团练。咸丰十一年(1861)，授知县。同治元年(1862)从李鸿章在江苏进击太平军。同治三年(1864)授甘肃甘凉兵备道。是年冬，曾国藩调其军赴湖北，后病归，遂不出。著有《浮槎山人文集》《半仙居诗草》《平吴竹枝词》《广名将谱》《平吴纪实》等，藏于家。

【译文】

李季泉没病，何必找借口不来我这儿？

《聪训斋语》，俟觅得再寄。

【译文】

《聪训斋语》一书，等找到了再寄给你。

余前信欲乞慕徐斋头《全唐文》残本中韩文一种，尔曾与慕徐说及否？《明史》亦未带来。腊月来营，可将此二书带来。《明史》即将陈刻本带来亦可，王氏《广雅疏证》可附带也。

【译文】

我前次信想借郭慕徐手边《全唐文》残本中的韩愈文集，你可曾和郭慕徐提及？《明史》也没有带来。腊月来我军营，可将这两部书带来。《明史》带陈氏刻本来就可以，王念孙《广雅疏证》也可一并带来。

同治四年十一月十八日

字谕纪泽、纪鸿：

　　余明年正月即移驻周家口，该处距汉口八百四十里，距长沙一千六百馀里，距金陵亦一千三百馀里，两边皆系陆路，通信于金陵，与通信于长沙，其难一也。

【译文】

写给纪泽、纪鸿：

　　我明年正月就搬到周家口，此地距离汉口八百四十里，距离长沙一千六百多里，距离金陵也有一千三百多里，两边都是陆路，通信到金陵，和通信到长沙，困难是一样的。

　　泽儿来此省觐，送余移营起程后即回金陵，全眷仍以三月回湘为妥。吴育泉正月上学，教满两月，如果师弟相得，或请之赴湖南，或令纪鸿、陈婿随吴师来余营读书，亦无不可。家中人少，不宜分作两处住也。

【译文】

　　泽儿来这边看望，送我移营起程之后就回金陵，全部家眷仍然以三月回湖南为好。吴育泉正月开始教学，教满两个月，如果老师和学生很相投,或者请他到湖南,或者让纪鸿、陈婿随吴老师一起来我军营读书,也没什么不可以。家里人少,不宜分开住在两个地方。

　　余日来核改水师章程,将次完竣①。惟提镇以下至千把②,每年各领养廉若干③,此间无书可查,泽儿可翻《会典》查出寄来④。凡经制之现行者查典⑤,凡因革之有由者查事例⑥。武职养廉,记始于乾隆四十七年"补足名粮"案内⑦。文职养廉,记始于雍正五年"耗羡归公"案内⑧。尔细查武养廉数目,即日先寄。

【注释】

①完竣:(工程、事务)完成。

②提镇:指提督和总兵。千把:指千总和把总。清代绿营武官分九品:从一品提督,正二品总兵,从二品副将,正三品参将,从三品游击,正四品都司,正五品守备,从五品守御所千总、河营协办守备,正六品门千总、营千总,从六品卫千总,正七品把总,正八品外委千总,正九品外委把总,从九品额外外委。

③养廉:清制,官吏于常俸之外,规定按职务等级每年另给银钱,曰"养廉银"。

④《会典》:记载一个朝代官署职掌制度的书。此指《清会典》。

⑤经制:常规制度。

⑥因革:犹沿革。包括因袭与变革。

⑦乾隆四十七年"补足名粮"案:名粮,亦称"亲丁名粮"。清前期绿营官弁于本职常俸之外,各按官职大小给予一定名额的空缺亲丁粮饷,以为养赡家口仆从之需,称为"随粮"。乾隆四十年代初,全国绿营武职自提督以至经制外委共一万三千七百一十五

名,岁扣名粮五万六千七百一十三份,共计饷银一百三十六万八千四百七十六两馀。乾隆四十六年(1781)复定,将绿营名粮所扣兵饷俱挑补实额,各官按衔给予养廉银两,随粮之制正式终止。曾国藩所记年份有出入。

⑧雍正五年"耗羡归公"案:耗羡,是旧时官府征收钱粮时以弥补损耗为名,在正额之外另征的部分。雍正二年(1724)降旨实行耗羡归公,同时各省文职官员于俸银之外,增给养廉银。各省根据本省情况,每两地丁银明加火耗数分至一钱数分不等。耗羡归公后,作为政府正常税收,统一征课,存留藩库,酌给本省文职官员养廉。曾国藩所记年份有出入。

【译文】

我近日修改核定水师章程,即将完成。只是从提督、总兵以下到千总、把总,每年各领养廉银多少,这边没有书可查证,泽儿可以翻一下《会典》,查出来寄给我。凡是常规制度现在还实行的,查典;凡是因具体原因而有所变革的,查事例。武职人员的养廉银规定,记录始于乾隆四十七年"补足名粮"案内。文职人员的养廉银规定,记录始于雍正五年"耗羡归公"案内。你仔细查阅武职人员养廉银数目,立即先寄给我。

又,提督之官①,见《明史·职官志》"都察院"条内②,本与总督、巡抚等官皆系文职而带兵者③,不知何时改为武职。尔试翻寻《会典》,或询之凌晓岚、张啸山等④,速行禀复。

【注释】

①提督:清代绿营武职官名。为从一品。清代在重要省设提督,职掌军政,统辖诸镇,为地方武职最高长官。

②都察院:明清官署名。明洪武年间设置。监察弹劾官吏,参与审理重大案件。清因明制。清梁章钜《称谓录·都察院》:"都察院

之称,盖始于明。然唐代御史台三院已有'察院'之称,其僚曰'监察御史',而明又增一'都'字者,盖合都御史、监察御史为一院而称之耳。"

③总督:官名。明代初期在用兵时派部院官总督军务,事毕即罢。成化五年(1469)始专设两广总督,后各地逐渐增置,成为定制。清代始正式以总督为地方最高长官,辖一省或二三省,综理军民要政,例兼兵部尚书及都察院右都御史衔。另有主管河道及漕运事务者称河道总督、漕运总督。巡抚:官名。明洪熙元年(1425)始设巡抚专职。清为省级地方政府长官,总揽全省军事、吏治、刑狱、民政等,职权甚重。《清史稿·职官志三》:"巡抚,掌宣布德意,抚安齐民,修明政刑,兴革利弊,考核群吏,会总督以诏废置。"

④凌晓岚:凌焕。见前注。张啸山:张秉钧,号小山。曾国藩幕僚,长期负责湘军银钱所。

【译文】

另,提督一官,见于《明史·职官志》"都察院"条内,本与总督、巡抚等官都是文职而带兵的,不晓得什么时候改成武职。你试着翻检《会典》,或者询问凌晓岚、张啸山等人,速速回复。

同治四年十一月二十九日

字谕纪泽:

蒋大春赍到《会典》五册、《明史》一册①。

【注释】

①蒋大春：送信兵勇名。赍(jī)：送。

【译文】

写给纪泽：

蒋大春带到《会典》五册、《明史》一册。

国初提督尚文武兼用，厥后专用武职①，不知始于何时。前明有挂印总兵②，以总兵而挂"平西将军""征南将军"等印，国朝总兵亦间存挂印之名，而实无真印，不知何年并挂印之名而去之。尔试问刘伯山能记之否③？水师章程定于十二月出奏。如其查不出，亦不要紧，凡办事不必定讲考据也。

【注释】

①厥：其。

②挂印总兵：明朝以公、侯、伯、都督充总兵官，挂印。清代延袭明朝旧制，有增减。则无将军之号。挂印总兵不受总督节制，得专折上奏。清徐珂《清稗类钞·爵秩类·挂印总兵》："明以公、侯、伯、都督挂印，充各处总兵官。国朝仍明之旧，而损益之。挂印总兵凡九缺：宣化、大同、延绥、陕安、凉州、宁夏、西宁、肃州、台湾。"

③刘伯山：刘毓崧。见前注。

【译文】

本朝初年提督还是文武兼用，后来专用武职，不晓得是从什么时候开始的。明朝有挂印总兵，以总兵而挂"平西将军""征南将军"等印，本朝总兵也偶或保留"挂印"的名义，但其实并没有真的将军大印，不晓得是从哪一年连挂印的名义都去掉了。你试着问一下刘伯山能记得不？水师章程定在十二月上奏。如果他查不出，也不要紧，凡是办事不一定都必须讲究历史根据。

同治五年正月十八日

字谕纪鸿：

　　尔学柳帖《琅邪碑》，效其骨力则失其结构，有其开张则无其挽搏①。古帖本不易学，然尔学之尚不过旬日，焉能众美毕备，收效如此神速？余昔学颜、柳帖，临摹动辄数百纸，犹且一无所似。余四十以前在京所作之字，骨力间架皆无可观，余自愧而自恶之。四十八岁以后，习李北海《岳麓寺碑》②，略有进境，然业历八年之久，临摹已过千纸。今尔用功未满一月，遂欲遽跻神妙耶③？

【注释】

①挽（wán）搏：打磨精细。

②李北海：即李邕。见前注。

③遽（jù）：快。跻（jī）：达到。

【译文】

写给纪鸿：

　　你学柳公权帖《琅邪碑》，效仿他的骨力，在间架结构上就有欠缺，学他的舒展，又缺他的精细打磨。古人的字帖本来就不好学，你学他才不过十来天，怎么可能各方面的优点都具备，收效如此神速呢？我从前学写颜真卿和柳公权的字体，临摹动不动就好几百张纸，还一点儿都不像。我四十岁以前在京城写的字，骨力和间架结构都一无可观，我觉得很羞愧并且嫌自己的字丑。四十八岁以后，学习李北海的《岳麓寺碑》，稍有长进，但已经坚持了八年时间，临摹已经超过上千张纸。现在你用功不满一月，就想一步登天得其神髓啊？

　　余于凡事皆用困知勉行工夫[1]，尔不可求名太骤[2]，求效太捷也。以后每日习柳字百个，单日以生纸临之[3]，双日以油纸摹之。临帖宜徐，摹帖宜疾，专学其开张处。数月之后，手愈拙，字愈丑，意兴愈低，所谓"困"也。困时切莫间断，熬过此关，便可少进。再进再困，再熬再奋，自有亨通精进之日[4]。

【注释】

①困知勉行：语本《中庸》第二十章："或生而知之，或学而知之，或困而知之，及其知之，一也；或安而行之，或利而行之，或勉强而行之，及其成功，一也。"意谓克服困难以获得知识，努力实践以修养品德。

②骤：迅猛，迅速。

③生纸：指未经煮硾或涂蜡之纸。明陶宗仪《辍耕录·写山水诀》："作画用墨最难。但先用淡墨，积至可观处，然后用焦墨浓墨，分出畦径远近，故在生纸上有许多滋润处。"

④亨通：通达，顺畅。精进：此指大进步。

【译文】

　　我对一切事情都下克服困难、努力去做的功夫，你不可以求名太猛，求效太快。以后每天学写柳字一百个，单日子用生纸临帖，双日子用油纸摹写。临帖宜慢，摹帖宜快，专门学他舒展开张的特点。几个月之后，手更笨，字更丑，兴趣更低，就是所谓的"困境"了。遇到困境千万不能中断，熬过这关，就可以小有进步。进步路上还会再次遇到困境，再次熬过再次努力，自然会有顺畅进步的一天。

不特习字，凡事皆有极困极难之时。打得通的，便是好汉。

【译文】

不仅习字，一切事情都有极其困难的时候。遇到困境能打得通的，就是好汉。

余所责尔之功课，并无多事，每日习字一百，阅《通鉴》五叶，诵熟书一千字①，或经书或古文、古诗，或八股试帖。从前读书，即为熟书。总以能背诵为止。总宜高声朗诵。三、八日作一文一诗。此课极简，每日不过两个时辰即可完毕，而看、读、写、作四者俱全，馀则听尔自为主张可也。

【注释】

①熟书：旧时私塾教学，凡是已经学习过的内容称"熟书"，初次学的内容称"生书"。

【译文】

我要求你做的功课，并没有很多事项，每天写一百个字，读《资治通鉴》五页，诵读"熟书"一千字。或者经书，或者古文、古诗，或者八股试帖。凡是从前读过的书，就是"熟书"。总归是要以能背诵为目标。总归是要高声朗诵。每三、八日写作一篇文章一首诗。这功课极其简略，每天不过两个时辰就可以做完，而看、读、写、作四者俱全，其馀的就听你自作主张即可。

尔母欲以全家住周家口,断不可行。周家口河道甚窄,与永丰河相似①。而余驻周家口亦非长局,决计全眷回湘。纪泽俟全行复元,二月初回金陵。余于初九日起程也。此嘱。

【注释】

①永丰河:指曾国藩家乡湘乡永丰镇的永丰河。

【译文】

你母亲想全家都住周家口,万万行不通。周家口河道太窄,和我们家乡的永丰河差不多。我驻军周家口,也不是长久之计,我打定主意要全部家眷回湖南。纪泽等身体全部复原,二月初回金陵。我二月初九日起程前往周家口。特此嘱咐。

同治五年正月二十四日

字谕纪鸿:

日内未接尔禀,想阖寓平安。

【译文】

写给纪鸿:

近日没有接到你的信,全家想必平安。

余定以二月九日由徐州起程,至山东济兖、河南归陈等处①,驻扎周家口,以为老营。纪泽定于初一日起程,花朝前后可抵金陵②,三月初送全眷回湘。

【注释】

①济兖(yǎn):指山东济宁、兖州二府。归陈:指河南归德、陈州
　　二府。

②花朝:即花朝节。旧俗以农历二月十二日为"百花生日",称"花
　　朝"。《广群芳谱·天时谱二·二月》引宋杨万里《诚斋诗话》:
　　"东京二月十二日曰花朝,为扑蝶会。"亦有以农历二月十五日为
　　花朝节。宋吴自牧《梦粱录·二月望》:"仲春十五日为花朝节,
　　浙间风俗,以为春序正中,百花争放之时,最堪游赏。"

【译文】

我定在二月九日从徐州起程,到山东济宁、兖州及河南归德、陈州
等地看看,最后驻扎周家口,作为大本营。纪泽定在二月初一日起程,
花朝节前后能抵达金陵,三月初送全部家眷回湖南。

　　尔出外二年有奇①,诗文全无长进。明年乡试,不可不
认真讲求八股试帖。吾乡难寻明师,长沙书院亦多游戏征
逐之习,吾不放心。尔至安庆后②,可与方存之、吴挚甫同
伴③,由六安州坐船至周家口,随我大营读书。

【注释】

①有奇:有馀。

②安庆:传忠书局刻本作"安黄",当为"安庆"之讹,径改。

③方存之:方宗诚(1818—1888),字存之,学者称柏堂先生,清安徽
　　桐城人。曾从族兄方东树问学。同治元年(1862),入河南巡抚
　　严树森幕。后曾国藩为直隶总督,荐方宗诚为枣强县令。方宗

诚学宗程朱，是桐城派后期重要学者。曾建正谊讲舍、敬义书院，集诸生会讲。撰有《诸经说都》《柏堂集》《俟命录》等。吴挚甫：即吴汝纶。见前注。

【译文】

你出门在外二年有馀，诗文一点儿长进也没有。明年参加乡试，不能不认真研究学习八股文和试帖诗。我们家乡难以找到明师，长沙的书院也多游戏玩乐的坏习气，我不放心。你到安庆之后，可以和方存之、吴挚甫同伴，从六安州坐船到周家口，随我在大营读书。

李申夫于八股试帖最善讲说①，据渠论及，不过半年，即可使听者欢欣鼓舞，机趣洋溢而不能自已。尔到营后，弃去一切外事，即看《鉴》、临帖、算学等事皆当辍舍②，专在八股试帖上讲求。丁卯六月回籍乡试③，得不得虽有命定，但求试卷不为人所讥笑，亦非一年苦功不可。

【注释】

①李申夫：即李榕。见前注。

②辍舍：停止，舍弃。

③丁卯：指同治六年（1867）。

【译文】

李申夫最善于讲解八股文和试帖诗，据他说起，不到半年时间，就能使听讲者欢欣鼓舞，机趣洋溢而不能自已。你到我大营后，摒弃一切外事，即便是看《资治通鉴》、临帖写字、学算学等事，都应该一律停止，专门在八股文和试帖诗上认真研究。丁卯年六月回湖南参加乡试，能不能考中虽然自有命运决定，只求试卷不被人讥笑，也非得下一年苦功不可。

同治五年二月十八日   兖州行次

字谕纪鸿：

　　凡作字，总要写得秀。学颜、柳，学其秀而能雄。学赵、董①，恐秀而失之弱耳。

【注释】

①赵、董：指赵孟頫、董其昌。

【译文】

写给纪鸿：

　　凡是写字，总归要写得好看。学颜真卿、柳公权，学的是他们的字好看而且沉雄有力。学赵孟頫、董其昌，恐怕虽然好看却失之于笔力柔弱。

　　尔并非下等资质，特从前无善讲善诱之师，近来又颇有好高好速之弊。若求长进，须勿忘而兼以勿助①，乃不致走入荆棘耳②。

【注释】

①勿忘、勿助：语本《孟子·公孙丑上》："必有事焉而勿正，心勿忘，勿助长也。"朱子《集注》："勿忘其所有事，而不可作为以助其长。"

②荆棘：喻困境。

【译文】

　　你并非下等资质，只是从前没有善于讲课、能循循善诱的好老师，近来又很有些好高骛远、急于求成的毛病。如果想要有长进，必须既把这事放在心上而又不揠苗助长，才不至于陷入困境。

同治五年二月二十五日

字谕纪泽、纪鸿：

　　接纪泽在清江浦、金陵所发之信，舟行甚速，病亦大愈，为慰。

【译文】

写给纪泽、纪鸿：

　　接到纪泽在清江浦和金陵发的信，船走得很快，纪泽病也好多了，甚感欣慰。

　　老年来始知圣人教孟武伯问孝一节之真切①。尔虽体弱多病，然只宜清净调养，不宜妄施攻治。庄生云："闻在宥天下，不闻治天下也②。"东坡取此二语，以为养生之法。尔熟于小学，试取"在宥"二字之训诂体味一番，则知庄、苏皆有顺其自然之意。

【注释】

① 圣人教孟武伯问孝一节：指《论语·为政》"孟武伯问孝子曰父母唯其疾之忧"章，意思是说孩子别的方面都很好，都让父母放心；父母只担心他生病，不担心别的。

② "闻在宥（yòu）"二句：语出《庄子·在宥》。在宥，晋郭象注："宥使自在则治，治之则乱也。"唐成玄英疏："宥，宽也。在，自在也……《寓言》云，闻诸贤圣任物，自在宽宥，即天下清谧。"后因以"在宥"指任物自在，无为而化。多用以赞美帝王的"仁政""德化"。

【译文】

我到老年才晓得圣人孔子教诲孟武伯问孝一节内容如此真切。你虽然体弱多病，但只宜清净调养，不宜胡乱服药。庄子说："只听说过在宥天下，没听说过治理天下。"苏东坡取这两句话，作为养生的法宝。你精通文字训诂学问，不妨试着就"在宥"二字的训诂仔细体会玩味一番，就能明白庄子、苏轼都有顺其自然的意思。

养生亦然，治天下亦然。若服药而日更数方，无故而终年峻补，疾轻而妄施攻伐，强求发汗，则如商君治秦、荆公治宋①，全失自然之妙。柳子厚所谓"名为爱之，其实害之"②，陆务观所谓"天下本无事，庸人自扰之"③，皆此义也。东坡《游罗浮诗》云④："小儿少年有奇志，中宵起坐存《黄庭》⑤。"下一"存"字，正合庄子"在宥"二字之意。盖苏氏兄弟父子皆讲养生，窃取黄老微旨⑥，故称其子为有奇志。以尔之聪明，岂不能窥透此旨？

【注释】

①商君：商鞅。荆公：王安石。

②名为爱之，其实害之：语出柳宗元《种树郭橐驼传》"虽曰爱之，其实害之"，而略有出入。

③天下本无事，庸人自扰之：《新唐书·陆象先传》："（象先）尝曰：'天下本无事，庸人扰之为烦耳。弟澄其源，何忧不简邪？'"《资治通鉴·唐纪二十八》："象先尝谓人曰：'天下本无事，但庸人扰之耳。苟清其源，何忧不治！'"可知，此句语本唐人陆象先，非宋人陆游（陆务观）。曾国藩此处系误记，或误书。

④《游罗浮诗》：全名《游罗浮山一首示儿子过》。

⑤《黄庭》:指《黄庭经》,道教经典之一。又名《老子黄庭经》,以养
　生修仙为核心内容。
⑥黄老:黄帝和老子的合称。黄老之学,提倡无为,讲究休养生息。
　微旨:精深微妙的意旨。《后汉书·徐防传》:"孔圣既远,微旨将
　绝,故立博士十有四家,设甲乙之科,以勉劝学者。"

【译文】

　养生是这样,治理天下也是这样。如果服药而每天换好几个方子,
无缘无故而常年大补,一点儿小毛病就胡乱吃药,强求发汗,那就像商
鞅治理秦国、王荆公治理宋朝一样,完全违背了顺其自然的妙处。柳子
厚所说的"名为爱之,其实害之",陆象先所说的"天下本无事,庸人自扰
之",都是这个意思。苏东坡《游罗浮诗》里说:"小儿少年有奇志,中宵
起坐存《黄庭》。"用一个"存"字,正与庄子"在宥"二字意思相合。这是
因为苏氏兄弟父子都讲究养生,能体会黄老之学的精深微妙的意旨,所
以称他儿子有不同寻常的志趣。以你的聪明,难不成还看不出这层
意思?

　余教尔从眠食二端用功,看似粗浅,却得自然之妙。尔
以后不轻服药,自然日就壮健矣。

【译文】

　我教你从睡眠和饮食两方面下功夫,看似粗浅,却有顺其自然的奥
秘。你以后不轻易服药,自然会一天天壮实强健起来。

　余以十九日至济宁,即闻河南贼匪图窜山东,暂驻此
间,不遽赴豫。

【译文】

我十九日到济宁，就听说河南捻匪打算窜往山东，我暂时驻扎这边，不急着赶往河南。

贼于廿二日已入山东曹县境，余调朱心槛三营来济护卫^①，腾出潘军赴曹攻剿，须俟贼出齐境，余乃移营西行也。

【注释】

①朱心槛：一般写作"朱星槛"，或作"朱心鉴"。原为曾国荃麾下将领，后从曾国藩剿捻。

【译文】

捻匪在二十二日已经进入山东曹县境内，我调遣朱心槛的三个营来济宁护卫，腾出潘鼎新一军赶赴曹县攻剿，须等到捻匪离开山东境内，我才移营向西去河南。

尔侍母西行，宜作还里之计，不宜留连鄂中。仕宦之家，往往贪恋外省，轻弃其乡，目前之快意甚少，将来之受累甚大，吾家宜力矫此弊。

【译文】

你侍奉母亲西行，应该做回老家的打算，不宜在湖北流连。官宦人家，往往贪恋外省，轻易抛弃家乡，这样做当前的好处很少，将来麻烦很大，我家应努力破除这个弊病。

同治五年三月初五日

字谕纪泽：

　　全眷起行已定十七、廿六两日，当可从容料理。得沅叔二月十三日信，定于三月初间赴鄂履任^①。尔等到鄂，当可少为停留。

　　【注释】
　　①履任：就职。
　　【译文】
写给纪泽：

　　全部家眷起行已定在十七和二十六两天，应当可以从容处理善后事宜。收到你沅甫叔二月十三日的信，他定在三月初赴湖北武汉就职。你们到湖北，当可稍稍停留。

　　贼在山东，余须留于济宁就近调度，不能遽至周家口。纪鸿儿过安庆时，不可轻赴周家口，且随母至湖北，再行定计。

　　【译文】
　　捻匪在山东，我须留在济宁就近调度，不能立刻赶往周家口。鸿儿路过安庆时，不能轻率赶往周家口，且跟母亲到湖北，再做决定。

　　尔过安庆，往拜吴挚甫之父檀泉翁，观其言论风范，果能大有益于鸿儿否？如其蔼然可亲^①，尔兄弟即定计请之同船赴鄂，即在沅叔署中读书。若余抵周家口，距汉口八百四十里，纪鸿省觐尚不甚难。尔则奉母还湘，不必在鄂久住。

【注释】

①蔼然：温和、和善貌。《管子·侈靡》："蔼然若夏之静云，乃及人之体。"

【译文】

你过安庆时，前往拜访吴挚甫的父亲種泉老先生，考察下他的言论和风范，果能对鸿儿大有益处不？若他风范和蔼可亲，你们兄弟就可以决定请他同船前往湖北，就在你沅甫叔衙门读书。若我到周家口，距离汉口八百四十里，纪鸿来看望我还不太难。你则奉侍你母亲回湖南，不要在湖北久住。

金陵署内木器之稍佳者不必带去，余拟寄银三百，请澄叔在湘乡、湘潭置些木器，送于富坨，但求结实，不求华贵。衙门木器等物，除送人少许外，馀概交与房主姚姓、张姓，稍留去后之思。

【译文】

金陵衙门内质量稍好一些的木头家具不必带回去，我打算寄三百两银子，请你澄侯叔在湘乡、湘潭置办一些木头家具，送到富坨，只求结实，不求华贵。衙门内的木头家具等品，除小部分送人之外，其馀的一概交给房东姚家和张家，稍稍留一些离开之后可以怀念的东西。

同治五年三月十四夜 济宁州

字谕纪泽、纪鸿：

顷据探报，张逆业已回窜①，似有返豫之意。其任、赖一股锐意来东②，已过汴梁，顷探亦有改窜西路之意。如果齐省一律肃清③，余仍当赴周家口，以践前言。

【注释】

①张逆：指捻军首领张宗禹。

②任、赖：指捻军首领任柱、赖文光。锐意：愿望迫切，态度坚决。

③齐省：指山东省。

【译文】

写给纪泽、纪鸿：

刚接到情报，捻匪张宗禹部已经回窜，似乎有返回河南的意图。任柱、赖文光率领的捻匪坚决东来，已经过了汴梁，最新情报也有改路向西逃窜的意图。如果山东省匪情一律肃清，我仍当赶赴周家口，兑现此前的承诺。

雪琴之坐船已送到否①？三月十七果成行否？沿途州县有送迎者，除不受礼物酒席外，尔兄弟遇之，须有一种谦谨气象，勿恃其清介而生傲惰也②。

【注释】

①雪琴：彭玉麟，号雪琴。见前注。

②清介：清正耿直。三国魏刘劭《人物志·体别》："清介廉洁，节在

俭固,失在拘肩。"

【译文】

雪琴提供的坐船已经送到没有？你们三月十七日果真成行没有？沿途各州县有迎来送往的,除了不接受礼物和酒席宴请之外,你们兄弟与各州县长官相见,要有一种谦虚谨慎的态度,不可自恃清高而生出怠慢之心。

余近年默省之"勤、俭、刚、明、忠、恕、谦、浑"八德,曾为泽儿言之,宜转告与鸿儿。就中能体会一二字,便有日进之象。

【译文】

我近年默默体会的"勤奋、节俭、刚直、明白、忠诚、宽恕、谦虚、浑厚"八种品德,曾经给泽儿讲过,应转告给鸿儿。在这八者之中能体会到一二种美德,就是进步的气象。

泽儿天质聪颖,但嫌过于玲珑剔透①,宜从"浑"字上用些工夫。鸿儿则从"勤"字上用些工夫。用工不可拘苦,须探讨些趣味出来。

【注释】

①玲珑剔透:形容聪明灵活。

【译文】

泽儿天性聪颖,只是稍嫌太过聪明灵活,应从"浑"字上用些功夫。鸿儿则要在勤奋方面用些功夫。用功不能勉强刻苦,要从中体会出一些趣味来才好。

余身体平安,告尔母放心。此嘱。

【译文】

我身体平安,你且禀告你母亲放心。特此嘱咐。

同治五年四月二十五日　济宁

字谕纪泽、纪鸿:

接尔二人在裕溪口、在安庆、在九江所发信,知沿途清吉为慰。

【译文】

写给纪泽、纪鸿:

接到你们兄弟二人在裕溪口、在安庆、在九江各地发的信,得知沿途顺利安康,甚感欣慰。

此时想已安抵湖北,沅叔恩明谊美①,必留全眷在湖北过夏。余意业已回籍,即以一直到家为妥。富圫房屋如未修完,即在大夫第借住。纪鸿即留鄂署读书。

【注释】

①恩明谊美:指重视亲戚关系和兄弟情谊。

【译文】

此时想必已经安全抵达湖北,你沅甫叔最重亲戚情谊,一定会留全部家眷在湖北过夏。我的意见是既然已经回原籍，最好就一路回到家。富坨的房屋如果还没有建完，就在你沅甫叔的大夫第借住。纪鸿就留在沅甫叔湖北衙门读书。

世家子弟既为秀才，断无不应科场之理。既入科场，恐诗文为同人所笑，断不可不切实用功。科六与黄泽生若来湖北①，纪鸿宜从之讲求八股。湖北有胡东谷②，是一时文好手。此外尚有能手否？尔可禀商沅叔，择一善讲者而师事之。

【注释】

①科六：曾国荃次子曾纪官的乳名。黄泽生：曾国荃府上私塾先生。

②胡东谷：胡兆春，字东谷，清湖北汉阳人。以时文著名。有《尊闻堂诗集》。

【译文】

世家子弟既然已是秀才，绝对没有不参加科举考试的道理。既然要进科场，怕诗文被一同参加考试的人讥笑，绝对不能不切实用功。科六侄儿与黄泽生如果来湖北，纪鸿应师从黄泽生老师学习研究八股文。湖北有一位胡东谷，是一个写时文的好手。除他之外，还有写时文的能手不？你们可以写信和沅甫叔商量，选一个善于讲学的老师跟在后面学习。

余尚不能遽赴周家口，申夫亦不能遽赴鄂中。道远而逼近贼氛，鸿儿不可冒昧来营，即在武昌沅叔左右，苦心作诗文经策①。

【注释】

①经策：试经和策问。明清科举通常取经书中文字为题目，故称
　　试经。

【译文】

　　我还不能立刻赶赴周家口，李中夫也不能立刻赶往湖北。路途遥
远而且离捻匪活动区域太近，鸿儿不可鲁莽前来大营，就在武昌沅甫叔
身边，用心练习写作诗文和经策。

同治五年五月十一夜

字谕纪泽、纪鸿：

　　接尔二人禀，知九叔母率眷抵鄂，极骨肉团聚之乐。宦
途亲眷本难相逢，乱世尤难。留鄂过暑，自是至情①。鸿儿
与瑞侄一同读书②，请黄泽生看文，恰与吾前信之意相合。

【注释】

①至情：极其真实的思想感情，真情。
②瑞侄：指曾纪瑞，曾国荃长子。见前注。

【译文】

写给纪泽、纪鸿：

　　接到你们二人的信，得知九叔母率家眷抵达湖北武汉，极尽骨肉团
聚之乐。在外做官，亲眷本就很难相逢，乱世尤其难。九叔留你们在武
汉过暑期，自然是出于至情。鸿儿与纪瑞侄儿一同读书，请黄泽生老师
看文章，正与我前次信的意见相合。

屡闻近日精于举业者言及①，陕西路闰生先生德《仁在堂稿》及所选"仁在堂"试帖、律赋、课艺②，无一不当行出色③，宜古宜今。余未见此书，仅见其所著《柽华馆试帖》，久为佩仰。陕西近三十年科第中人，无一不出闰生先生之门。湖北官员中想亦有之。纪鸿与瑞侄等须买《仁在堂全稿》《柽华馆试帖》，悉心揣摩。如武汉无可购买，或折差由京买回亦可。

【注释】

①举业：为应科举考试而准备的学业。明清时专指八股文。

②路闰生：路德（1784—1851），字闰生，清陕西盩厔人。嘉庆十四年（1809）进士。官至户部主事，考补军机章京。以目疾请假归里。其学自反身心，讲求实用。曾主关中宏道等书院，所选时艺，一时风行。有《柽华馆诗文集》等。课艺：课试之制艺，即八股文。

③当行出色：做事内行，成绩显著。

【译文】

多次听近来精于科举考试文章的人提及，陕西路闰生先生德的《仁在堂稿》及其所选"仁在堂"试帖、律赋、课艺，没有一样不是本色当行，宜古宜今。我没见过这书，只见过他所著的《柽华馆试帖》，一直很佩服仰慕。陕西近三十年高中科举的人，没有一个不是出自路闰生先生门下。湖北官员中想必也有。纪鸿与纪瑞侄儿等须买《仁在堂全稿》《柽华馆试帖》，用心揣摩。如果武汉买不到，或者请折差从京城买回来也可以。

鸿儿信中，拟专读唐人诗文。唐诗固宜专读，唐文除韩、柳、李、孙外^①，几无一不四六者，亦可不必多读。明年鸿、瑞两人宜专攻八股试帖。选"仁在堂"中佳者，读必手钞，熟必背诵。尔信中言须能背诵乃读他篇，苟能践言^②，实良法也。读《柽华馆试帖》，亦以背诵为要。

【注释】

①韩、柳、李、孙：分指唐代古文家韩愈、柳宗元、李翱、孙樵。

②践言：履行所说的话。

【译文】

鸿儿在信中说，打算专门阅读唐人诗文。唐诗自然应该专门阅读，唐文除韩愈、柳宗元、李翱、孙樵之外，几乎没有一篇不是四六骈体，也可不必多读。明年纪鸿、纪瑞二人应专门学习八股文试帖诗。选"仁在堂"中的好篇章，凡是读就一定动手抄写，凡是熟读一定要背诵。你信中说必须能背诵了才读其他篇，如果能兑现此言，确实是一个好办法。读《柽华馆试帖》，也以能背诵为最重要。

对策不可太空。鸿、瑞二人可将《文献通考》序二十五篇读熟，限五十日读毕，终身受用不尽。既在鄂读书，不必来营省觑矣。

【译文】

对策文章不能太空泛。纪鸿、纪瑞二人可将《文献通考》序二十五篇读熟，限定五十天读完，必能受益终身。既然在武汉读书，就不必来我军营看望了。

同治五年六月十六日

字谕纪泽、纪鸿：

　　沅叔足疼全愈，深可喜慰。惟外毒遽瘳①，不知不生内疾否？

【注释】

①瘳（chōu）：病愈。

【译文】

写给纪泽、纪鸿：

　　你沅甫叔足疼全好了，很令人欣慰。只是外病好得很快，不晓得不生内病吗？

　　唐文李、孙二家，系指李翱、孙樵①。"八家"始于唐荆川之《文编》②，至茅鹿门而其名大定③。至储欣同人而添孙、李二家④，御选《唐宋文醇》亦从储而增为十家⑤。以全唐皆尚骈俪之文，故韩、柳、李、孙四人之不骈者为可贵耳。

【注释】

①李翱（772—841）：字习之，唐陇西成纪（今甘肃秦安）人，一说赵郡（今河北赵县）人。德宗贞元十四年（798）登进士第，授校书郎。宪宗元和初年，为国子博士、史馆修撰。元和十五年（820）迁考功员外郎，并兼史职。出为朗州刺史。又出为庐州刺史。文宗太和三年（829）拜中书舍人。累迁至户部侍郎。又出为郑、桂、潭等州刺史。卒于山南东道节度使任所，谥文。生平见新、

旧《唐书》本传。李翱从韩愈学古文,为中唐著名古文家。有《李翱集》十卷。今有《李文公集》十八卷行世。孙樵:生卒年不详,字可之,一作"隐之",唐关东人。唐宣宗大中九年(855)进士,累官中书舍人。广明初,黄巢军入长安,唐僖宗奔岐陇,诏赴行在,授职方郎中。

②唐荆川:唐顺之(1507—1560),字应德,一字义修,称荆川先生,明常州府武进(今江苏常州)人。嘉靖八年(1529)会试第一,官翰林编修。后以兵部郎中督师浙江,协助总督胡宗宪讨伐倭寇,亲率舟师邀敌于长江口之崇明。以功升右佥都御史、凤阳巡抚。嘉靖三十九年(1560),督师抗倭途中不幸染病,卒于通州(今江苏南通)。崇祯时追谥襄文。唐顺之学问广博,通晓天文、数学、兵法、乐律等,兼擅武艺,提倡唐宋散文,与王慎中、茅坤、归有光等被称为"唐宋派"。有《荆川先生文集》。《文编》:唐顺之所编,共六十四卷。该书取自周迄宋之文,分体编列。既选了《左传》《国语》《史记》等秦汉文,也选了大量唐宋文,初次确立了唐宋古文"八大家"。

③茅鹿门:茅坤(1512—1601),字顺甫,号鹿门,明湖州府归安(今浙江湖州)人。嘉靖十七年(1538)进士。历知青阳、丹徒二县,累迁广西兵备佥事、大名兵备副使。好谈兵,嘉靖末,曾入胡宗宪幕。喜藏书,书楼名"白桦楼",为著名藏书家。善古文,从唐顺之游,推崇唐宋古文八大家,编《唐宋八大家文钞》,选辑唐代韩愈、柳宗元,宋代欧阳修、苏洵、苏轼、苏辙、曾巩、王安石八家文章共一百六十四卷。该书影响甚大,"唐宋八大家"的名目从此流行。

④储欣(1631—1706):字同人,清江苏宜兴人。自幼好学,精通经史。早年无意仕途,以制艺为业。直到六十岁,始领康熙乡荐,一试礼部不遇,遂闭门著书。著有《春秋指掌》三十卷、《在陆草

堂集》六卷。选编《唐宋十家文全集录》五十一卷,在唐代韩愈、柳宗元,宋代欧阳修、苏洵、苏轼、苏辙、曾巩、王安石八家之外,增唐代李翱、孙樵二家。

⑤御选《唐宋文醇》:清乾隆朝御定唐宋文选本,由允禄主持编辑事务,张照、朱良裘、董邦达等儒臣参与编辑。全书共录唐代韩愈、柳宗元、李翱、孙樵,宋代欧阳修、苏洵、苏轼、苏辙、曾巩、王安石十家散文四百七十四篇,按书、序、论、记等分类编辑,采录历代各家评语,并引用正史或杂说加以考订。

【译文】

唐文李、孙二家,是指李翱、孙樵二人。唐宋古文"八家"的说法,始于唐荆川的《文编》,到茅鹿门编《唐宋八大家文钞》而大为流行。到储欣同人编《唐宋十家文全集录》时而添加孙樵、李翱二人,御选《唐宋文醇》也采取储欣的观点而增八家为十家。因整个唐代都崇尚骈俪的文风,所以韩愈、柳宗元、李翱、孙樵四人不尚骈俪,尤为可贵。

　　湘乡修县志,举尔纂修①。尔学未成就,文甚迟钝,自不宜承认②,然亦不可全辞。一则通县公事,吾家为物望所归,不得不竭力赞助③;二则尔惮于作文④,正可借此逼出几篇。天下事无所为而成者极少,有所贪有所利而成者居其半,有所激有所逼而成者居其半。

【注释】

①纂修:编辑修撰。

②承认:承担、认领(某项工作)。

③赞助:帮助,支持。

④惮:害怕,畏惧。

【译文】

湘乡修县志，推举你主持编辑修撰。你学问还没有成就，写文章又迟钝，自然不宜承担、认领这一工作，但也不能全部推辞。一来是全县的公事，我家是众望所归，不能不尽力支持；二来你畏惧写文章，正可借这个机会逼出几篇来。凡是天下的事情，不刻意去做而能成功的极少，因有所贪有所利而成功的，占一半；因有所激有所逼而成功的，占一半。

尔《篆韵》钞毕①，宜从古文上用功。余不能文而微有文名，深以为耻；尔文更浅而亦获虚名，尤不可也。吾友有山阳鲁一同通父②，所撰《邳州志》《清河县志》，即为近日志书之最善者。此外再取有名之志为式③，议定体例，俟余核过，乃可动手。

【注释】

①《篆韵》：曾纪泽所抄编书名，按韵目抄写编排篆文。

②鲁一同（1805—1863）：字通父（甫），一字兰岑。其家清初占籍山阳（今江苏淮安市淮安区）。鲁一同生于安东（今江苏涟水）人，后移居清河（今江苏淮安市清江浦区）。道光十五年（1835）举人。好言经世，凡田赋、兵戎、河道、地形悉得其精奥。文章气势挺拔，切于事情。受林则徐、曾国藩赏识。曾佐清河知县吴棠守城抵御太平军。有《通甫类稿》《邳州志》《清河县志》。

③为式：做标准，做样子。

【译文】

你《篆韵》抄完了，应在古文方面用功。我不善于写文章而小有名声，深以为耻；你文章更肤浅也还获有虚名，尤其不应该。我朋友中有一位山阳人鲁一同通父，他所编撰的《邳州志》和《清河县志》，就是近来方志书中最好的。在这两部方志之外，再拿有名的方志做样子，商量确定好体例，等我审核之后，才能动手。

同治五年六月二十六日 宿迁

字谕纪泽、纪鸿：

十六日在济宁开船，廿四日至宿迁。小舟酷热，昼不干汗，夜不成寐，较之去年赴临淮时，困苦倍之。

【译文】

写给纪泽、纪鸿：

我十六日在济宁开船，二十四日到宿迁。小船里太热，白天汗没干过，晚上不能入睡，比起去年去临淮时，加倍辛苦。

吾家门第鼎盛，而居家规模礼节未能认真讲求①。历观古来世家久长者，男子须讲求耕、读二事，妇女须讲求纺绩、酒食二事。《斯干》之诗②，言帝王居室之事，而女子重在"酒食是议"③。《家人》卦以二爻为主④，重在"中馈"⑤。《内则》一篇⑥，言酒食者居半。故吾屡教儿妇诸女亲主中馈，后辈视之若不要紧。

【注释】

①规模：此指制度、规划。

②《斯干》：《诗经·小雅》篇名。

③酒食是议：出自《诗经·小雅·斯干》："乃生女子,载寝之地。载
　衣之裼,载弄之瓦。无非无仪,唯酒食是议,无父母诒罹。"

④《家人》：《易经》卦名。

⑤中馈：出自《周易·家人》："六二,无攸遂,在中馈。贞吉。"唐孔
　颖达疏："妇人之道……其所职,主在于家中馈食供祭而已。"指
　家中供膳诸事。亦指酒食。

⑥《内则》：《礼记》篇名。内容为妇女在家庭内必须遵守的规范和
　准则。后借指妇职、妇道。《礼记·内则》题注唐孔颖达疏："郑
　目录云：'名曰《内则》者,以其记男女居室事父母舅姑之法。此
　于《别录》属子法。'以闺门之内,轨仪可则,故曰内则。"

【译文】

　　我家门第鼎盛,但居家规章和礼节没有能认真讲究。我看古来世
家维持长久的,男子要讲究耕种和读书两件事,妇女要讲究纺织和酒食
两件事。《诗经·斯干》,是讲帝王居室的事情,而女子重在"酒食是议"
方面。《周易·家人》卦以二爻为主,重在"中馈"。《礼记·内则》一篇,
讲酒食饭菜的占一半。所以我屡次教诲儿媳妇和几位女儿要亲自主持
厨房膳食,家中后辈却觉得这些都不要紧。

　　此后还乡居家,妇女纵不能精于烹调,必须常至厨房,
必须讲求作酒作醯醢、小菜之类①。尔等必须留心于莳蔬养
鱼。此一家兴旺气象,断不可忽。纺绩虽不能多,亦不可间
断。大房唱之②,四房皆和之③,家风自厚矣。至嘱至嘱。

【注释】

①醯(xī)醢(hǎi)：用鱼肉等制成的酱。因调制肉酱必用盐醋等作
　料,故称。

②大房：长房。曾国藩为五兄弟之长，故其家称"大房"。唱：倡导。

③四房：指曾国藩的四位弟弟曾国潢、曾国华、曾国荃、曾国葆家。

　和：应和。

【译文】

以后回乡居家，妇女即便不能精于烹调，也必须常到厨房，必须讲究做酒做酱做小菜等。你们兄弟必须在种菜养鱼上留心。这是一家兴旺气象之所在，绝对不能忽视。纺织即便不能很多，但也不能间断。大房倡导，四房应和，家风自然就能醇厚。牢记牢记。

同治五年七月二十一日

字谕纪泽、纪鸿：

　　在临淮住六七日，拟由怀远入涡河①，经蒙、亳以达周家口②，中秋后必可赶到。

【注释】

①怀远：地名。清属凤阳府，今隶属安徽蚌埠。涡（guō）河：淮河第二大支流，淮北平原区主要河道，呈西北东南走向。发源于河南尉氏，东南流经开封、通许、扶沟、太康、柘城、鹿邑和安徽亳州、涡阳、蒙城，于蚌埠怀远县城附近注入淮河。长三百八十公里。

②蒙、亳：指安徽蒙城、亳州。

【译文】

写给纪泽、纪鸿：

　　在临淮住六七天，打算从怀远进入涡河，途经蒙城、亳州去周家口，中秋后一定能赶到。

　　届时沅叔若至德安，当设法至汝宁、正阳等处一会①。余近来衰态日增，眼光益蒙，然每日诸事有恒，未改常度。

【注释】

①汝宁：古府名。地当今河南驻马店大部分及信阳部分地区，府治在今河南汝南。元至元三十年(1293)，改蔡州为汝宁府。明清沿之，民国始废。清汝宁府隶属河南省南汝光道，下辖汝阳(今河南汝南)、正阳、上蔡、新蔡、西平、遂平、确山、罗山八县，信阳一散州。正阳：此为县名。清属汝宁府，今隶属河南驻马店。

【译文】

　　那时候你沅甫叔如果到德安府，我一定设法到汝宁、正阳等地和他见一面。我近来衰老的状态一天比一天厉害，眼睛更加发蒙，但每天要做的事情都能坚持，不改常态。

　　尔等身体皆弱，前所示养生五诀①，已行之否？泽儿当添不轻服药一层，共六诀矣。

【注释】

①养生五诀：未详。

【译文】

　　你们兄弟身体都弱，此前指示你们养生五大诀窍，已经在身体力行不？泽儿还应添上不轻易服药一层，一共六大诀窍。

　　既知保养，却宜勤劳。家之兴衰，人之穷通①，皆于勤惰卜之。泽儿习勤有恒，则诸弟七八人皆学样矣。

【注释】

①穷通：困厄和显达。

【译文】

已经晓得怎样保养，还应当勤劳。一家的兴旺衰败，个人的困厄和发达，都可以从勤劳和懒惰看出来。泽儿能坚持勤劳的话，那七八个弟弟就都有样学样。

鸿儿来禀太少，以后半月写禀一次。泽儿禀亦嫌太短，以后可泛论时事，或论学业也。此谕。

【译文】

鸿儿来信太少，以后每半月写信一次。泽儿的信也嫌太短，以后可以广泛议论时事，或者讨论学业。就说这些。

同治五年八月初三日

字谕纪泽、纪鸿：

接纪泽两禀，并纪鸿及瑞侄禀信、八股。两人气象俱光昌①，有发达之概②，惟思路未开。作文以思路宏开为必发之品③。意义层出不穷，宏开之谓也。

【注释】

①光昌：明朗，显扬。

②发达：充分发展。

③宏开：丰富，开阔。

【译文】

写给纪泽、纪鸿：

接到纪泽两封信，以及纪鸿和纪瑞侄儿的信和八股文。纪鸿和纪瑞二人的文章气象都很明朗，有充分展开的前景，只是思路没有打开。写文章，思路开阔才能充分展开。意义层出不穷，才算思路开阔。

余此次行役①，始为酷热所困，中为风波所惊，旋为疾病所苦。此间赴周家口尚有三百馀里，或可平安耳。

【注释】

①行役：旧指因服兵役、劳役或公务而出外跋涉。亦泛指行旅。

【译文】

我这次赶路，一开始被炎热困扰，中间又被风波惊动，不久又被疾病所苦。这里离周家口还有三百多里路，或者可以平安了。

尔拟于《明史》看毕，重看《通鉴》，即可便看王船山之《读通鉴论》。尔或间作史论，或作咏史诗。惟有所作，则心自易入，史亦易熟，否则难记也。

【译文】

你打算《明史》看完之后，重新看《资治通鉴》，可以顺便看王船山的《读通鉴论》。你或者偶尔写史论，或者偶尔写咏史诗。只有一边写作，心才更容易进去，史实也更容易熟悉，否则很难记得。

早间所食之盐姜已完①，近日设法寄至周家口。吾家妇女，须讲究作小菜，如腐乳、酱油、酱菜、好醋、倒笋之类②，常常做些寄与我吃。《内则》言事父母舅姑，以此为重。若外间买者，则不寄可也。

【注释】

①盐姜：小菜名。用盐腌制过的姜片。

②倒笋：腌制过的小笋。又称"倒笃笋"。倒笃，是我国南方流行的一种腌制方法，过程主要为切菜、拌盐、装坛、封笃。

【译文】

早上吃的盐姜已经吃完了，你想法近日寄到周家口。我家妇女，必须讲究做小菜，譬如腐乳、酱油、酱菜、好醋、倒笋等等，常常做一些寄给我吃。《内则》说侍奉父母公婆，以此为最重要。如果是在外面买的，那就不用寄了。

同治五年八月二十一日　周家口

字谕纪泽、纪鸿：

接尔等八月初十日禀，知鸿儿生男之喜。军事棘手、衰病焦灼之际，闻此大为喜慰。

【译文】

写给纪泽、纪鸿：

接到你们八月初十日的信，得知鸿儿生了一个男孩。在军事困难、衰病焦虑之时，听到这个消息真是太令人欣慰了。

九月初十后，泽儿送全眷回湘，鸿儿可来周家口侍奉左右。明年夏间,泽儿来营侍奉,换鸿儿回家乡试。

【译文】

九月初十日之后,泽儿送全部家眷回湖南,鸿儿可以来周家口侍奉在我身边。明年夏天,泽儿来大营侍奉,替换鸿儿回家参加乡试。

余病已全愈,惟不能用心。偶一用心,即有齿疼出汗等患。而折片不肯假手于人,责望太重①,万不能不用心也。

【注释】

①责望:指(朝廷)要求和期望。

【译文】

我病已全好,只是不能用心。偶或用心,就有牙痛出汗等毛病。而奏折又不能假手于人,朝廷对我的期望太重,绝对不能不用心。

朱子《纲目》一书①,有续修宋元及明合为一编者②,白玉堂忠愍公有之③,武汉买得出否? 若有而字大明显者,可买一部带来。此谕。

【注释】

①《纲目》:宋朱熹《资治通鉴纲目》的简称。

②续修:宋司马光《资治通鉴》记事止于五代,宋朱熹《资治通鉴纲目》同。明人商辂等纂修《续资治通鉴纲目》,记载了自宋太祖建隆元年(960)讫元顺帝至正二十七年(1367)共计四百零八年的史事。清朝流行将《资治通鉴纲目》及《续资治通鉴纲目》合编在一起。

③白玉堂忠愍公：曾国华，死谥忠愍。曾国华出继为叔父曾骥云之
　　后。曾氏兄弟分家，曾骥云分得白玉堂。曾国华的妻子儿女即
　　以白玉堂为宅第。

【译文】

　　朱子《资治通鉴纲目》一书，有将续修宋元及明部分合为一部的本
子，白玉堂忠愍公就有，武汉能买得到不？如果有而且是字大容易辨认
的，可以买一部带来。就说这些。

同治五年九月初九日

字谕纪泽、纪鸿：

　　接泽儿八月十八日禀，具悉择期九月廿日还湘。

【译文】

写给纪泽、纪鸿：

　　接到泽儿八月十八日的信，得知选在九月二十日这天启程回湖南。

　　十月廿四日四女喜事，诸务想办妥矣。凡衣服首饰百
物，只可照大女、二女、三女之例，不可再加。

【译文】

　　十月二十四日四女出嫁办喜事，各种事物想必已经办妥。凡是衣
服、首饰等各种物品，只能照大女、二女、三女之例，不能另外增加。

　　纪鸿于廿日送母之后，即可束装来营①。自坐一轿，行

李用小车,从人或车或马皆可。请沅叔派人送至罗山^②,余派人迎至罗山。

【注释】

①束装:收拾行装。

②罗山:地名。清属汝宁府,今隶属河南信阳。

【译文】

纪鸿在二十日送别母亲之后,就可以收拾行装来我军营。纪鸿自己坐一乘轿子,行李用小车,随从人员或者坐车或者骑马都可以。请你沅甫叔派人送到罗山,我派人到罗山去接。

淮勇不足恃^①,余亦久闻此言。然物论悠悠^②,何足深信。所贵好而知其恶、恶而知其美^③。省三、琴轩均属有志之士^④,未可厚非^⑤。申夫好作识微之论^⑥,而实不能平心细察^⑦。余所见将才杰出者极少,但有志气,即可予以美名而奖成之^⑧。

【注释】

①淮勇:即淮军。因其兵员及将领主要来自安徽江淮一带,故称“淮军”。

②物论悠悠:指舆论纷纭。

③好而知其恶、恶而知其美:语出《大学》第八章:“故好而知其恶,恶而知其美者,天下鲜矣。”意谓喜欢而又知道它的缺点,讨厌而又知道它的优点。

④省三:刘铭传,字省三。见前注。琴轩:潘鼎新,号琴轩。见前注。

⑤未可厚非:不可过分指责、非难。表示虽有缺点,但宜原谅。《汉

书·王莽传中》："莽怒,免英(按:冯英)官。后颇觉寤,曰:'英亦未可厚非。'"

⑥识微:《周易·系辞下》:"君子知微知彰,知柔知刚,万物之望。"后以"识微"指看到事物的苗头而能察知它的本质和发展趋向。

⑦平心:谓用心和平公正,态度冷静客观。

⑧奖成:助成。《南史·谢朓传》:"士子声名未立,应共奖成,无惜齿牙馀论。"

【译文】

淮勇不能依靠,我也老早就听过这个说法。但舆论纷纭,哪里能信。贵在喜欢而又知道它的缺点,讨厌而又知道它的优点。省三、琴轩都是有志之士,不可太作非议。申夫喜欢作见微知著的议论,但实际上不能平心静气地客观看待问题。我所见的杰出领军人才很少,只要是有志气的,就可以赠予他美名,扶植他成长。

余病虽已愈,而难于用心,拟于十二日续假一月,十月奏请开缺①,但须沅弟无非常之举②,吾乃可徐行吾志耳。否则别有波折,又须虚与委蛇也③。此谕。

【注释】

①开缺:旧时官吏因故不能留任,免除其职务,准备另外选人充任,称"开缺"。

②非常之举:湖北巡抚曾国荃同治五年(1866)九月,上疏弹劾湖广总督官文。曾国藩曾百般劝阻而未果。

③虚与委蛇(wēi yí):敷衍应酬。委蛇,敷衍,应付。

【译文】

我的病虽然已痊愈,但很难用心,打算到十二日再续假一月,十月上奏请求开缺,但是须要你沅甫叔那边没有特殊的举动,我才能慢慢实行我的计划。不然的话，生出波折，又要敷衍应酬了。就说这些。

同治五年九月十七日

字谕纪泽、纪鸿：

余病大致已好，惟不甚能用心。自度难任艰巨，已于十三日具片续假一月①。将来请开各缺，纵不能离营调养，但求事权稍小，责任稍轻，即为至幸。欲求平捻功成，从容引退，殆恐不能；即求免于谤议②，亦不能也。

【注释】

①具片：上奏折。片，指篇幅短小的奏折。

②谤议：诽谤，非议。

【译文】

写给纪泽、纪鸿：

我的病大致已经好了，只是不太能用心思考问题。我自己估量难当如此艰巨的重任，已经在十三日上折片续假一月。将来请求免除各项官职，即便不能离开军营调养身体，只求事权稍小一些，责任稍轻一些，就是最大的幸运了。想要成功平定捻匪，从容辞官，恐怕是做不到了；即便是求不被诽谤、非议，也做不到了。

捻匪窜过沙河、贾鲁河之北①，不知已入鄂境否？若鸿儿尚未回湘，目下亦不必来周家口，恐中途适与贼遇②。

【注释】

①沙河：位于河南省东南部，为淮河支流颍河主要支流，以河床积沙多而得名。发源于今河南鲁山伏牛山的木达岭，流经平顶山市区、叶县、舞阳、郾城、漯河、西华、商水至周口西汇入颍河。贾鲁河：原名惠民河，因元朝贾鲁开浚，名贾鲁河。明弘治七年（1494），刘大夏在疏浚贾鲁河故道时，自中牟另开新河长七十里，导水南行，经开封之朱仙镇、尉氏之夹河、水坡、十八里、张市、永兴、王寨到白潭出尉境入扶沟，亦称贾鲁河。

②适：正，刚好。

【译文】

捻匪窜过沙河、贾鲁河的北面，不晓得已经进入湖北境内没？如果鸿儿还没有回湖南，眼下也不必来周家口，怕中途正好遇上捻匪。

　　盐姜颇好，所作椿麸子、酝菜亦好①。家中外须讲求莳蔬②，内须讲求晒小菜③。此足验人家之兴衰，不可忽也。此谕。

【注释】

①椿麸（fū）子：小菜名。用香椿芽炒小麦皮，加以腌制而成。

②莳（shì）：种植。

③晒小菜：咸菜腌好之好，需要晾晒，故称"晒小菜"。

【译文】

盐姜很好，家里做的椿麸子、酝菜也好。家中外头要讲究种菜，里头要讲究腌晒小菜。这些足以验证一个人家的兴旺衰败，不能忽视。就说这些。

同治五年十月十一日

字谕纪泽：

　　尔读李义山诗，于情韵既有所得，则将来于六朝文人诗文，亦必易于契合。

【译文】

写给纪泽：

　　你读李义山的诗，在情韵方面既然已经有所体会，那么将来对六朝文人的诗文，也一定很容易契合。

　　凡大家名家之作，必有一种面貌，一种神态，与他人迥不相同。譬之书家，羲、献、欧、虞、褚、李、颜、柳[1]，一点一画，其面貌既截然不同，其神气亦全无似处。本朝张得天、何义门虽称书家[2]，而未能尽变古人之貌；故必如刘石庵之貌异神异[3]，乃可推为大家。

【注释】

①羲、献、欧、虞、褚、李、颜、柳：分指王羲之、王献之、欧阳询、虞世南、褚遂良、李邕、颜真卿、柳公权。

②张得天：张照（1691—1745），字得天，号泾南，亦号天瓶居士，清松江府娄县（今上海浦东）人。康熙四十八年（1709）进士，历仕康、雍、乾三朝，累官至刑部尚书。参与修纂《大清会典》及《一统志》。并与梁诗正等鉴别宫廷所藏历代书画，分类编成《石渠宝笈》，并主持编纂《秘殿珠林》。尤以书法闻名，是"馆阁体"能手，

常为乾隆皇帝代笔。何义门：何焯（1661—1722），字润千，因早年丧母，改字屺瞻，晚号茶仙，因先世曾以"义门"旌，故学者又称其为"义门先生"，清长洲（今江苏苏州）人。康熙四十一年（1702），直隶巡抚李光地以草泽遗才荐，召入南书房。第二年，赐举人，试礼部下第，复赐进士，改庶吉士，仍直南书房，兼武英殿纂修。通经史百家之学。藏书数万卷，精于校勘。全祖望为之作墓志铭。《清史稿》有传。传世有《义门读书记》《义门先生集》。亦以书法著名，与笪重光、姜宸英、汪士铉并称为康熙年间"帖学四大家"。

③刘石庵：刘墉（1720—1805），字崇如，号石庵，清山东诸城人。乾隆十六年（1751）进士。历任陕西按察使、湖南巡抚、吏部尚书、体仁阁大学士，加太子太保。卒谥文清。有《石庵诗集》。书法专用重墨，自成一家。尤善小楷，与成亲王、翁方纲、铁保并称"清代四大书家"。

【译文】

凡是大家和名家的作品，一定有一种面貌、一种神态，和别人完全不同。这就好比书法家中的王羲之、王献之、欧阳询、虞世南、褚遂良、李邕、颜真卿、柳公权，他们的一点一画，面貌既截然不同，神气也完全不同。本朝的张得天、何义门虽然也号称书法家，但他们的字却没有能完全改换古人的面貌；因此必须要像刘石庵那样，他的字和古人的面貌、神气都不一样，才能被公认为大家。

诗文亦然。若非其貌其神迥绝群伦①，不足以当大家之目。渠既迥绝群伦矣，而后人读之，不能辨识其貌，领取其神，是读者之见解未到，非作者之咎也。

【注释】

①迥（jiǒng）绝群伦：和常人大不一样，远远高出于众人。迥，远。

【译文】

诗文也是这样。如果不是面貌和神气都与普通人写得完全不同，他就不配称为大家。面貌、神气既然与常人完全不同，但后人读起来，不能认清他的面貌、领会他的精气神，那就是读者的见解不到家，不是作者的问题。

尔以后读古文古诗，惟当先认其貌，后观其神，久之自能分别蹊径①。今人动指某人学某家，大抵多道听途说，扣槃扪烛之类②，不足信也。君子贵于自知，不必随众口附和也。

【注释】

①分别蹊径：分清门径、路子。

②扣槃（pán）扪烛：语本宋苏轼《日喻》："生而眇者不识日，问之有目者。或告之曰：'日之状如铜槃。'扣槃而得其声。他日闻钟，以为日也。或告之曰：'日之光如烛。'扪烛而得其形。他日揣籥，以为日也。日之与钟、籥亦远矣，而眇者不知其异，以其未尝见而求之人也。"后因以"扣槃扪烛"喻不经实践，认识片面，难以得到真知。

【译文】

你以后读古文古诗，最应该先认清他的面貌，再体察他的神气，时间长了自然能认清他的门径路数。今人动不动说某人学某家，基本上是道听途说、扣槃扪烛，不能相信。君子贵能自己有体会，不必跟在众人后面随声附和。

余病已大愈,尚难用心,日内当奏请开缺。近作古文二首,亦尚入理。今冬或可再作数首。唐镜海先生殁时^①,其世兄求作墓志,余已应允,久未动笔,并将节略失去^②,尔向唐家或贺世兄处索取行状节略寄来^③。罗山文集年谱未带来营,亦向易芝生先生索一部付来,以便作碑,一偿夙诺。

【注释】

①唐镜海:唐鉴(1778—1861),字镜海,清湖南善化(今湖南长沙)人。嘉庆十四年(1799)进士,改翰林院庶吉士,散馆授检讨。历任浙江道御使、广西平乐知府、宁池太平道、江安粮道、山西按察使、浙江布政使、太常寺卿等。学宗程朱,为清代理学名臣,倭仁、曾国藩、吴廷栋等皆从其问学。著有《国朝学案小识》《朱子年谱考异》等书。

②节略:死者的生平概要。

③贺世兄:指贺熙龄的二儿子贺瑷。因唐鉴的女儿嫁给贺熙龄次子贺瑷为妻,唐鉴是贺瑷的岳父,故贺瑷可以提供唐鉴生平概要。曾国藩与贺熙龄之兄贺长龄是儿女亲家,比贺瑷长一辈,故称贺瑷为世兄。

【译文】

我的病已经基本好了,还是难以用心思考,日内会上奏请辞。最近写了两篇古文,也还上路子。今年冬天或许还会写几篇。唐镜海先生去世的时候,他家公子求我写墓志铭,我已经答应,一直没动笔,还将他大概的生平材料弄丢了,你可以向唐家或者贺家那边要一份唐先生大概的生平材料寄来。罗山文集和年谱,没有带到军营来,也向易芝生先生要一部带来,方便我给他写碑文,兑现往日的承诺。

纪鸿初六日自黄安起程①，日内应可到此。

【注释】

①黄安：地名。清属黄州府，今名红安，隶属湖北黄冈。位于湖北省东北部、鄂豫两省交界处、大别山南麓。

【译文】

纪鸿初六日从黄安起程，近日应该能到这里。

同治五年十月二十六日

字谕纪泽：

余于十三日具疏请开各缺①，并附片请注销爵秩②。廿五日接奉批旨，再赏假一月，调理就痊，进京陛见一次。余拟于正月初旬起程进京。

【注释】

①具疏：上奏折，备文分条陈述。

②附片：附在奏折中兼奏其他简单事项的单片，称"附片"。附片不再具官衔，开头用一"再"字标识。一个奏折，最多只能夹三个附片。爵秩：犹爵禄。《史记·商君列传》："明尊卑爵秩等级，各以差次名田宅，臣妾衣服以家次。"

【译文】

写给纪泽：

我在十三日上奏朝廷请求辞去一切职务，并加附片请求注销爵位。二十五日接到朝廷批复，再赏假一个月，等身体调理痊愈，进京面见圣上一次。我准备在正月上旬起程进京。

余近无他苦，惟腰疼畏寒，夜不成眠。群疑众谤之际①，此心不无介介②。然回思迩年行事③，无甚差谬，自反而缩④，不似丁冬戊春之多悔多愁也⑤。

【注释】

①群疑众谤：因未能及时平定捻匪，同治五年(1866)，御史朱镇、卢士杰、朱学笃等先后上疏，弹劾曾国藩办理剿捻不善；御史穆缉香阿疏奏曾国藩督师日久无功，请量加谴责。另有御史阿凌阿上疏弹劾曾国藩骄妄害事。

②介介：形容有心事，不能忘怀。《后汉书·马援传》："但畏长者家儿，或在左右，或与从事，殊难得调，介介独恶是耳。"唐李贤注："介介，犹耿耿也。"

③迩年：近年。

④自反而缩：语出《孟子·公孙丑上》："昔者曾子谓子襄曰：'子好勇乎？吾尝闻大勇于夫子矣。自反而不缩，虽褐宽博，吾不惴焉；自反而缩，虽千万人，吾往矣。'"朱子《集注》："缩，直也。"意思是，自我反省，认为自己所行是直道。

⑤丁冬戊春：指丁巳年(1857，咸丰七年)冬天和戊午年(1858，咸丰八年)春天。这段时间，曾国藩丁父忧在家。

【译文】

我近来没有别的病苦，只是腰疼畏寒，晚上无法入睡。诽谤非议太多，我心里不能完全放下。但回想近几年做事，没什么大差错，自我反省行得正站得直，内心坦然，不像丁巳年冬天到戊午年春天那段日子有很多后悔忧愁的地方。

到京后，仍当具疏请开各缺，惟以散员留营维系军心，担荷稍轻。尔兄弟轮流侍奉，军务松时，请假回籍省墓一次，亦足以娱暮景。

【译文】

到京城之后，还会上疏请求辞去一切职务，仅以散员身份留在大营维系军心，负担稍轻一些。你们兄弟轮流前来侍奉，军务轻松时，请一次假回籍扫墓，也能安慰老年心境。

纪鸿在此体气甚好，心思亦似开朗，当令其回家事母耳。

【译文】

纪鸿在这边身体蛮好，心思似乎也很开朗，还是要让他回家侍奉母亲。

同治五年十一月初三日

字谕纪泽：

余定于正初北上①，顷已附片复奏。届时鸿儿随行，二月回豫，鸿儿三月可还湘也。

【注释】

①正初：正月初。

【译文】

写给纪泽：

我定在正月初北上进京面圣，刚刚已经附片复奏朝廷。到时候鸿儿随我一起去，二月回河南，鸿儿三月可回湖南。

余决计此后不复作官，亦不作回籍安逸之想，但在营中照料杂事，维系军心。不居大位享大名，或可免于大祸大谤。若小小凶咎①，则亦听之而已。

【注释】

①凶咎：灾殃。

【译文】

我下定决心以后不再做官，也不做回乡过安逸日子的打算，只在营中照料杂事，维系军心。不居大位，不享大名，或许能免于大灾祸和大诽谤。至于小灾小祸，那就听之任之而已了。

余近日身体颇健，鸿儿亦发胖。

【译文】

我近日身体很健康，鸿儿也发胖了。

家中兴衰，全系乎内政之整散①。尔母率二妇诸女，于酒食、纺绩二事，断不可不常常勤习。目下官虽无恙，须时时作罢官衰替之想。至嘱至嘱。

【注释】

①内政:家政,家内的事务。整散:整齐或散漫。

【译文】

一户人家的兴旺和衰败,全看家务方面是整齐还是散漫。你母亲带着两位儿媳妇和几个女儿,在置办饭菜酒席和纺织两方面,万万不能不常常勤奋操持。眼下做官虽然没有问题,要时时作罢官家运衰败的打算。千万牢记。

同治五年十一月十八日

字谕纪泽:

　　此间军事,东股任、赖窜入光、固①,贼势已衰。西股张总愚久踞秦中华阴一带②,余派春霆往援③,大约腊初可以成行。

【注释】

①东股:同治五年(1866)九月,捻军分为两大股,任柱、赖文光率领的一股继续在中原地区活动,称为东捻军。光、固:指河南光州、固始。

②西股:同治五年(1866)九月,捻军分为两大股,张宗禹率领的一股进入陕西地段,称为西捻军。张总愚:对张宗禹的蔑称。秦中:此指陕西。

③春霆:鲍超,字春霆。见前注。

【译文】

写给纪泽:

　　这边的军事情形,东股任柱、赖文光率领的捻匪窜入河南光州、固始一带,势头已衰。西股张总愚长久盘踞陕西华阴一带,我派鲍春霆率军前去支援,大约腊月初可以成行。

十七日复奏不能回江督本任一折,刻木质关防留营自效一片①,兹钞寄家中一阅。若果能开去各缺,不过留营一年,或可请假省墓。但平日虽有谗谤之言,亦不乏誉颂之人,未必果准悉开各缺耳。

【注释】

①木质关防:曾国藩同治五年(1866)十一月十七日附片奏:刊用木　　质关防一颗,其文曰:"协办大学士两江总督一等侯行营关防。"

【译文】

我十七日复奏朝廷不能回两江总督本任的奏折一份,刻木质关防留营自效的附片一份,现抄写副本寄回家中一阅。如果真能辞去各种官职,留在军营不过一年时间,或许能请假回乡扫墓。只是平日虽然有谗谤的言论,也不缺赞誉歌颂的人,未必真能准许我辞去所有官职。

纪鸿在此体气甚好,月馀未令作文,听其潇洒闲适,一畅其机。腊月当令与叶甥开课作文①。

【注释】

①叶甥:即曾国藩外甥王镇墉,字叶亭(亦作"叶庭"),疑是曾国蕙　　与王率五之子。

【译文】

纪鸿在这边身体很好,一个多月没让他写文章,由他潇洒闲适,尽情舒展内心的生机。腊月会让他和叶亭外甥一起开始功课写文章。

　　尔胆怯等症，由于阴亏，朱子所谓气清者魄恒弱，若能善睡酣眠^①，则此症自去矣。

【注释】

①善睡酣眠：传忠书局刊本作"善晓酣眠"，今据手迹改"晓"为"睡"。

【译文】

　　你胆怯等毛病，是因为阴亏，就是朱子所说气清的人魄一般弱。如果能睡踏实，那这病自然就好了。

同治五年十一月二十八日

字谕纪泽：

　　此间军事，任、赖由固始窜至鄂境^①。该逆不能逞志于鄂^②，势必仍回河南。张逆入秦，已奏派春霆援秦，本月当可起程。惟该逆有至汉中过年、明春入蜀之说，不知鲍军追赶得及否？

【注释】

①固始：地名。清属光州直隶州，今由河南信阳代管。

②逞志：得逞，如愿。

【译文】

写给纪泽：

　　这边军事情形，任柱、赖文光率领的捻匪东股由固始窜到湖北境内。这股捻匪在湖北不能如愿，势必仍然会回河南。张总愚率领的捻匪西股已经进入陕西，我已上奏调派鲍春霆率军支援陕西，本月当能起程。只是这股捻匪有到汉中过年、明年春天进四川的说法，不晓得鲍超的军队能追赶得上不？

　　本日折差回营，十三日又有满御史参劾①，奉有明发谕旨②，兹钞回一阅。余拟再具数疏婉辞，必期尽开各缺而后已。将来或再奉入觐之旨，亦未可知。尔在家料理家政，不复召尔来营随侍矣。

【注释】

①满御史：清代御史，满、汉各有定额。满御史，由满人出任。

②明发谕旨：文书名。也称"明发上谕"。即清代皇帝所颁发的通过内阁发抄宣示内外的上谕。清制，皇帝的上谕，通过两个途径发出：一是由军机大臣寄自内廷，称为"廷寄上谕"；一是通过内阁公布，即"明发上谕"。凡明发的上谕，其程式均以"内阁奉上谕"或"内阁奉旨"为开头。其内容则大都是属于国家重大政令或需全国共知的大事，如宣战、议和、大赦、巡幸、谒陵、经筵、蠲赈，以及高级官员的除授降革等。

【译文】

本日折差回营，十三日有满御史参劾我，收到明发谕旨一份，现抄录寄回，供一阅。我打算再上几份奏折委婉辞官，希望务必辞去一切官职才罢休。将来或者还会接到入京觐见的圣旨，也未可知。你在家料理家事，不再召唤你来军营侍奉我。

　　李申夫之母尝有二语云："有钱有酒款远亲，火烧盗抢喊四邻。"戒富贵之家不可敬远亲而慢近邻也。我家初移富圫，不可轻慢近邻，酒饭宜松，礼貌宜恭。或另请一人款待宾客亦可^①。除不管闲事、不帮官司外，有可行方便之处，亦无吝也。此谕。

【注释】

①或另请一人：据手迹，此前有"建四爷如不在我家"一句。

【译文】

李申夫的母亲曾经说过两句话："有钱有酒用来款待远亲，遇到火烧盗抢就喊四邻帮忙。"这是告诫富贵人家不能只晓得敬重远亲而怠慢了近邻。我家刚搬到富圫，不能轻忽怠慢近邻，酒饭要舍得，礼貌要恭敬。建四爷如不在家，或者再请一个人款待宾客也可以。除了不管闲事、不帮打官司之外，有能够行方便的地方，也不要吝啬。就说这些。

同治五年十二月初一日

欧阳夫人左右：

接纪泽儿各禀，知全眷平安抵家，夫人体气康健，至以为慰。

【译文】

欧阳夫人左右：

接到泽儿的几封信，得知全家平安抵达家乡，夫人身体健康，我很是欣慰。

余自八月以后，屡疏请告假开缺，幸蒙圣恩准交卸钦差大臣关防^①,尚令回江督本任。余病难于见客,难于阅文,不能复胜江督繁剧之任,仍当再三疏辞。但受恩深重,不忍遽请离营,即在周家口养病。少泉接办,如军务日有起色,余明年或可回籍省墓一次。若久享山林之福^②,则恐不能。然办捻无功,钦差交出,而恩眷仍不甚衰,已大幸矣。

【注释】

①关防:印信的一种,始于明初。明太祖为防止作弊,用半印,以便拼合验对。后发展成长方形、阔边朱文的关防。清代,正规职官用正方形官印称"印",临时派遣的官员用长方形的官印称"关防"。

②享山林之福:指退隐在家,不必过问政事。

【译文】

我从八月以后,多次上疏请求辞职,幸蒙圣恩,已准交卸钦差大臣关防,但还是命我回任两江总督。我身体有病,难以接见客人,难以阅读文牍,不能再胜任两江总督的繁重工作,仍然会再三上疏请求辞职。但我受朝廷恩情过深过重,不忍心请求立即离开军营,就在周家口养病。少泉接办我的工作,如果军务渐渐有起色,我明年或许可以回老家祭扫先人坟墓一次。至于长久享受退隐山林的福气,那恐怕不能如愿。但办理剿捻无功,交出钦差一职,而朝廷对我的关怀并没有减少太多,已经是大幸了。

家中遇祭,酒菜必须夫人率妇女亲自经手。祭祀之器皿,另作一箱收之,平日不可动用。内而纺绩做小菜,外而莳菜养鱼、款待人客,夫人均须留心。吾夫妇居心行事,各房及子孙皆依以为榜样,不可不劳苦,不可不谨慎。

【译文】

　　家中凡是遇到祭祀,酒菜必须由夫人率领媳妇和女儿亲自经手。祭祀的器皿,另外做一个箱子收好,平日不能动用。家中内务如纺绩和做小菜,家中外务如种菜养鱼、接待客人,夫人您都要留心。我们夫妇居心行事,各房及子孙都会拿来做榜样,不能不劳苦,不能不谨慎。

　　近在京买参,每两去银二十五金,不知好否? 兹寄一两与夫人服之。

【译文】

　　最近在京城买人参,每两人参要花银子二十五两,不晓得好不好? 现寄一两给夫人服用。

　　澄叔待兄与嫂极诚极敬,我夫妇宜以诚敬待之,大小事丝毫不可瞒他,自然愈久愈亲。此问近好。

【译文】

　　澄侯弟对哥哥我及嫂子极其诚恳极其尊敬,我们夫妇对他应诚恳尊敬,无论大事小事,丝毫都不能瞒他,这样,自然会相处越久越亲密。此问近好。

同治五年十二月二十三日

字谕纪泽:

　　余自奉回两江本任之命,两次具疏坚辞,皆未俞允①,训词朜挚②，只得遵旨暂回徐州接受关防，令少泉得以迅赴前敌，以慰宸廑③。余自揣精力日衰，不能多阅文牍，而意中所欲看之书又不肯全行割弃，是以决计不为疆吏，不居要任，两三月内，必再专疏恳辞。

【注释】

①俞允：《尚书·尧典》："帝曰：'俞。'"俞，应诺之词。后即称允诺为"俞允"。多用于君主。

②训词：帝王的诰敕文辞。朜（zhūn）挚：真挚诚恳。

③宸廑：帝王的殷切关注。

【译文】

写给纪泽：

我自从接到回两江总督本任的命令，两次上疏坚决请辞，都未得朝廷应允，皇上的训话真挚诚恳，只好遵旨暂回徐州接受关防，便于李少泉能迅速奔赴前敌，借此安慰圣上的关怀。我自己思量精力一日比一日衰弱，不能多看公文，而心里想看的书又不肯全都割舍放弃，因此下决心不做封疆大吏，不担任重要职位，两三个月以内，一定会再次专门上疏恳请辞职。

余近作书箱，大小如何廉舫八箱之式①。前后用横板三块，如吾乡仓门板之式②。四方上下皆有方木为柱为匡，顶底及两头用板装之。出门则以绳络之而可挑，在家则以架乘之而可累两箱三箱四箱不等，开前仓板则可作柜，再开后仓板则可过风。当作一小者送回，以为式样。吾县木作最好而贱③，尔可照样作数十箱，每箱不过费钱数百文。

【注释】

①何廉舫：何栻(1816—1872)，字廉昉(亦作"廉舫")，号悔馀，别号壶园主人，清江苏江阴人。道光二十五年(1845)进士，咸丰六年(1856)任建昌知府，后成为曾国藩的幕僚，同治元年(1862)，任吉州知府。工诗古文，善书，兼能画山水。作品有《悔馀庵文稿》《悔馀庵诗稿》《南塘渔父诗钞》《闻和见晓斋初稿》等。

②仓门板：谷仓门板。

③木作：木工。

【译文】

我近日做了几个书箱，大小与何廉舫做的八个箱子差不多。前后各用横板三块，和我们家乡仓门板的式样一样。四方上下都用方木做柱子做框架，顶部和底部以及两头都装上板。出门用绳子捆起来就可以挑着走，在家用架子撑起可以叠放两箱三箱四箱不等，打开前仓板就能做柜子用，再打开后仓板就可以通风。我会做一个小点儿的送回去做样子。我县木工最好而工钱便宜，你可以照样子做几十个书箱，每箱不过费钱数百文。

读书乃寒士本业，切不可有官家风味。吾于书箱及文房器具，但求为寒士所能备者，不求珍异也。家中新居富圫，一切须存此意。莫作代代做官之想，须作代代做士民之想，门外但挂"宫太保第"一匾而已。

【译文】

读书是寒士的本业，万万不能有做官的习气。我对书箱以及文房器具，只求普通寒士能置办的，不求珍贵稀有。家里刚搬到富圫住，一切都应按这个意思办。千万不要有代代做官的念头，须作代代做普通百姓的想法，门外只挂"宫太保第"一匾就好。

同治六年三月二十二日

字谕纪泽：

　　纪鸿病，请一医来诊，鸿儿乃天花痘也^①，余深用忧骇^②。以痘太密厚，年太长大，而所服之药无一不误，阖署惶恐失措^③。幸托痘神佑助，此三日内转危为安。兹将日记由鄂转寄家中，稍为一慰。再过三日灌浆^④，续行寄信回湘也。

【注释】

①天花：一种急性传染病。症状为先发高热，全身起红色丘疹，继而变成疱疹，最后成脓疱。十天左右结痂，痂脱后留有疤痕，俗称"麻子"（天花由此得名）。

②忧骇：担心害怕。

③阖署：全府，整个衙署。

④灌浆：指疱疹中的液体变成脓，使疱疹在皮肤表面凸起，多见于天花或接种的牛痘。

【译文】

写给纪泽：

　　纪鸿生病，请了一位医生来诊治，确诊鸿儿是得了天花，我非常担忧害怕。因为痘太密太厚，鸿儿年纪又太大，服的药又没有一样不是错误的，这边整个衙署惊慌失措。幸亏托痘神保佑，最近三天内转危为安。现将日记由湖北转寄家里，稍做安慰。再过三天天花痘就灌浆了，接着再寄信回湖南。

尔七律十五首圆适深稳①，步趋义山②，而劲气倔强③，颇似山谷。尔于情韵、趣味二者，皆由天分中得之。凡诗文趣味约有二种：一曰诙诡之趣，一曰闲适之趣。诙诡之趣，惟庄、柳之文④，苏、黄之诗⑤，韩公诗文⑥，皆极诙诡，此外实不多见。闲适之趣，文惟柳子厚游记近之，诗则韦、孟、白傅均极闲适⑦。而余所好者，尤在陶之五古、杜之五律、陆之七绝，以为人生具此高淡襟怀，虽南面王不以易其乐也⑧。尔胸怀颇雅淡，试将此三人之诗研究一番，但不可走入孤僻一路耳⑨。

【注释】

①圆适深稳：指艺术风格圆融，气息深厚。

②步趋：语出《庄子·田子方》："夫子步亦步，夫子趋亦趋，夫子驰亦驰，夫子奔逸绝尘，而回瞠若乎后矣！"意谓追随、效法。

③劲气：谓刚强正直的气概或文风。

④庄、柳：指庄子、柳宗元。

⑤苏、黄：指苏轼、黄庭坚。

⑥韩公：指韩愈。

⑦韦、孟：指韦应物、孟浩然。白傅：指白居易。

⑧南面王：泛指王侯。谓最高统治者。《庄子·至乐》："虽南面王，乐不能过也。"唐成玄英疏："虽南面称孤，王侯之乐亦不能过也。"

⑨孤僻：孤高冷僻。

【译文】

你写的七律十五首风格圆融妥帖，气息深沉稳健，效仿李义山，但刚健有力，文风倔强，很像黄山谷。你在情韵、趣味两方面，都是天分所致。凡是诗文趣味，大约有两种类型：一是诙诡之趣，一是闲适之趣。

谐诡之趣,只有庄子和柳宗元的文章,苏轼和黄庭坚的诗,韩愈的诗和文,都极其谐诡,此外实在不多见。闲适之趣,文章只有柳子厚的游记接近这种风格;诗则韦应物、孟浩然、白居易都极其闲适。而我喜欢的,尤其是陶渊明的五古、杜甫的五律、陆游的七绝,我认为人生具有这样高雅淡泊的胸怀,就算南面称王也换不来这种乐趣。你的胸怀很高雅淡泊,不妨试着将这三人的诗仔细研究一番,但是不要走到孤高冷僻的路上去。

余近日平安,告尔母及澄叔知之。

【译文】

我近日平安,你告知你母亲和澄侯叔。

同治六年三月二十八日

字谕纪泽:

鸿儿出痘,余两次详信告知家中,此六日尤为平顺,全家放心。

【译文】

写给纪泽:

鸿儿出痘,我两次详细写信告知家中,最近六天很平安顺利,请全家放心。

余忧患之馀,每闻危险之事,寸心如沸汤浇灼。鸿儿病痊后,又以鄂省贼久踞臼口、天门[①],春霆病势甚重,焦虑之至。

【注释】

①白口:地名。即今湖北钟祥旧口镇,位于钟祥最南端,汉江东岸。
天门:清县名。属安陆府,即今湖北天门。古称竟陵,后更名景
陵。清雍正四年(1726),为避康熙陵寝名(景陵)讳,改名为天门
县(因县境西北有天门山)。

【译文】

我在忧患之馀,每听到危险的消息,心里就像被滚开水浇过一样
烫。鸿儿病情痊愈之后,我又因为湖北省捻匪长久盘踞在白口和天门,
鲍春霆病得很厉害,异常焦虑。

尔信中述左帅密劾次青①,又与鸿儿信言闽中谣歌之
事②,恐均不确。余于左、沈二公之以怨报德③,此中诚不能
无芥蒂④,然老年笃畏天命⑤,力求克去褊心忮心⑥。尔辈少
年,尤不宜妄生意气,着不得丝毫意见。切记切记。

【注释】

①左帅密劾次青:同治三年(1864)八月十三日曾国藩上《密陈录用
李元度并加恩江忠源等四人折》,欲朝廷启用李元度。朝廷催令
左宗棠复查李元度咸丰十年(1860)失守徽州等事。十月二十七
日左宗棠上《复李元度被参情节折》,坐实李元度"未经开仗,竟
报捷书""逼索军饷,不顾大局"两项罪名,致使朝廷重判李元度
之罪,后经李鸿章、沈葆桢、彭玉麟、鲍超联名上奏,才免去发往
军台效力赎罪这一处罚。此为左宗棠、李元度大过节。同治五
年(1866),贵州发生民变,巡抚张亮基疏调李元度入黔,曾国藩

促成之。同治五、六年间（1866—1867），左宗棠奏折稿，未见密劾李元度事。

②闽中谣歌之事：指同治五、六年间（1866—1867），福建出现一种新刻《竹枝词》，由不知名人放在轿中，由候选道丁杰传出。《竹枝词》的内容多是诽谤左宗棠任闽浙总督时任命的福建地方官员。同治六年（1867）二月二十三日，左宗棠上《恳敕察闽中蜚语片》，要求彻查此事。

③左、沈：指左宗棠、沈葆桢。以怨报德：以怨恨来回报别人给予的恩惠。《国语·周语中》："以怨报德，不仁。"左宗棠、沈葆桢，都经曾国藩推荐保举，才位至封疆大吏。但二人与曾国藩意见不合，终至分道扬镳。

④芥蒂：细小的梗塞物。比喻积在心中的怨恨、不满或不快。

⑤天命：上天之意旨，由天主宰的命运。《尚书·盘庚上》："先王有服，恪谨天命。"

⑥褊（biǎn）心：心胸狭窄。《诗经·魏风·葛屦》："维是褊心，是以为刺。"清王先谦《集疏》："《说文》'急'下云：'褊也。''褊'下云：'衣小也。'《广韵》：'褊，衣急。'……褊小、褊陋，皆自衣旁推之。"忮（zhì）心：嫉恨之心，妒忌之心。《庄子·达生》："虽有忮心者，不怨飘瓦。"

【译文】

你信里写到左宗棠大帅秘密弹劾李次青，又在给鸿儿的信中提到福建谣歌中伤本省官员的事，恐怕都不确切。我对左宗棠、沈葆桢二位以怨报德的行为，内心确实不能一点儿埋怨都没有，但上了年纪着实敬畏天命，力求克服去除狭隘忌恨的情绪。你们年轻人，尤其不应该妄生意气，听不得丝毫意见。切记切记！

尔禀气太清，清则易柔，惟志趣高坚，则可变柔为刚；清则易刻,惟襟怀闲远,则可化刻为厚。余字汝曰劼刚,恐其稍涉柔弱也;教汝读书须具大量,看陆诗以导闲适之抱,恐其稍涉刻薄也。尔天性淡于荣利,再从此二字用功,则终身受用不尽矣。

【译文】

你天生气质太清,气质太清就容易意志软弱,只有志趣高远坚强,才能变软弱为刚强;气质太清就容易心性刻薄,只有胸怀闲适淡泊,才能化刻薄为厚道。我给你取字劼刚,是怕你偏向柔弱;教诲你读书要具备大气量,看陆游的诗来引导闲适的胸怀,是怕你走向刻薄。你天性在荣华富贵方面很淡泊,再从这两个方面用功,那就是终身受用不尽了。

鸿儿全数复元,端午后当遣之回湘。

【译文】

鸿儿身体完全恢复,端午之后会让他回湖南。

同治六年五月初五日　午刻

欧阳夫人左右:

自余回金陵后,诸事顺遂,惟天气亢旱,虽四月廿四、五月初三日两次甘雨,稻田尚不能栽插,深以为虑。

【译文】

欧阳夫人左右：

自从我回到金陵之后，各种事情顺利，只有天气大旱，虽然四月二十四日、五月初三日下了两次好雨，稻田还是不能栽插，非常忧虑。

科一出痘①，非常危险，幸祖宗神灵庇佑，现已全愈，发体变一结实模样②。十五日满两个月后，即当遣之回家，计六月中旬可以抵湘。如体气日旺，七月中旬赴省乡试可也。

【注释】

①科一：曾纪鸿乳名科一。

②发体：发胖，身体长得更加结实。

【译文】

科一出痘，非常危险，幸亏祖宗和神灵庇护保佑，现在已经全好了，身体也比以前发胖，看上去更结实。等到本月十五日，满了两个月后，就会让他回家，估摸六月中旬可以到湖南。如果身体日益康健，七月中旬可以到省城参加乡试。

余精力日衰，总难多见人客。算命者常言十一月交癸运①，即不吉利。余亦不愿久居此官，不欲再接家眷东来②。

【注释】

①交癸运：疑义同"走霉运"。

②东来：曾国藩官任两江总督，衙门在金陵，家属在湖南。将家属从湖南接到金陵，即是东来。

【译文】

我精力一天比一天衰弱，总是难以多会见客人。算命的常说十一月走霉运，就是说不吉利。我也不愿意久居这官，不想再接家眷东来。

夫人率儿妇辈在家，须事事立个一定章程。居官不过偶然之事，居家乃是长久之计。能从勤俭耕读上做出好规模，虽一旦罢官，尚不失为兴旺气象。若贪图衙门之热闹，不立家乡之基业，则罢官之后，便觉气象萧索。凡有盛必有衰，不可不预为之计。

【译文】

夫人率儿媳妇们在家，事事都要立个固定的章程。做官不过是偶然的事情，居家才是长久之计。能从勤俭耕读上做出一个好的规模，即便一旦罢官，也不失兴旺气象。如果贪图衙门的热闹，不在家乡立基业，那罢官之后，就会觉得气象萧条。凡是有盛就一定有衰，不能不提前做准备。

望夫人教训儿孙妇女，常常作家中无官之想，时时有谦恭省俭之意，则福泽悠久，余心大慰矣。

【译文】

希望夫人您教训儿孙及媳妇、女儿，常常做家中没人做官的预想，时时有谦恭省俭的意思，那福泽就会悠久，我心也就大大安慰。

余身体安好如常，惟眼蒙日甚，说话多则舌头蹇涩①，左牙疼甚，而不甚动摇，不至遽脱，堪以告慰。顺问近好。

【注释】

①蹇（jiǎn）涩：指言语迟钝。

【译文】

我身体和平常一样好，只是眼睛发蒙一天比一天严重，说话一多，舌头就会不顺，言语迟钝，左牙疼得厉害，但不是太动摇，不致很快脱落，还值得欣慰。顺问近好。

同治九年六月初四日　将赴天津示二子

余即日前赴天津，查办殴毙洋人焚毁教堂一案。外国性情凶悍，津民习气浮嚣①，俱难和协②，将来构怨兴兵③，恐致激成大变。余此行反复筹思，殊无良策。

【注释】

①浮嚣：浮躁，不踏实。

②和协：调和协商，使和睦相处。

③构怨：结怨，结仇。《诗经·王风·兔爰》毛序："《兔爰》，闵周也。桓王失信，诸侯背叛，构怨连祸。"

【译文】

我近日即前往天津，查办打死洋人焚毁教堂一案。外国人性情凶悍，天津民风轻浮险躁，都很难调和协商，将来结仇动兵，恐怕会导致大变局。我这次前往反复筹划思量，但根本就没有好方案。

余自咸丰三年募勇以来，即自誓效命疆场。今老年病躯，危难之际，断不肯吝于一死，以自负其初心。恐避近及难①，而尔等诸事无所禀承，兹略示一二，以备不虞②。

【注释】

①邂逅：此指意外、仓促遭遇。及难：遇祸。多指死亡丧乱。

②不虞：指意料不到的事。《诗经·大雅·抑》："质尔人民，谨尔侯度，用戒不虞。"汉郑玄笺："平女万民之事，慎女为君之法度，用备不亿度而至之事。"亦用作死亡的婉词。《后汉书·周举传》："今诸阎新诛，太后幽在离宫，若悲愁生疾，一旦不虞，主上将何以令于天下？"

【译文】

我自咸丰三年招募兵勇创立湘军以来，就立下誓言舍命报效疆场。现在一把老骨头，又有病，危难关头，绝不会舍不得一死，辜负自己的初心。只是担心仓促遇难，你们各方面事情拿不定主意，现在略为指示一些，以防万一。

余若长逝，灵柩自以由运河搬回江南归湘为便，中间虽有临清至张秋一节须改陆路①，较之全行陆路者差易②。去年由海船送来之书籍、木器等过于繁重，断不可全行带回，须细心分别去留，可送者分送，可毁者焚毁，其必不可弃者乃行带归，毋贪琐物而花途费。其在保定自制之木器全行分送。沿途谢绝一切，概不收礼，但水陆略求兵勇护送而已。

【注释】

①临清：地名。清为直隶州，今为市，由山东聊城代管。张秋：古镇名。在今山东聊城阳谷县境内。是大运河与金堤河、黄河的交汇处。张秋镇夹运河而城，扼南北交通之咽喉，是历史名镇。

②差(chā)易：略微容易。差，比较，略微。

【译文】

我若死了，灵柩自然是从运河搬回江南再回湖南最方便，中间临清到张秋一段虽然必须改走陆路，但比全程都走陆路要略微容易些。去年由海船送来的书籍、木家具等过于繁重，万万不能全都带回去，必须细心加以分别决定去留，可以送人的分送给人，可以毁掉的加以烧毁，不能丢弃的才带回去，不要因为舍不得小物件而多花路费。在保定置办的木家具全部分送给人。一路上谢绝一切好处，一概不收礼，只是水陆路上稍稍求兵勇护送就可以。

　　余历年奏折，令胥吏择要钞录①，今已钞一多半，自须全行择钞。钞毕后存之家中，留与子孙观览，不可发刻送人，以其间可存者绝少也。

【注释】

①胥吏：官府中的小吏。

【译文】

我历年拟的奏折，让小吏选择重要的抄录副本，现在已经抄好一多半，自然须要全部加以选择抄录。抄完之后保存在家里，留给子孙观览，不能刻版刷印送人，因为这里头有存世价值的太少。

　　余所作古文，黎莼斋钞录颇多①，顷渠已照钞一分寄余处存稿，此外黎所未钞之文，寥寥无几，尤不可发刻送人。不特篇帙太少②，且少壮不克努力，志亢而才不足以副之③，刻出适以彰其陋耳。如有知旧劝刻余集者④，婉言谢之可也。切嘱切嘱。

【注释】

①黎莼斋:黎庶昌(1837—1891),字莼斋,清贵州遵义人。廪贡生。
　同治初应诏上书论时政,以知县发往安庆大营,遂入曾国藩幕,
　随营多年,与张裕钊、吴汝纶、薛福成以文字相交,并称"曾门四
　弟子"。光绪间随郭嵩焘、曾纪泽等出使欧洲英、法、德诸国,任
　使馆参赞。又两任出使日本大臣。在日搜罗宋元旧籍,刻成《古
　逸丛书》。官至川东道。有《拙尊园丛稿》《西洋杂志》《续古文辞
　类纂》。

②篇帙:指书籍的篇卷。

③亢:高,远。

④知旧:知交旧友。《三国志·魏书·荀彧传》:"彧及攸并贵重,皆
　谦冲节俭,禄赐散之宗族知旧,家无馀财。"

【译文】

　　我所创作的古文,黎莼斋抄录颇多,他前不久已照抄一份寄我这里
存稿,此外黎莼斋还没抄录的文章,寥寥无几,尤其不能刻版刷印送人。
不只篇目太少,而且年轻时不能在这方面用力,志大才疏,刻出来只能
显露自己的浅陋。如果有朋友故旧劝你们刻我的文集,婉言谢绝即可。
千万牢记千万牢记。

　　余生平略涉先儒之书,见圣贤教人修身,千言万语,而
要以不忮不求为重①。忮者,嫉贤害能②,妒功争宠③,所谓
"忌者不能修,忌者畏人修"之类也④。求者,贪利贪名,怀土
怀惠⑤,所谓"未得患得,既得患失"之类也⑥。忮不常见,每
发露于名业相侔、势位相埒之人⑦;求不常见,每发露于货财
相接、仕进相妨之际⑧。将欲造福⑨,先去忮心,所谓"人能充
无欲害人之心,而仁不可胜用也"⑩。将欲立品⑪,先去求心,

所谓"人能充无穿窬之心，而义不可胜用也"⑫。忮不去，满怀皆是荆棘；求不去，满腔日即卑污⑬。余于此二者常加克治⑭，恨尚未能扫除净尽。尔等欲心地干净，宜于此二者痛下工夫，并愿子孙世世戒之。附作《忮求诗二首》录右⑮。

【注释】

①不忮（zhì）不求：不嫉妒，不贪求。《诗经·邶风·雄雉》："不忮不求，何用不臧。"汉郑玄笺："我君子之行，不疾害，不求备于一人，其行何用为不善。"

②嫉贤害能：嫉妒品德好的人，妨害有才能的人。

③妒功争宠：妒忌立功的人，争抢在上位的恩宠。

④怠者不能修，忌者畏人修：语出唐韩愈《原毁》："怠者不能修，而忌者畏人修。"意谓懒怠的人不能自修，嫉妒心强的人怕别人好好修身。

⑤怀土怀惠：语出《论语·里仁》："子曰：'君子怀德，小人怀土；君子怀刑，小人怀惠。'"意谓想要田产，想要好处（上面给的恩惠）。但此处仅用其字面意思。

⑥未得患得，既得患失：语本《论语·阳货》："子曰：'鄙夫可与事君也与哉？其未得之也，患得之。既得之，患失之。苟患失之，无所不至矣。'"意即患得患失。

⑦发露：显示，流露。相侔：亦作"相牟"，相等，同样。相埒（liè）：相等。

⑧相妨：互相妨碍、抵触。

⑨造福：指造福田。佛教谓积善行可得福报，如播种田地，秋获其实。

⑩人能充无欲害人之心，而仁不可胜用也：此句及下句"人能充无穿窬之心，而义不可胜用也"，皆出自《孟子·尽心下》："孟子曰：

'人皆有所不忍,达之于其所忍,仁也;人皆有所不为,达之于其
所为,义也。人能充无欲害人之心,而仁不可胜用也;人能充无
穿逾(窬)之心,而义不可胜用也;人能充无受尔汝之实,无所往
而不为义也。士未可以言而言,是以言馅之也;可以言而不言,
是以不言馅之也。是皆穿逾(窬)之类也。'"

⑪立品:培养品德。

⑫穿窬(yú):亦作"穿逾",挖墙洞和爬墙头。指偷窃行为。《论
语·阳货》:"色厉而内荏,譬诸小人,其犹穿窬之盗也欤?"三国
魏何晏《集解》:"穿,穿壁;窬,窬墙。"《孟子·尽心下》:"人能充
无穿逾之心,而义不可胜用也。"东汉赵岐注:"穿墙逾屋,奸利之
心也。"

⑬日即:天天靠近。

⑭克治:宋明理学习用语。谓克制私欲邪念。明王守仁《传习录》
卷上:"俟其心意稍定,只悬空静守,如槁木死灰,亦无用,须教他
省察克治。"《明史·陈真晟传》:"又得程子主一之说,专心
克治。"

⑮录右:传忠书局本作"录右",当为"录左"。古人书写习惯,例用
竖行,自上而下,先右后左。录左,即附后。

【译文】

　　我这辈子稍稍读过一些先儒的书,看到圣贤教人修身,千言万语,
概括起来是以不忮不求为重点。忮,就是嫉妒品德比自己好的人,妨害
才能比自己强的人,妒忌别人立功,千方百计争宠,就是韩愈《原毁》里
说的"怠者不能修,而忌者畏人修"这类。求,就是既贪利又贪名,既贪
田产又贪好处,就是《论语》里所说的"没有得到的想得到,得到以后害
怕失去"这类。忮,平常不容易显现,每每在与名望、地位和自己差不多
的人相处时才显露出来;求,平常不容易显现,每每在发生财物关系、仕
途升迁存在竞争的时候才显露出来。想要积福,先要去掉"忮"心,就如

孟子所说"人如果能扩充不想害人的初心,那仁德就用不尽了"。想要培养品德,先要去掉"求"心,就如孟子所说"人如果能扩充不偷盗的初心,那义就用不尽了"。"忮"的毛病去不掉,那心胸都是荆棘;"求"的毛病去不掉,那内心每天接触的都是龌龊。我在这两方面常常针对性加以克服,只是遗憾还没能彻底将毛病扫除干净。你们想要心地干净,应该在这两方面痛下功夫,并且希望子孙世世戒除这两个毛病。将我创作的《忮求诗二首》,附录在后。

历览有国有家之兴①,皆由克勤克俭所致②。其衰也,则反是。余生平亦颇以勤字自励,而实不能勤。故读书无手钞之册,居官无可存之牍。生平亦好以俭字教人,而自问实不能俭。今署中内外服役之人,厨房日用之数,亦云奢矣。其故由于前在军营,规模宏阔,相沿未改。近因多病,医药之资,漫无限制。由俭入奢,易于下水;由奢反俭,难于登天。在两江交卸时,尚存养廉二万金,在余初意不料有此,然似此放手用去,转瞬即已立尽。尔辈以后居家,须学陆梭山之法③,每月用银若干两,限一成数,另封秤出,本月用毕,只准赢馀,不准亏欠。衙门奢侈之习,不能不彻底痛改。余初带兵之时,立志不取军营之钱以自肥其私,今日差幸不负始愿④,然亦不愿子孙过于贫困,低颜求人,惟在尔辈力崇俭德,善待其后而已。

【注释】

①历览:遍览,逐一地看。有国有家:语出《论语·季氏》:"丘也闻有国有家者,不患寡,而患不均;不患贫,而患不安。"诸侯有国,

大夫有家。有国有家者,本指诸侯和大夫。此处泛指国和家。

②克勤克俭:语本《尚书·大禹谟》:"克勤于邦,克俭于家。"意谓既能勤劳,又能节俭。

③陆梭山:陆九韶(1128—1205),字子美,宋抚州金溪(今属江西)人。与弟陆九龄、陆九渊合称"三陆"。筑室梭山,自号梭山居士、梭山老圃,讲学其中。以训诫之辞为韵语,使子弟听诵其学以切于日用为要。昼之言行,夜必书之。有《州郡图》《家制》《梭山日记》及文集。《宋史》有传。

④差幸:可算,算是。

【译文】

　　遍观一国一家的兴旺,都是因为既能勤劳、又能节俭带来的。一国一家的衰败,则相反。我这辈子也很以勤劳自勉,但实际做不到真正勤劳。所以读书没有亲手抄录的册子,做官没有可以留存的文牍。我这辈子也喜欢用节俭教育别人,但自问其实不能真正节俭。现在衙署中里里外外做事的人,厨房每天的花费,也够奢侈了。原因是此前身在军营,手笔太大,沿袭习惯而未改。最近又因多病,医药花费,漫无限制。由俭到奢,比下水还容易;由奢返俭,比登天还难。交卸两江总督一职时,还有养廉银二万两,对我来说起初不曾想还有这笔钱,但像这样放手去用,转眼就会花得干干净净。你们以后持家,要学陆梭山的办法,每月用银多少两,限定一个具体的数目,称出来单独封好,本月用完,只许有赢馀,不许有亏欠。在衙门养成的奢侈习惯,不能不下决心彻底改变。我刚带兵的时候,立志不拿军营的钱来自肥私囊,现在算是不负初心,但也不想子孙过于贫困,低声下气地求人,只能寄希望你们努力崇尚节俭的美德,好好处理后来的事情。

　　孝友为家庭之祥瑞,凡所称因果报应,他事或不尽验,独孝友则立获吉庆,反是则立获殃祸,无不验者。吾早岁久宦京师,于孝养之道多疏,后来展转兵间,多获诸弟之助,而吾毫无裨益于诸弟。余兄弟姊妹各家,均有田宅之安,大抵皆九弟扶助之力。我身殁之后,尔等事两叔如父,事叔母如母,视堂兄弟如手足。凡事皆从省啬,独待诸叔之家则处处从厚,待堂兄弟以德业相劝、过失相规①,期于彼此有成,为第一要义。其次则"亲之欲其贵,爱之欲其富"②,常常以吉祥善事代诸昆季默为祷祝,自当神人共钦。温甫、季洪两弟之死,余内省觉有惭德③。澄侯、沅甫两弟渐老,余此生不审能否相见④。尔辈若能从"孝""友"二字切实讲求,亦足为我弥缝缺憾耳。

【注释】

①德业相劝、过失相规:出自《吕氏乡约》。《吕氏乡约》,由"蓝田四吕"(吕大忠、吕大钧、吕大临、吕大防)于北宋神宗熙宁九年(1076)制定,是我国历史上最早的成文乡约。"德业相劝、过失相规、礼俗相交、患难相恤"为其纲目。

②亲之欲其贵,爱之欲其富:语本《孟子·万章上》:"仁人之于弟也,不藏怒焉,不宿怨焉,亲爱之而已矣。亲之,欲其贵也;爱之,欲其富也。"

③惭德:因言行有缺失而内愧于心。《尚书·仲虺之诰》:"成汤放桀于南巢,惟有惭德,曰:'予恐来世以台为口实。'"

④不审:不知,不晓得。

【译文】

孝敬父母、友爱兄弟是家庭和睦吉祥的好兆头,凡是通常所说的因果报应,其他事或许不一定都灵验,只有孝敬、友爱能立即带来吉庆,相反则立刻导致灾祸,这没有不灵验的。我早年长时间在京城做官,在孝敬供养父母方面多有欠缺,后来在外带兵打仗多年,得到兄弟们很多帮助,但我对几位弟弟则一点儿帮助也没有。我兄弟姊妹各家,都有田可种、有屋安居,大都依靠的是九弟鼎力扶助。我死之后,你们要像侍奉父亲一样侍奉两位叔叔,像侍奉母亲一样侍奉叔母,要将堂兄弟当作亲兄弟一样。各种事情都遵从节省的原则,唯独对几位叔叔家里要样样以丰厚为原则;对堂兄弟,在品德学业方面要相互勉励,有过失要相互规劝,以彼此都能有所成就为目标,这是最重要的。其次,则像孟子所说的"对他亲,就希望他贵;爱他,就希望他富",常常用吉祥善事代诸位堂兄弟默默祈祷祝愿,自然就能达到人和神灵都很信服认同的效果。温甫、季洪两位弟弟的死,我问心有愧。澄侯、沅甫两位弟弟也渐渐上了年纪,我这辈子不晓得还能与他们相见不。你们如果能从"孝""友"二字上切实讲究,也可以为我弥补一些缺憾。

　　附《忮求诗》二首:

　　　　善莫大于恕,德莫凶于妒。

　　　　妒者妾妇行,琐琐奚比数①。

　　　　己拙忌人能,己塞忌人遇。

　　　　己若无事功,忌人得成务。

　　　　己若无党援,忌人得多助。

　　　　势位苟相敌②,畏逼又相恶③。

　　　　己无好闻望④,忌人文名著。

　　　　己无贤子孙,忌人后嗣裕⑤。

　　　　争名日夜奔,争利东西骛⑥。

　　　　但期一身荣,不惜他人污。

　　　　闻灾或欣幸,闻祸或悦豫⑦。

　　　　问渠何以然,不自知其故。

尔室神来格^⑧,高明鬼所顾。

天道常好还^⑨,嫉人还自误。

幽明丛诟忌^⑩,乖气相回互^⑪。

重者灾汝躬^⑫,轻亦减汝祚^⑬。

我今告后生,悚然大觉悟^⑭。

终身让人道,曾不失寸步。

终身祝人善,曾不损尺布。

消除嫉妒心,普天零甘露^⑮。

家家获吉祥,我亦无恐怖。(右《不忮》)

【注释】

①琐琐:琐细,细碎。比数:此为一一列举意。

②相敌:名位相当。

③相恶(wù):彼此憎恶。

④闻望:声望,名望。

⑤后嗣裕:子孙众多。

⑥东西骛:四处追逐。

⑦悦豫:喜悦,愉快。汉班固《两都赋·序》:"是以众庶悦豫,福应尤盛。"

⑧来格:来临,到来。格,至。《尚书·益稷》:"戛击鸣球,搏拊琴瑟以咏,祖考来格。"孔传:"此舜庙堂之乐,民悦其化,神歆其祀,礼备乐和,故以祖考来至明之。"

⑨好还:《老子》三十章:"以道佐人主者,不以兵强天下,其事好还。"后以天道循环、报应不爽为"天道好还"。

⑩幽明:阴间与阳间,人与鬼神。丛:丛生。诟忌:责难和忌恨。

⑪乖气:邪恶之气,不祥之气。《汉书·楚元王传》:"和气致祥,乖

气致异。"回互：往复，来回。

⑫躬：身。

⑬祚：福运。

⑭悚然：惶恐不安貌。或肃然恭敬貌。

⑮零：下雨。尤指落细雨。

【译文】

附《忮求诗》二首：

善莫大于恕，德莫凶于妒。

妒者妾妇行，琐琐奚比数。

己拙忌人能，己塞忌人遇。

己若无事功，忌人得成务。

己若无党援，忌人得多助，

势位苟相敌，畏逼又相恶。

己无好闻望，忌人文名著。

己无贤子孙，忌人后嗣裕。

争名日夜奔，争利东西骛。

但期一身荣，不惜他人污。

闻灾或欣幸，闻祸或悦豫。

问渠何以然，不自知其故。

尔室神来格，高明鬼所顾。

天道常好还，嫉人还自误。

幽明丛诟忌，乖气相回互。

重者灾汝躬，轻亦减汝祚。

我今告后生，悚然大觉悟。

终身让人道，曾不失寸步。

终身祝人善，曾不损尺布。

消除嫉妒心，普天零甘露。

家家获吉祥,我亦无恐怖。(以上《不忮》)

知足天地宽,贪得宇宙隘。

岂无过人姿^①,多欲为患害。

在约每思丰^②,居困常求泰^③。

富求千乘车,贵求万钉带^④。

未得求速偿^⑤,既得求勿坏。

芬馨比椒兰^⑥,磐固方泰岱^⑦。

求荣不知厌^⑧,志亢神愈忲^⑨。

岁燠有时寒^⑩,日明有时晦^⑪。

时来多善缘,运去生灾怪。

诸福不可期,百殃纷来会。

片言动招尤^⑫,举足便有碍。

戚戚抱殷忧^⑬,精爽日凋瘵^⑭。

矫首望八荒^⑮,乾坤一何大^⑯。

安荣无遽欣,患难无遽憝^⑰。

君看十人中,八九无倚赖。

人穷多过我,我穷犹可耐。

而况处夷途^⑱,奚事生嗟忾^⑲?

于世少所求,俯仰有馀快。

俟命堪终古^⑳,曾不愿乎外^㉑。(右《不求》)

【注释】

①过人姿:在普通人之上的资质。

②在约:在资源缺乏的时候。丰:富足。

③居困：身处困境。泰：安泰，平顺。

④万钉带：镶嵌万颗金钉的腰带，极名贵，多为皇帝赏赐有武功的大臣所用。《隋书·杨素传》载杨素抗击突厥有功，朝廷"优诏褒扬，赐缣二万匹，及万钉宝带"。

⑤速偿：及早满足，如愿。

⑥芬馨(xīn)：芳香。旧题汉苏武《诗》之四："芬馨良夜发，随风闻我堂。"椒兰：椒与兰。皆芳香之物，故以并称。《荀子·礼论》："刍豢稻粱，五味调香，所以养口也；椒兰芬苾，所以养鼻也。"

⑦磐固：如磐石般稳固。形容不可动摇。方：好比，如同。泰岱：即泰山。泰山，又名"岱宗"，故称。

⑧不知厌：不知足。

⑨忕(tài)：奢侈，骄泰。

⑩燠(yù)：暖，热。

⑪晦：暗。与"明"相对。

⑫招尤：招致他人的怪罪或怨恨。

⑬戚戚：忧惧貌，忧伤貌。《论语·述而》："君子坦荡荡，小人长戚戚。"三国魏何晏《集解》引汉郑玄曰："长戚戚，多忧惧。"殷忧：深深的忧伤。魏晋之际阮籍《咏怀》之十四："感物怀殷忧，悄悄令心悲。"

⑭精爽：精神，魂魄。凋瘵(zhài)：凋散，衰败。

⑮八荒：八方荒远的地方。《汉书·项籍传赞》："并吞八荒之心。"唐颜师古注："八荒，八方荒忽极远之地也。"

⑯乾坤：指天地。

⑰憝(duì)：怨恨，埋怨。

⑱夷途：平坦的人生道路。

⑲嗟忾：因愤恨而叹息感慨。

⑳俟命：听天由命。《中庸》第十四章："上不怨天，下不尤人，故君

子居易以俟命，小人行险以徼幸。"汉郑玄注："俟命，听天任命
也。"终古：度过漫长的馀生。《楚辞·离骚》："怀朕情而不发兮，
余焉能忍而与此终古。"朱子《集注》："终古者，古之所终，谓来日
之无穷也。"

㉑不愿乎外：语本朱子《中庸》第十四章"故君子居易以俟命，小人
行险以徼幸"句下注："居易，素位而行也。俟命，不愿乎外也。"
意谓不向外索求。

【译文】

知足天地宽，贪得宇宙隘。

岂无过人姿，多欲为患害。

在约每思丰，居困常求泰。

富求千乘车，贵求万钉带。

未得求速偿，既得求勿坏。

芬馨比椒兰，磐固方泰岱。

求荣不知厌，志亢神愈忕。

岁燠有时寒，日明有时晦。

时来多善缘，运去生灾怪。

诸福不可期，百殃纷来会。

片言动招尤，举足便有碍。

戚戚抱殷忧，精爽日凋瘵。

矫首望八荒，乾坤一何大。

安荣无遽欣，患难无遽憝。

君看十人中，八九无倚赖。

人穷多过我，我穷犹可耐。

而况处夷途，奚事生嗟忾？

于世少所求，俯仰有馀快。

俟命堪终古，曾不愿乎外。（以上《不求》）

日课四条

同治十年金陵节署中日记

一曰慎独则心安①

自修之道,莫难于养心。心既知有善知有恶,而不能实用其力,以为善去恶,则谓之自欺。方寸之自欺与否,盖他人所不及知,而己独知之。故《大学》之"诚意"章,两言"慎独"。果能好善如好好色、恶恶如恶恶臭②,力去人欲③,以存天理④,则《大学》之所谓"自慊"⑤,《中庸》之所谓"戒慎""恐惧"⑥,皆能切实行之。即曾子之所谓"自反而缩"⑦,孟子之所谓"仰不愧""俯不怍"⑧,所谓"养心莫善于寡欲"⑨,皆不外乎是。

【注释】

①慎独:语出《大学》第六章:"此谓诚于中,形于外,故君子必慎其独也。"意谓在独处中谨慎不苟。

②好善如好(hào)好(hǎo)色、恶(wù)恶(è)如恶(wù)恶(è)臭(xiù):语本《大学》第六章朱子《集注》:"使其恶恶则如恶恶臭,好善则如好好色,皆务决去,而求必得之,以自快足于己,不可徒苟且以殉外而为人也。"好好色,喜欢美色。恶恶,憎恨丑恶。恶恶臭,讨厌不好的气味。

③人欲:人的欲望。《礼记·乐记》:"人化物也者,灭天理而穷人欲者也。"唐孔颖达疏:"灭其天生清静之性,而穷极人所贪嗜欲也。"

④天理：天性，永恒的客观道德法则。宋代理学家将人伦纲常视作天理。

⑤自慊(qiè)：自快，自足。《大学》第六章："所谓诚其意者：毋自欺也，如恶恶臭，如好好色，此之谓自谦，故君子必慎其独也。"朱子《集注》："谦，读为慊"，"谦，快也，足也"。

⑥"戒慎""恐惧"：语本《中庸》第一章："道也者，不可须臾离也，可离非道也。是故君子戒慎乎其所不睹，恐惧乎其所不闻。"朱子《集注》："道者，日用事物当行之理，皆性之德而具于心，无物不有，无时不然，所以不可须臾离也。若其可离，则为外物而非道矣。是以君子之心常存敬畏，虽不见闻，亦不敢忽，所以存天理之本然，而不使离于须臾之顷也。"

⑦自反而缩：语出《孟子·公孙丑上》："昔者曾子谓子襄曰：'子好勇乎？吾尝闻大勇于夫子矣。自反而不缩，虽褐宽博，吾不惴焉；自反而缩，虽千万人，吾往矣。'"

⑧"仰不愧""俯不怍"：语本《孟子·尽心上》："孟子曰：'君子有三乐，而王天下不与存焉。父母俱存，兄弟无故，一乐也；仰不愧于天，俯不怍于人，二乐也；得天下英才而教育之，三乐也。君子有三乐，而王天下不与存焉。'"

⑨养心莫善于寡欲：语本《孟子·尽心下》："孟子曰：'养心莫善于寡欲。其为人也寡欲，虽有不存焉者，寡矣；其为人也多欲，虽有存焉者，寡矣。'"

【译文】

自修之道，最难的是养心。内心既然明白什么是善什么是恶，却不能真心实意地用力，努力行善除恶，那就是自欺。内心是否自欺，这是别人所无法知道的，只有自己一个人知道。所以《大学》的"诚意"这一章，两次提到"慎独"。如果真的能像爱美色一样爱善，像讨厌不好的气味一样憎恨恶，努力克服私欲，维护公理，那么《大学》里所说的"自慊"，

《中庸》里所说的君子"戒慎乎其所不睹""恐惧乎其所不闻",就都能切实实行了。即如曾子所说的"自我反省觉得自己很正直",孟子所说的"仰不愧于天""俯不怍于人","养心没有比减少欲望更重要的",也都是这个意思。

　　故能慎独,则内省不疚①,可以对天地质鬼神②,断无行有不慊于心则馁之时③。人无一内愧之事,则天君泰然④,此心常快足宽平,是人生第一自强之道,第一寻乐之方,守身之先务也⑤。

【注释】

①内省不疚:语本《论语·颜渊》:"司马牛问君子。子曰:'君子不忧不惧。'曰:'不忧不惧,斯谓之君子已乎?'子曰:'内省不疚,夫何忧何惧?'"意谓自我反省而无愧疚。又《中庸》尾章:"《诗》云:'潜虽伏矣,亦孔之昭。'故君子内省不疚,无恶于志。君子所不可及者,其唯人之所不见乎。"

②对天地质鬼神:语本《中庸》第二十九章:"故君子之道:本诸身,征诸庶民,考诸三王而不缪,建诸天地而不悖,质诸鬼神而无疑,百世以俟圣人而不惑。"朱子《集注》:"建,立也,立于此而参于彼也。天地者,道也。鬼神者,造化之迹也。"

③行有不慊于心则馁:语本《孟子·公孙丑上》:"其为气也,配义与道;无是,馁也。是集义所生者,非义袭而取之也。行有不慊于心,则馁矣。"朱子《集注》:"馁,饥乏而气不充体也。""慊,快也,足。言所行一有不合于义,而自反不直,则不足于心而其体有所不充矣。"

④天君泰然:语出范浚《心箴》:"天君泰然,百体从令。"意谓内心安

泰。旧谓心为思维器官，称心为"天君"。《荀子·天论》："心居中虚，以治五官，夫是之谓天君。"

⑤守身：保持品德和节操。《孟子·离娄上》："事，孰为大？事亲为大。守，孰为大？守身为大。不失其身而能事其亲者，吾闻之矣；失其身而能事其亲者，吾未之闻也。"东汉赵岐注："事亲，养亲也；守身，使不陷于不义也。"

【译文】

所以只要能慎独，自我反省就不会内疚，内心就可以对得起天地和鬼神的质疑，绝对不会有行为不能让自己的内心满意而心情沮丧的时候。人，如果没有任何一件事会令自己的内心觉得惭愧，那就会内心坦荡，内心常常愉快自足而宽厚平和，是人生最重要的自强之道，最重要的寻乐法门，是修身第一要紧的事。

二曰主敬则身强①

"敬"之一字，孔门持以教人，春秋士大夫亦常言之。至程朱则千言万语不离此旨②。内而专静纯一③，外而整齐严肃④，敬之工夫也⑤；出门如见大宾⑥，使民如承大祭⑦，敬之气象也⑧；修己以安百姓⑨，笃恭而天下平⑩，敬之效验也。程子谓"上下一于恭敬，则天地自位，万物自育，气无不和，四灵毕至，聪明睿智，皆由此出，以此事天飨帝"⑪，盖谓敬则无美不备也。

【注释】

①主敬：以恭敬为原则，恪守诚敬。儒家休养功夫，尤为宋明理学所提倡，以此为律身之本。《礼记·少仪》："宾客主恭，祭祀主敬。"

②程朱:指宋朝理学家二程子(明道先生程颢、伊川先生程颐)和朱子(朱熹)。传统儒家,以孔、孟、程、朱为正统。

③专静纯一:指用心专一、纯粹,不浮躁。为宋明理学所提倡。《朱子语类·读书法》:"大凡学者须是收拾此心,令专静纯一,日用动静间都无驰走散乱,方始看得文字精审。如此,方是有本领。"《朱子语类·训门人》:"某人来说书,大概只是捏合来说,都不详密活熟。此病乃是心上病,盖心不专静纯一,故思虑不精明。要须养得此心令虚明专静,使道理从里面流出,便好。"

④整齐严肃:仪表端正严肃。为宋明理学所提倡。《朱子语类·持守》:"问敬。曰:'不用解说,只整齐严肃便是。'"《朱子语类·训门人》:"书有合讲处,有不必讲处。如主一处,定是如此了,不用讲。只是便去下工夫,不要放肆,不要戏慢,整齐严肃,便是主一,便是敬。"

⑤工夫:理学家称积功累行、涵畜存养心性为工(功)夫。《朱子语类》卷六十九:"谨信存诚是里面工夫,无迹。"

⑥出门如见大宾:此句与下句"使民如承大祭",语本《论语·颜渊》:"仲弓问仁。子曰:'出门如见大宾,使民如承大祭。己所不欲,勿施于人。在邦无怨,在家无怨。'"大宾,《周礼·秋官·大行人》:"大行人,掌大宾之礼,及大客之仪,以亲诸侯。"汉郑玄注:"大宾,要服以内诸侯。"本是周王朝对来朝觐的要服(按:古"五服"之一。古代王畿以外按距离分为五服。相传一千五百里至两千里为要服。《尚书·禹贡》:"五百里要服。"孔传:"绥服外之五百里,要束以文教者。")以内的诸侯的尊称。此指身份极高贵的宾客。古乡饮礼,推举年高德劭者一人为宾,也称"大宾"。

⑦大祭:古代重大祭祀之称。包括天地之祭、禘祫之祭等。《周礼·天官·酒正》:"凡祭祀,以法共五齐三酒,以实八尊。大祭三贰,中祭再贰,小祭壹贰,皆有酌数。"汉郑玄注:"大祭,天地;

中祭，宗庙；小祭，五祀。"《周礼·春官·天府》："凡国之玉镇大宝器藏焉，若有大祭大丧，则出而陈之，既事，藏之。"汉郑玄注："禘祫及大丧陈之，以华国也。"《尔雅·释天》："禘，大祭也。"晋郭璞注："五年一大祭。"

⑧气象：迹象，气度。此句"气象"，语本《论语·颜渊》："仲弓问仁。子曰：'出门如见大宾，使民如承大祭。已所不欲，勿施于人。在邦无怨，在家无怨。'"朱子《集注》所引程子曰："孔子言仁，只说出门如见大宾，使民如承大祭。看其气象，便须心广体胖，动容周旋中礼。惟谨独，便是守之之法。"

⑨修己以安百姓：语本《论语·宪问》："子路问君子。子曰：'修己以敬。'曰：'如斯而已乎？'曰：'修己以安人。'曰：'如斯而已乎？'曰：'修己以安百姓。修己以安百姓，尧、舜其犹病诸？'"

⑩笃恭而天下平：语本《中庸》尾章："《诗》曰：'不显惟德！百辟其刑之。'是故君子笃恭而天下平。"朱子《集注》："笃，厚也。笃恭，言不显其敬也。笃恭而天下平，乃圣人至德渊微，自然之应，中庸之极功也。"又，"修己以安百姓，笃恭而天下平"连用，语本《论语·宪问》："子路问君子。子曰：'修己以敬。'曰：'如斯而已乎？'曰：'修己以安人。'曰：'如斯而已乎？'曰：'修己以安百姓。修己以安百姓，尧、舜其犹病诸？'"朱子《集注》所引程子曰："君子修己以安百姓，笃恭而天下平。惟上下一于恭敬，则天地自位，万物自育，气无不和，而四灵毕至矣。此体信达顺之道，聪明睿知皆由是出，以此事天飨帝。"

⑪"程子谓"几句：引程子之言，参前注。四灵，指麟、凤、龟、龙四种灵畜。《礼记·礼运》："何谓四灵？麟、凤、龟、龙谓之四灵。"唐孔颖达疏："以此四兽皆有神灵，异于他物，故谓之灵。"事天飨（xiǎng）帝，侍奉上天，祭祀上帝。《礼记·礼器》："是故因天事天，因地事地，因名山升中于天，因吉土以飨帝于郊。"

【译文】

　　"敬"这个字,孔门拿来教育人,春秋时期的士大夫也常常说"敬"。到了程子和朱子,那可就是千言万语都离不开这个"敬"字。内心专静纯一,外表整齐严肃,是"敬"的功夫;出门就好像是要见身份极贵重的宾客一样端庄,使唤人民就好像是要参与国家最重大的祭祀典礼活动一样庄重,是"敬"的气象;自己修身来安定百姓,恭敬而令天下太平,是"敬"的效果和验证。程子说"上下都能恭敬,那天地就会在自己的轨道运转,万物就会生长发育良好,气息没有一处不和谐,麟、凤、龟、龙四种灵物都会出现,聪明睿智,都从这里生出,用这来侍奉上天祭祀上帝",是说只要做到"敬",就什么美好都会具备。

　　吾谓"敬"字切近之效①,尤在能固人肌肤之会,筋骸之束②。庄敬日强③,安肆日偷④,皆自然之征应⑤。虽有衰年病躯,一遇坛庙祭献之时⑥,战阵危急之际,亦不觉神为之悚⑦,气为之振。斯足知敬能使人身强矣。若人无众寡,事无大小,一一恭敬,不能懈慢⑧,则身体之强健,又何疑乎?

【注释】

　　①切近:非常贴近,非常符合(自身需要)。

　　②肌肤之会,筋骸之束:语本《礼记·礼运》:"故礼义也者,人之大端也,所以讲信修睦而固人之肌肤之会,筋骸之束也。"肌肤之会,指肌肉皮肤紧凑,不松弛。筋骸之束,指骨骼牢固,不松散。《论语·泰伯》朱子《集注》:"礼以恭敬辞逊为本,而有节文度数之详,可以固人肌肤之会,筋骸之束。"

　　③庄敬:庄严恭敬。《礼记·乐记》:"致礼以治躬则庄敬,庄敬则严威。"唐孔颖达疏:"若能庄严而恭敬,则严肃威重也。"

④安肆：安乐放纵。《礼记·表记》："君子庄敬日强，安肆日偷。"唐孔颖达疏："言小人安乐则其情日为苟且。"

⑤征应：证验，应验。

⑥坛庙：坛，指天坛、地坛、社稷坛等；庙，指祖庙及诸神庙。泛指朝廷祭祀场所。《周礼·春官》有典祀，负责四郊坛庙的祭祀。其后历代都有掌坛庙祭祀的官员。祭献：祭祀供奉。

⑦悚：此指因恭敬而全神贯注。

⑧"若人"四句：语本《论语·尧曰》："君子无众寡，无小大，无敢慢，斯不亦泰而不骄乎？"

【译文】

我说"敬"字最切近自身的效果，尤其是能让人肌肤紧凑，筋骨紧固。庄严恭敬就会日益刚强，安乐放纵就会日益苟且，这都是自然而然的验证。虽然是年老多病，我一遇到参与重大典礼祭祀活动时，或者战场上军事危急时，也会在不知不觉间全神贯注，精神振作。这足以让我们知道"敬"能够让人身心变强。如果能做到人不管是多还是少，事不管是大还是小，都能恭敬，不松懈，不怠慢，那身体会强健，又有什么可值得怀疑呢？

三曰求仁则人悦

凡人之生，皆得天地之理以成性，得天地之气以成形。我与民物①，其大本乃同出一源。若但知私己②，而不知仁民爱物③，是于大本一源之道已悖而失之矣。至于尊官厚禄，高居人上，则有拯民溺、救民饥之责④；读书学古⑤，粗知大义⑥，即有觉后知、觉后觉之责⑦。若但知自了⑧，而不知教养庶汇⑨，是于天之所以厚我者，辜负甚大矣。

【注释】

①民物：泛指人民、万物。

②私己：自私、利己。

③仁民爱物：语本《孟子·尽心上》：“孟子曰：‘君子之于物也，爱之而弗仁；于民也，仁之而弗亲。亲亲而仁民，仁民而爱物。’”朱子《集注》：“物，谓禽兽草木。爱，谓取之有时，用之有节。”意谓爱护百姓，爱惜万物。

④拯民溺：比喻解救人民的困苦危难。拯溺，指救援溺水的人，引申指解救危难。《邓析子·无厚》：“不治其本，而务其末，譬如拯溺而硾之以石，救火而投之以薪。”

⑤学古：学习研究古代典籍。《尚书·周官》：“学古入官。”孔传：“言当先学古训，然后入官治政。”

⑥粗知：略知。

⑦觉后知、觉后觉：语出《孟子·万章上》：“天之生此民也，使先知觉后知，使先觉觉后觉也。予，天民之先觉者也，予将以斯道觉斯民也，非予觉之而谁也。”朱子《集注》：“此亦伊尹之言也。知，谓识其事之所当然。觉，谓悟其理之所以然。觉后知后觉，如呼寐者而使之寤也。”又《孟子·万章下》：“伊尹曰：‘何事非君？何使非民？’治亦进，乱亦进，曰：‘天之生斯民也，使先知觉后知，使先觉觉后觉。予，天民之先觉者也。予将以此道觉此民也。’”

⑧自了：《晋书·山涛传》：“帝谓涛曰：‘西偏吾自了之，后事深以委卿。’”后谓只顾自己、不顾大局者曰“自了汉”。

⑨教养：教育培养。《东观汉记·马融传》：“马融才高博洽，为通儒，教养诸生，常有千数。”庶汇：黎民百姓。唐李商隐《为安平公谢除兖海观察使表》：“伏惟皇帝陛下钧陶庶汇，亭毒万方。”

【译文】

凡是人，一生下来，就得天地的理以成就他的人性，得天地的气以成就他的人形。我和百姓乃至万物,在根本上都是同出一源。如果只知道利己,而不知道爱人惜物,是已经违背我与百姓乃至万物同出一源的这一认识并且犯错了。至于做大官得厚禄,处在社会顶层的人,本就有为人民解除困苦危难的责任;读书,学习古代的经典,稍稍明白大义,就有教育后知后觉的责任。如果只晓得做一个自了汉,却不知道要教育和培养黎民百姓,那就是对上天偏爱并赐给我们的才能,辜负太大。

孔门教人,莫大于求仁,而其最切者,莫要于"欲立立人""欲达达人"数语①。立者自立不惧,如富人百物有馀,不假外求;达者四达不悖,如贵人登高一呼,群山四应。人孰不欲己立己达,若能推以立人达人,则与物同春矣②。

【注释】

①欲立立人、欲达达人:语本《论语·雍也》:"子贡曰:'如有博施于民而能济众,何如? 可谓仁乎?'子曰:'何事于仁,必也圣乎! 尧、舜其犹病诸! 夫仁者,己欲立而立人,己欲达而达人。能近取譬,可谓仁之方也已。'"意谓自己想要有所树立,也让别人能有所树立;自己追求通达,也让别人能通达。

②与物同春:与万物一起欣欣向荣。

【译文】

孔子教育人,没有比求仁更重要的;而最紧要的,没有比"己欲立而立人""己欲达而达人"两句更要紧的。能立的人自我树立而不畏惧,好比富人什么东西都有馀,不需要向外索求;能达的人处处通达而不悖谬,好比贵人登高一呼,四面的群山都回应。人,谁不想自己能有所树立能腾达呢,如果能推己及人,也让别人能树立能腾达,那就是和万物一起欣欣向荣了。

后世论求仁者，莫精于张子之《西铭》①。彼其视民胞物与②，宏济群伦③，皆事天者性分当然之事④。必如此，乃可谓之人；不如此，则曰悖德、曰贼⑤。诚如其说，则虽尽立天下之人，尽达天下之人，而曾无善劳之足言⑥，人有不悦而归之者乎？

【注释】

①张子：北宋大儒张载。《西铭》：见前注。

②民胞物与：宋张载《西铭》："民吾同胞，物吾与也。"意谓世人，皆为我的同胞；万物，俱是我的同辈。后因以谓泛爱一切人和物。

③宏济：大力匡救，广泛救助。群伦：同类，同等的人们。

④性分当然之事：天赋本性决定的理所当然之事。"性分""当然"为宋明理学习用语。

⑤曰悖德、曰贼：用张载《西铭》"违曰悖德，害仁曰贼"语典。

⑥曾无：竟无，乃无。

【译文】

后世讲求仁的，没有比张子《西铭》讲得更精微了。将世人视为我的同胞，将万物视为我的同类，广泛救济众人，都是侍奉上天的人天赋本性决定的理所当然该做的事。必须这样，才能算是人；不这样，就是违背道德，就是贼人。如果真能做到《西铭》里说的那样，那即便是让天下人都能树立，让天下人都能腾达，也竟没有什么功德和劳苦值得拿来说，人哪里会有不喜欢不依附的呢？

四曰习劳则神钦

凡人之情，莫不好逸而恶劳。无论贵贱智愚老少，皆贪于逸而惮于劳，古今之所同也。人一日所着之衣、所进之食，与一日所行之事、所用之力相称，则旁人韪之^①，鬼神许之，以为彼自食其力也。若农夫织妇，终岁勤动，以成数石之粟^②，数尺之布；而富贵之家，终岁逸乐，不营一业，而食必珍羞^③，衣必锦绣，酣豢高眠^④，一呼百诺^⑤，此天下最不平之事，鬼神所不许也，其能久乎？

【注释】

①韪（wěi）之：认同他，认为他是对的。

②石：计量单位。作为重量单位，合一百二十市斤。《汉书·律历志上》："三十斤为钧，四钧为石。"《国语·周语》："重不过石。"三国吴韦昭注："百二十斤也。"又，作为容量单位，十斗为一石。

③珍羞：亦作"珍馐"，指珍贵美味的肴馔。汉张衡《南都赋》："珍羞琅玕，充溢圆方。"

④酣豢（huàn）：指沉醉（于某种情境）。宋欧阳修《释惟俨文集·序》："苟皆不用，则绝宠辱，遗世俗，自高而不屈，尚安能酣豢于富贵而无为哉？"

⑤一呼百诺：一声呼唤，百人应诺。形容权势显赫，侍从众多。

【译文】

凡是人，没有不贪图安逸而憎恶辛劳的。不管是高贵还是贫贱、聪明还是愚蠢，年老还是年轻，都贪图安逸而畏惧辛劳，古往今来都是一样的。人，一天所穿的衣服、所吃的饭菜，和一天所做的事、所付出的力如果相称，那旁人就会认同他，鬼神也会赞许他，认为他自食其力。耕种的农民、织布的妇女，终年勤劳，才收获几石粟，几尺布；而富贵人家，终年逸乐，什么工作也不做，却吃的都是山珍海味，穿的都是绫罗绸缎，高枕无忧，一呼百应，这是天下最不公平的事，鬼神所不赞许，这样能维持长久吗？

　　古之圣君贤相，若汤之昧旦丕显[1]，文王日昃不遑[2]，周公夜以继日、坐以待旦[3]，盖无时不以勤劳自励。《无逸》一篇[4]，推之于勤则寿考，逸则夭亡，历历不爽[5]。为一身计，则必操习技艺，磨炼筋骨，困知勉行，操心危虑[6]，而后可以增智慧而长才识。为天下计，则必己饥己溺[7]，一夫不获，引为余辜[8]。大禹之周乘四载[9]，过门不入[10]；墨子之摩顶放踵[11]，以利天下；皆极俭以奉身，而极勤以救民。故荀子好称大禹、墨翟之行，以其勤劳也。

【注释】

①汤：商汤，商朝开国君王。昧旦丕显：语本《左传·昭公三年》："《谗鼎之铭》曰：'昧旦丕显，后世犹怠。'"晋杜预《集解》："昧旦，早起也。丕，大也。言夙兴以务大显，后世犹解怠。"谓早起行大明之道。又汉张衡《京都赋》引"昧旦丕显，后世犹怠"句，《文选》旧注："昧，早也。丕，大也。显，明也。怠，懈也。谓起行大明之道，后世子孙，犹尚懈怠。"据《左传》，"昧旦丕显"四字出自谗鼎的铭文，旧注皆不云谗鼎为商汤之物，曾国藩或有所本。

②文王：周文王。日昃(zè)不遑："日昃不遑暇食"的省称，语本《尚书·无逸》："文王卑服，即康功田功。徽柔懿恭，怀保小民，惠鲜鳏寡。自朝至于日中昃，不遑暇食，用咸和万民。"意谓周文王勤于政事，日头偏西都来不及用餐。

③"周公"句：语本《孟子·离娄下》："孟子曰：'禹恶旨酒而好善言。汤执中，立贤无方。文王视民如伤，望道而未之见。武王不泄迩，不忘远。周公思兼三王，以施四事，其有不合者，仰而思之，

夜以继日；幸而得之，坐以待旦。'"

④《无逸》：《尚书·周书》篇名。是周公训诫周成王之作。《尚书·无逸序》："周公作《无逸》。"孔传："中人之性好逸豫，故戒以《无逸》。"

⑤"推之"三句：《尚书·无逸》篇云"肆中宗之享国七十有五年""肆高宗之享国五十年有九年""肆祖甲之享国三十有三年""文王受命惟中身，厥享国五十年"，历述殷中宗、殷高宗、祖甲及周文王在位之年，是"勤则寿考"之证。又云（祖甲之后）"自时厥后立王，生则逸，生则逸，不知稼穑之艰难，不闻小人之劳，惟耽乐之从。自时厥后，亦罔或克寿。或十年，或七八年，或五六年，或四三年"，是"逸则夭亡"之证。历历不爽，每一件都如此（毫无偏差）。

⑥危虑：犹苦思。宋欧阳修《薛简肃公文集·序》："至于失志之人，穷居隐约，苦心危虑，而极于精思。"

⑦己饥己溺：语出《孟子·离娄下》："禹思天下有溺者，由己溺之也；稷思天下有饥者，由己饥之也，是以如是其急也。"后因以"己溺己饥"或"己饥己溺"谓视人民的疾苦是由自己所造成，因此解除他们的痛苦是自己不可推卸的责任。

⑧"一夫"二句：语本《尚书·说命下》："昔先正保衡作我先王，乃曰：'予弗克俾厥后惟尧、舜，其心愧耻，若挞于市。'一夫不获，则曰'时予之辜'。"孔传："伊尹见一夫不得其所，则以为己罪。"

⑨大禹之周乘四载：《尚书·益稷》："予乘四载，随山刊木。"孔传："所载者四，水乘舟，陆乘车，泥乘輴，山乘樏。"四载，指古代的四种交通工具。

⑩过门不入：据传大禹治水，三过家门而不入。《孟子·滕文公上》："当是时也，禹八年于外，三过其门而不入，虽欲耕，得乎？"

⑪墨子之摩顶放踵：《孟子·尽心上》："墨子兼爱，摩顶放踵利天下，为之。"东汉赵岐注："摩突其顶下至于踵。"摩顶放踵，谓从头顶到脚跟都磨伤。形容不辞辛苦，舍己为人。

【译文】

　　古代的圣德君王和贤明宰相,譬如商汤王每天早起努力向上,周文王勤于政事太阳偏西都来不及吃饭,周公夜以继日、坐以待旦地辛勤工作,都是无时无刻不用勤劳来自我勉励。《尚书·无逸》一篇,推论出勤劳就长寿,逸乐就夭折,商代的君王无不如此。从个人角度来说,一定要学习具体的技能,磨炼自己的筋骨,遇到困难迎头而上,竭尽全力用心思考,然后才能增长智慧和才干。从天下的角度来说,则一定视人民的疾苦是由自己所造成,将解除他们的痛苦视作自己不可推卸的责任;要将任何一个老百姓不得其所,视作自己的罪过。大禹治水,乘坐各种交通工具,三过家门而不入;墨子从头顶到脚跟都磨伤了,不辞辛苦地帮助天下人,都是奉养自身最俭朴,而救助百姓最勤快。所以荀子喜欢讲述和称赞大禹和墨子的事迹,是因为他们勤劳为民。

　　军兴以来,每见人有一材一技,能耐艰苦者,无不见用于人,见称于时。其绝无材技、不惯作劳者,皆唾弃于时,饥冻就毙。故勤则寿,逸则夭;勤则有材而见用,逸则无能而见弃;勤则博济斯民而神祇钦仰[①],逸则无补于人而神鬼不歆[②]。是以君子欲为人神所凭依,莫大于习劳也。

【注释】

①博济:广泛救助。神祇:指天神与地神。《尚书·汤诰》:"尔万方百姓,罹其凶害,弗忍荼毒,并告无辜于上下神祇。"孔传:"并告无罪称冤诉天地。"《史记·宋微子世家》:"今殷民乃陋淫神祇之祀。"南朝宋裴骃《集解》引马融曰:"天曰神,地曰祇。"亦泛指神灵。钦仰:景仰,敬慕。

②神鬼不歆(xīn):指鬼神不肯享受供物。

【译文】

起兵以来，每每见到人有一项才干一种技能，能吃苦耐劳的，没有不被人重用，不被时代称许的。那些没有任何才干和技能、不习惯辛苦劳作的，都被时代唾弃，乃至会饿死冻死。所以勤劳就长寿，逸乐就短命；勤劳就有才能而被重用，逸乐就没有才能而被抛弃；勤劳就能广泛帮助人民而令神灵认同赞许；逸乐就对人毫无帮助而神鬼都不愿意接受。所以君子想要被人和神所认同，没有比勤劳更要紧的。

余衰年多病，目疾日深，万难挽回。汝及诸侄辈，身体强壮者少。古之君子，修己治家，必能心安身强而后有振兴之象，必使人悦神钦而后有骈集之祥①。今书此四条，老年用自儆惕②，以补昔岁之愆。并令二子各自勖勉③。每夜以此四条相课，每月终以此四条相稽④。仍寄诸侄共守，以期有成焉。

【注释】

①骈集：凑集，聚集。

②儆惕：戒惧。

③勖（xù）勉：勉励。

④相稽：互相考核，互相督责。

【译文】

我年老多病，眼病日益严重，绝无挽回的馀地。你们和几位侄子们，身体强壮的少。古时候的君子，自修和治家，一定能内心安宁身体强健，有振兴的气象；一定能让众人喜欢、神灵赞许，有各种祥瑞纷至沓来。现在写这四条日课，老年用来自我戒惧，以补救从前的过错。并且让两个儿子各自勉励。每天晚上拿这四条相互要求，每月月底拿这四条相互考核。也希望侄子们能共同遵守，达到有所成就的目的。

中华经典名著
全本全注全译丛书
（已出书目）

周易	晏子春秋
尚书	穆天子传
诗经	战国策
周礼	史记
仪礼	吴越春秋
礼记	越绝书
左传	华阳国志
韩诗外传	水经注
春秋公羊传	洛阳伽蓝记
春秋穀梁传	大唐西域记
孝经·忠经	史通
论语·大学·中庸	贞观政要
尔雅	营造法式
孟子	东京梦华录
春秋繁露	唐才子传
说文解字	大明律
释名	廉吏传
国语	徐霞客游记

拾遗记

世说新语

弘明集

齐民要术

刘子

颜氏家训

中说

群书治要

帝范·臣轨·庭训格言

坛经

大慈恩寺三藏法师传

长短经

蒙求·童蒙须知

茶经·续茶经

玄怪录·续玄怪录

酉阳杂俎

历代名画记

唐摭言

化书·无能子

梦溪笔谈

东坡志林

唐语林

北山酒经(外二种)

容斋随笔

近思录

洗冤集录

传习录

焚书

菜根谭

增广贤文

呻吟语

了凡四训

龙文鞭影

长物志

智囊全集

天工开物

溪山琴况·琴声十六法

温疫论

明夷待访录·破邪论

陶庵梦忆

西湖梦寻

虞初新志

幼学琼林

笠翁对韵

声律启蒙

老老恒言

随园食单

阅微草堂笔记

格言联璧

曾国藩家书

曾国藩家训

劝学篇